典型数控机床案例学习模块化丛书

经济型系列数控机床操作案例

胡家富　主编

上海科学技术出版社

图书在版编目(CIP)数据

经济型系列数控机床操作案例／胡家富主编. —上海:上海科学技术出版社,2014.4
(典型数控机床案例学习模块化丛书)
ISBN 978 - 7 - 5478 - 2060 - 5

Ⅰ. ①经… Ⅱ. ①胡… Ⅲ. ①数控机床-操作 Ⅳ.
①TG659

中国版本图书馆 CIP 数据核字(2013)第 258527 号

经济型系列数控机床操作案例
胡家富　主编

上海世纪出版股份有限公司
上海科学技术出版社 出版
(上海钦州南路71号　邮政编码200235)
上海世纪出版股份有限公司发行中心发行
200001　上海福建中路193号　www.ewen.cc
常熟市兴达印刷有限公司印刷
开本 889×1194　1/32　印张 12
字数: 350 千字
2014 年 4 月第 1 版　2014 年 4 月第 1 次印刷
ISBN 978 - 7 - 5478 - 2060 - 5/TH · 43
印数: 1 - 2 500
定价: 38.00 元

内 容 提 要

本书以数控机床操作工的技能鉴定标准相关项目和内容为依据进行编写,并按照经济型系列数控机床操作工岗位的实际需要进行编排。内容包括数控车床典型零件加工、数控铣床和加工中心典型零件加工、数控车床生产和特殊零件加工、数控铣床和加工中心生产和特殊零件加工等。

本书可供数控车床、数控铣床和加工中心操作工上岗培训和自学使用,适用于初、中级数控机床操作工的技术培训和考核鉴定。对于初学数控机床加工的技术工人,本书也是一本可供自学和参考的实用书籍。

本书有大量的生产和鉴定考核实例,可有效帮助读者掌握机械加工生产中的常见生产零件的数控加工,帮助读者达到数控机床操作工岗位各项技能要求。

前　言

　　数控机床操作工是机械制造业紧缺的技术人才,数控加工机床是柔性自动化加工的主要机床设备,经济型数控车床、数控铣床和加工中心是数控金属切削加工机床中最常用、最普及的数控机床设备。本书以经济型系列数控车床、数控铣床和加工中心操作的岗位能力要求为主线,以数控机床操作工职业鉴定标准为依据,将数控机床操作的知识和技能通过通俗易懂、循序渐进、深入浅出的实例叙述,引导读者克服数控机床操作"难"的障碍,抓住数控机床操作中常见的问题,把数控机床操作工岗位必须掌握的技术基础、操作技能等融入各种典型和特殊的加工实例,使初学者通过实例介绍,了解和熟悉经济系列数控机床、数控加工工艺、数控加工程序的释读和编制修改方法。在岗人员能通过实例分析,熟悉手工编程的基本方法、学会生产中典型零件的数控加工方法、解决生产中的难题和特殊零件的数控加工方法。读者在实际工作中,遇到问题可得到书中实例对照的现场帮助;面临难题可通过书中相关知识介绍和实例借鉴而茅塞顿开。

　　本书以 GSK980 数控系统、华中世纪星 HNC 数控系统为主,综合实例特点进行相关知识简要介绍;实例通过图样分析、加工准备、数控加工工艺和操作检验要点四个基本模块,融入经济型数控机床加工的基本技能,解决生产实际问题的方法,职业鉴定知识和技能考核范围的主要内容。编写中,力求做到精辟通俗、图文并茂、程序齐全、注释易懂,使本书适合操作经济型系列数控机床的初、中级工实际操作参考选用。

　　本书具有重点突出、内容精练、表达通俗、起点较低、循序渐进、可读性强等特点。读者结合数控仿真系统,按本书实例进行自学训练,便能从容应对数控机床工计算机模拟培训和考核方式,快速达到数控机床操作工岗位要求,在岗位实践中逐步提高独立解决问题的能力。

　　本套丛书的编写人员有胡家富、尤道强、王庆胜、李立均、韩世先、周其荣、程学萍、李国樑、纪长坤、何津、王林茂、朱雨舟、储伯兴;其中胡家富担任主编,尤道强、王庆胜、李立均、周其荣、程学萍等同志主要负责本书编写,限于编者的水平,书中难免有疏漏之处,恳请广大读者批评指正。

目　录

模块一　数控车床典型零件加工

内 容 导 读

　　数控车床的典型零件包括轴类、套类、盘类和螺纹类零件，各种零件通常是由单一的或数个基本结构要素组合而成的。因此，学习数控车床的典型零件加工可从单一的结构要素加工方法起步，逐步进行各种结构要素的组合加工，为完成各种综合零件和配合零件的加工奠定基础，以适应数控车床岗位生产实际的零件加工的各种需要，达到初中级数控车床技能鉴定考核中手工编程和技能考核的基本要求。本模块以GSK980T 系列（广州数控系统）为主进行数控车床典型零件手工编程加工实例介绍。

项目一　轴类零件加工

　　轴类零件是机械零件中的基本结构零件，通常用于安装各种传动和支承零件，如齿轮、链轮、凸轮、带轮和轴承等。

任务一　车削加工轴类零件的外圆柱面和端面

　　以外圆柱面为主的轴类零件，主要结构要素为端面（包括环形端面）和外圆柱面，通常还有倒角或凹凸连接圆角等。应用数控车床进行编程加工时常应用直线插补指令 G01(G1)、单一固定循环指令 G90 等，在经济系列的数控系统中，为了简化编程，常可应用不含小数点的地址数值进行编程（具体按系统编程说明书规定）。如程序段 G01 X100.0;可采用 G1X100;形式进行编程。数控加工具体方法参见[例 1-1]～[例 1-3]。

　　【例 1-1】　如图 1-1 所示工件，是常见的单侧台阶轴类零件，在实际生产中，类似的轴类零件加工可参照以下步骤。

　　(1) 图样分析

其余 $\sqrt[3.2]{}$

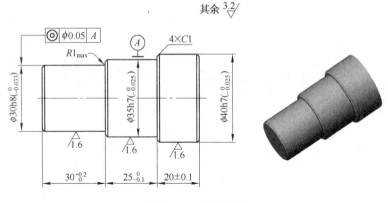

图 1-1 小台阶轴

① 本例为轴头部位加工零件,结构要素包括 3 个圆柱面($\phi 30_{-0.033}^{0}$ mm×$30_{0}^{+0.20}$ mm、$\phi 35_{-0.025}^{0}$ mm×$25_{-0.10}^{0}$ mm、$\phi 40_{-0.025}^{0}$ mm×(20 ± 0.10) mm)、2 个环形端面和两侧平面端面。

② 中部圆柱面轴线为基准 A,左端圆柱面与基准 A 同轴度 $\phi 0.05$ mm。

③ 倒角 $4\times C1$ mm,左肩面连接圆弧 $R\leqslant1$ mm。

④ 圆柱面表面粗糙度为 $Ra1.6$ μm,端面粗糙度为 $Ra3.2$ μm;工件材料为 45 钢,切削性能较好。

(2)加工准备

① 工件加工部位长度为 75 mm,可采用三爪自定心卡盘一次装夹工件进行加工。

② 坯件选用 45 圆钢 $\phi 45$ mm 棒料,坯件长度应考虑夹持部分长度或两件调头的切断槽宽度、端面余量等,坯件总长 L 为 155 mm。

③ 选用外圆车刀。常用的外圆车刀有 75°、45°和 90°车刀,如图 1-2a、b、c 所示,其中 75°车刀强度较高,常用于粗车外圆;45°弯头车刀适用于不带台阶的光轴;90°车刀适用于车削台阶轴和细长工件的外圆。本例选用图 1-2d 所示主偏角为 95°,副偏角为 5°的可转位外圆车刀;刀片材料粗车 YT5、精车 YT15。选用宽度为 3 mm 的外圆切断刀,切削部分的 X 向长度应大于切断部位 X 向径向长度,本例为 25 mm。

④ 选择主轴转速粗车为 500 mm/min,精车为 1 000 r/min,进给速度粗车为 100 mm/min,精车为 80 mm/min。粗车背吃刀量 4.5 mm,精车背

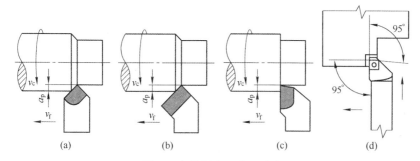

图 1-2 外圆车刀选用形式

（a）75°车刀；（b）45°车刀；（c）90°车刀；（d）可转位外圆车刀

吃刀量 0.5 mm。

（3）数控加工工艺 本模块大多应用广州数控 GSK980T 系统编程加工。GSK980TDb 系统常用 G 代码及其功能见表 1-1，M 指令及其功能见表 1-2。本例应用 KND(北京凯恩帝)1000T 系统编程。

表 1-1 GSK980TDb 系统常用 G 代码及其功能

指令字	组别	功 能	备 注
G00		快速移动	初态 G 代码
G01		直线插补	模态 G 代码
G02		圆弧插补(顺时针)	
G03		圆弧插补(逆时针)	
G05		三点圆弧插补	
G6.2		椭圆插补(顺时针)	
G6.3	01	椭圆插补(逆时针)	
G7.2		抛物线插补(顺时针)	模态 G 代码
G7.3		抛物线插补(逆时针)	
G32		螺纹切削	
G32.1		刚性螺纹切削	
G33		Z 轴攻螺纹循环	
G34		变螺距螺纹切削	
G90		轴向切削循环	

指令字	组别	功　能	备　注
G92	01	螺纹切削循环	模态 G 代码
G84		端面刚性攻螺纹	
G88		侧面刚性攻螺纹	
G94		径向切削循环	
G04	00	暂停、准停	非模态 G 代码
G7.1		圆柱插补	
G10		数据输入方式有效	
G11		取消数据输入方式	
G28		返回机床第 1 参考点	
G30		返回机床第 2、3、4 参考点	
G31		跳转插补	
G36		自动刀具补偿测量 X	
G37		自动刀具补偿测量 Z	
G50		坐标系设定	
G65		宏代码	
G70		精加工循环	
G71		轴向粗车循环	
G72		径向粗车循环	
G73		封闭切削循环	
G74		轴向切槽多重循环	
G75		径向切槽多重循环	
G76		多重螺纹切削循环	
G20	06	英制单位选择	模态 G 代码
G21		公制单位选择	
G96	02	恒线速开	模态 G 代码
G97		恒线速关	初态 G 代码
G98	03	每分钟进给	初态 G 代码
G99		每转进给	模态 G 代码

（续表）

指令字	组别	功　能	备　注
G40		取消刀尖圆弧半径补偿	初态 G 代码
G41	07	刀尖圆弧半径左补偿	模态 G 代码
G42		刀尖圆弧半径右补偿	模态 G 代码
G17		XY 平面	
G18	16	ZX 平面	
G19		YZ 平面	
G12.1	21	极坐标插补	非模态 G 代码
G13.1		极坐标插补取消	

表 1－2　GSK980TDb 系统常用 M 代码及其功能

代码	功　能	备　注
M00	程序暂停	执行 M00 指令后，程序运行停止，显示"暂停"字样，按循环启动键后，程序继续运行
M01	程序选择停	功能和 M00 相似。不同的是 M01 只有在机床操作面板上的"选择停止"开关处于"ON"状态时才有效。M01 常用于关键尺寸的检验和临时暂停
M02	程序结束	该指令表示加工程序全部结束。M02 使主轴运动、进给运动、切削液供给等停止，机床复位
M03	主轴逆时针转	功能互锁，状态保持
M04	主轴顺时针转	
* M05	主轴停止	
M08	切削液开	功能互锁，状态保持
* M09	切削液关	
M10	尾座进	功能互锁，状态保持
M11	尾座退	
M12	卡盘夹紧	功能互锁，状态保持
M13	卡盘松开	
M14	主轴位置控制	功能互锁，状态保持
* M15	主轴速度控制	

（续表）

代码	功 能	备 注
M20	主轴夹紧	功能互锁,状态保持
＊M21	主轴松开	
M30	程序结束	程序结束并返回程序的第一条语句,准备下一个零件的加工
M32	润滑开	功能互锁,状态保持
＊M33	润滑关	
＊M41		功能互锁,状态保持
M42	主轴自动换挡	
M43		
M44		
M98	子程序调用	该指令用于子程序调用
M99	子程序结束	该指令表示子程序运行结束,返回主程序

① 拟定加工路线:粗精车的加工路线相同。车左端面→车外圆 $\phi 40$ mm 及环形端面→车 $\phi 35$ mm 及环形端面→ $\phi 30$ mm 及环形端面;调头装夹后采用相同加工路线,然后采用切断刀将工件切断;粗精车右侧端面。

② 确定工件坐标系:选定左端面中心为工件坐标系零点。

③ 选用数控指令:由于轴颈的尺寸变化不大,因此可采用 G01 直线插补指令加工外圆柱面和端面。按材料使用切削液,故采用 M08、M09 控制切削液的启停。常规指令包括程序初始化 G98(每分钟进给量)、G40(取消刀具补偿)、G21(毫米输入);M03(主轴正转)、M05(主轴停转);M30(程序结束并返回程序起始点)、M00(程序暂停);S×××(主轴每分钟转速)、F×××(进给量)、T××××(调用刀具及刀具补偿)等。

④ 编制加工程序:

O1001;	程序号
G98G90G21;	程序初始化
M3S500;	主轴正转,500 r/min
T0101;	调用 1 号刀具,选择 1 号刀补
G0X100Z100;	快速移动至换刀点
X50Z0;	快速移动至端面加工起点
G1X−1F100M8;	直线插补加工端面,进给量 100 mm/min,切削液开启
G0Z5;	Z 向快速移动至圆柱面加工起点

X40.5；	X 向快速移动至圆柱面加工起点
G1Z－76；	直线插补加工 ϕ40.5 mm 圆柱面
X46；	X 向退刀
G0Z5；	Z 向快速返回圆柱面加工起点
X35.5	X 向快速移动至圆柱面加工起点
G1Z－54.9；	直线插补加工 ϕ35.5 mm 圆柱面
X41；	X 向退刀
G0Z5；	Z 向快速返回圆柱面加工起点
X30.5；	X 向快速移动至圆柱面加工起点
G1Z－30；	直线插补加工 ϕ30.5 mm 圆柱面
X36；	X 向退刀
G0Z5；	Z 向快速返回圆柱面加工起点
X100Z100；	快速移动至换刀点
M5M9；	主轴停止,切削液关闭
M00；	程序暂停
M3 S1000；	主轴正转,1 000 r/min
T0202；	调用 2 号刀具,选择 2 号刀补
G0X45Z5；	快速移动至精车外圆加工起点
X29.98；	
G1Z－30.1F80M8；	精车外圆 ϕ30 mm 圆柱面,进给量 80 mm/min,切削液开启
X34.99；	精车端面
W－24.95；	精车 ϕ34.99 mm 圆柱面
X39.99；	精车端面
W－21；	精车 ϕ39.99 圆柱面
X46；	X 向退刀
G0X100Z100；	快速移动至换刀点
M9；	切削液关闭
M5；	主轴停止
M30；	程序结束返回起始点

倒角、切断和车右端面数控程序略。

（4）加工操作要点与注意事项

① 装夹工件坯件,伸出长度大于 80 mm,保证切断刀的加工位置,避免刀具刀架与卡盘干涉。工件调头装夹应注意保护精加工的表面。

② 安装刀具和对刀,T01 安装粗车外圆刀,T02 安装精车外圆刀,T03 安装切断刀。采用刀具几何形状补偿确定刀具零点偏置数值。

③ 本例采用外径千分尺测量外圆直径,使用深度游标卡尺检测各档

圆柱面长度,使用偏摆仪(或在机床上)和百分表检测同轴度。

(5) 加工质量分析

① 圆柱面尺寸超差的原因可能是:刀具 X 向对刀误差大;X 向零点偏置数值输入错误;切削用量选择不当引起刀尖损坏;精车数控加工程序中的直径控制坐标尺寸计算与输入差错等。

② 台阶圆柱长度尺寸超差的原因可能是:刀具 Z 向对刀误差大;Z 向零点偏置数值输入错误;切削用量选择不当引起刀尖损坏;精车数控加工程序中的长度控制坐标尺寸计算与输入差错等。

③ 表面粗糙度差的原因可能是:刀尖损坏;机床主轴间隙大;切削用量选择不当;工件伸出距离较大,引起切削振动;切削液变质或加注不当;工件调头装夹时,没有采取措施保护精加工外圆表面等。

【例 1-2】 如图 1-3 所示的中间带凸缘的轴类零件是生产实际中常见的轴类零件形式,如悬臂支承传动轴,一侧台阶轴装配传动齿轮,另一侧台阶轴装配支承轴承。类似的中间带凸缘的轴类零件,实际加工中可参照以下步骤。

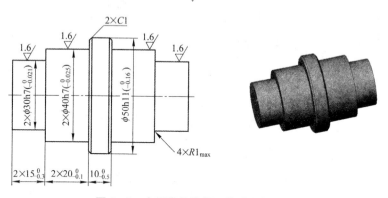

图 1-3 中间带凸缘的两端对称台阶轴

(1) 图样分析

① 本例为中间带凸缘的两端对称的台阶轴,结构要素包括 5 个圆柱面(其中 2 个 $\phi 30_{-0.021}^{0}$ mm $\times 15_{-0.30}^{0}$ mm、2 个 $\phi 40_{-0.025}^{0}$ mm $\times 20_{-0.10}^{0}$ mm、1 个 $\phi 50_{-0.16}^{0}$ mm $\times 10_{-0.50}^{0}$ mm)、4 个环形端面和两侧平面端面。

② 凸缘倒角 $C1$ mm;肩面连接圆角 $R \leqslant 1$ mm。

③ 圆柱面表面粗糙度为 $Ra1.6\ \mu m$,中间凸缘及端面粗糙度为 $Ra3.2\ \mu m$;工件材料为 HT200,切削性能较好。

(2) 加工准备

① 工件加工部位长度为 80 mm,因两端同轴度要求不高,可采用三爪自定心卡盘分别装夹工件进行两端加工。

② 坯件选用 HT200 铸造 ϕ55 mm 圆棒料,坯件长度应考虑两端端面加工余量,坯件总长 L 为 90 mm。

③ 选用外圆车刀,如图 1-2 所示,主偏角为 95°,副偏角为 5°;刀片材料 YG8,刀尖圆弧为 R0.4 mm。

④ 选择主轴转速粗车为 800 r/min,进给速度为 100 mm/min;精车为主轴转速为 1 000 r/min,进给速度为 80 mm/min。粗车背吃刀量 2.0 mm,精车背吃刀量 0.25 mm。

(3) 数控加工工艺 本例应用凯恩帝 KND1000T 数控系统编程加工。

① 拟定加工路线。夹持坯件:粗精车一端圆柱台阶面的加工路线相同;车右端面→车外圆 ϕ50 mm 及环形端面→车 ϕ40 mm 及环形端面→车 ϕ30 mm 及环形端面;调头装夹后采用相同加工路线。

② 确定工件坐标系:分别选定两端面中心为工件坐标系零点。

③ 选用数控指令:由于轴颈的尺寸变化较大,因此可采用 G90 固定循环指令粗加工外圆柱面和端面,然后采用[例1-1]的方式进行精车加工。常规指令与[例1-1]类似。车削圆柱面的 G90 单一固定循环指令的格式 G90 X(U)___ Z(W)___ F___;如图1-4 所示,刀具从循环起点开始按矩形循环,最后又回到循环起点。

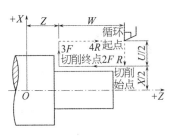

图1-4 外圆切削循环

图中虚线表示按 R 快速移动,实线表示按 F 指定的进给速度移动,X、Z 为圆柱面切削终点坐标值;U、W 为圆柱面切削终点相对循环起点的坐标增量值。

④ 编制加工程序:

O1002;	程序号
G98 G90 G21;	程序初始化
T0101;	调用1号刀具,选择1号刀补

M3S800;	主轴正转,800 r/min
G0X100Z100;	快速移动至换刀点
X56Z0.5;	快速移动至端面粗车起点
G01X-1F100;	粗车端面,进给量 100 mm/min
G0Z2;	Z 向快速退刀
X55;	快速移动至固定循环起点
G90X52.5Z-50F100;	调用固定循环粗车圆柱面
X50.5;	G90 模态调用
X45.5Z-35;	G90 模态调用
X40.5;	G90 模态调用
X38.5Z-15;	G90 模态调用
X34;	G90 模态调用
X30.5;	G90 模态调用
G0X100Z100;	快速移动至换刀点
M5;	主轴停止
M00;	程序暂停
T0202;	调用 2 号刀具,选择 2 号刀补
M3S1000;	主轴正转,1 000 r/min
G0X32Z0;	快速移动至端面精车起点
G1X-1F80;	精车端面,进给量 80 mm/min
G0Z2;	Z 向快速退刀
X31;	X 向快速退刀
G1X29.99;	直线插补移动至精车外圆柱面起点
Z-14.85;	精车 ϕ29.99 mm 外圆柱面
X39.99;	精车台阶端面
Z-35;	精车 ϕ39.99 mm 外圆柱面
X48;	精车台阶端面至倒角起点
X49.99 W-1;	车倒角
Z-50;	精车 ϕ49.99 mm 外圆柱面
G0X100Z100;	快速移动至换刀点
M5;	主轴停止
M30;	程序结束,返回程序起始点

（4）加工操作要点与注意事项

① 装夹工件坯件,伸出长度大于 50 m,保证加工位置,避免刀具刀架与卡盘干涉。工件调头装夹应注意保护精加工的表面。

② 工件装夹时采用轴端面定位,调头加工另一端的圆柱面台阶时,注意粗车后进行工件总长和 $\phi 50_{-0.16}^{0}$ mm×$10_{-0.50}^{0}$ mm 的测量,通过精车刀

具的 Z 轴补偿控制总长和 $\phi 50_{-0.16}^{0}$ mm×$10_{-0.50}^{0}$ mm 的尺寸精度。

③ 若批量加工,可加工端面中心孔,以便精加工采用两顶尖装夹方法,提高加工精度和装夹速度。

④ 本例采用外径千分尺测量外圆直径,使用游标卡尺和深度千分尺(或高度游标尺装夹百分表)检测各档圆柱面轴向长度。

(5) 加工质量分析

① 圆柱面尺寸超差的原因可能是:除了与[例1-1]相同的原因外,如对刀时尺寸检测误差;量具精度差;刀具材料不对等。

② 台阶圆柱长度尺寸超差的原因可能是:除了与[例1-1]相同的原因外,如工件坯件和调头定位装夹操作失误;刀具 Z 向补偿数值计算和输入错误等。

③ 表面粗糙度差的原因可能是:除了与[例1-1]相同的原因外,如刀尖圆弧选择不当;刀具的断屑槽形状选择不当等。

【例1-3】　如图1-5所示的是常见的两端带轴颈,中部是光轴缩颈结构的轴类零件,如轮毂轴、车轴等。实际加工中可参照以下步骤。

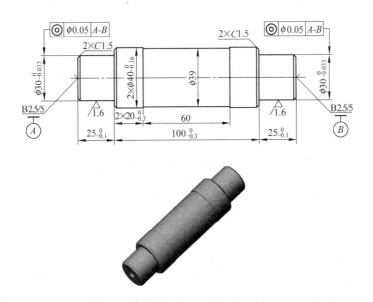

图1-5　带对称轴颈和中部缩颈的台阶轴

（1）图样分析

① 本例为两端轴颈对称,中部光轴带缩颈的台阶轴,结构要素包括 5 个圆柱面(其中 2 个 $\phi 30_{-0.033}^{0}$ mm $\times 25_{-0.10}^{0}$ mm、2 个 $\phi 40_{-0.16}^{0}$ mm $\times 20_{-0.30}^{0}$ mm 及 1 个缩颈外圆 $\phi 39$ mm $\times 60$ mm)、2 个环形端面和两侧平面端面。

② 两端轴颈 $\phi 30_{-0.033}^{0}$ mm $\times 25_{-0.10}^{0}$ mm 表面粗糙度为 $Ra1.6$ μm;其余表面粗糙度为 $Ra3.2$ μm;工件材料为 40Cr,切削性能较好。

③ 两端为 B 型 $\phi 2.5$ mm,孔端 $\phi 5$ mm 带保护锥的中心孔。轴颈外圆与中心孔公共轴线 $A - B$ 的同轴度为 $\phi 0.05$ mm;倒角 $C1.5$ mm。

（2）加工准备

① 工件长度为 150 mm,因中间部位圆柱面较长,需采用两顶尖装夹工件进行加工。

② 坯件选用 40Cr 钢 $\phi 45$ mm 圆棒料,坯件长度应考虑两端端面加工余量,坯件总长 L 为 155 mm。

③ 选用外圆车刀,分别选用左偏刀和右偏刀(图 1 - 6)加工两端的轴颈和端面;粗车刀片材料 YT6,精车刀片材料 YT15;刀尖圆弧为 0.4 mm。采用调头装夹的方法加工选用右偏刀。

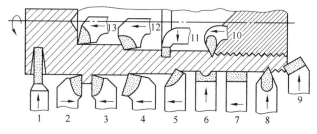

图 1 - 6 常用车刀的种类、形状和用途

1—切断刀;2—90°左偏刀;3—90°右偏刀;4—弯头车刀;5—直头车刀;
6—成形车刀;7—宽刃精车刀;8—外螺纹车刀;9—端面车刀;10—内螺纹车刀;11—内槽车刀;12—通孔车刀;13—不通孔车刀

④ 选择主轴转速粗车为 900 r/min,进给速度为 100 mm/min;精车为主轴转速 1 000 r/min,进给速度为 700 mm/min。粗车背吃刀量 1.5 mm,精车背吃刀量 0.25 mm。

（3）数控加工工艺 本例应用凯恩帝数控 KND1000T 系统编程加工。

① 加工工艺：夹持坯件，一端打中心孔；采用一夹一顶的方法加工外圆柱面至 $\phi42$ mm；夹持 $\phi42$ mm 外圆柱面修整加工两端中心孔；采用两顶尖装夹工件，机床主轴一端采用鸡心夹（图 1 - 7a）等附件，带动工件进行加工；也可采用三尖杆拨动顶尖（图 1 - 7b）带动工件加工。工件的总长可在加工两端中心孔时达到图样要求，两顶尖装夹工件后仅加工倒角、圆柱面和环形端面。

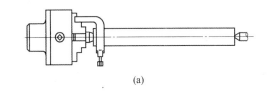

(a)

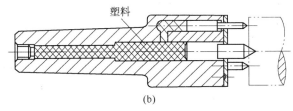

塑料

(b)

图 1 - 7 鸡心夹和三尖杆顶尖装夹工件

② 拟定加工路线：一端面精车后，采用鸡心夹、顶尖定位（或三尖杆顶尖）装夹。车右端面→车倒角 C1.5 mm→车右端外圆 $\phi30$ mm 及环形端面→车倒角 C1.5 mm→车 $\phi40$ mm 外圆柱面→车缩颈 $\phi39$ mm→车倒角 C1.5 mm→车左端外圆 $\phi30$ mm 及环形端面→车倒角 C1.5 mm。

③ 确定工件坐标系：分别选定两端面中心为工件坐标系零点。

④ 选用数控指令：由于轴颈的尺寸变化较大，因此采用 G90 固定循环指令粗加工右端 $\phi30$ mm、$\phi40$ mm 外圆柱面，然后采用［例 1 - 1］的方式进行精车加工。左端轴颈采用 G90 固定循环粗车，G01 直线插补指令精车加工。

⑤ 编制加工程序：

O1003;	程序号
G98 G90 G21;	程序初始化
T0101;	调用 1 号刀具，选择 1 号刀补
M3S900;	主轴正转，900 r/min
G0X100Z100;	快速移动至换刀点

X46Z0；	快速移动至车端面起点
G1X5F100；	车端面
Z0.5；	Z 向退刀
G0X45Z2；	快速移动至外圆柱面固定循环起点
G90X43.5Z-116F100；	调用固定循环粗车右端台阶圆柱面
X42.5；	G90 模态调用
X40.5；	G90 模态调用
X38.5Z-25；	G90 模态调用
X35.5；	G90 模态调用
X33.5；	G90 模态调用
X30.5；	G90 模态调用
G0X41Z-45；	快速移动至车缩颈右端位置上方
G1X39F25；	X 向切入右端缩颈位置,进给速度 25 mm/min
Z-105；	车缩颈外圆 $\phi39$ mm
G0X100Z100；	快速移动至换刀点
M5；	主轴停止
M00；	程序暂停
T0202；	调用 2 号刀具,选择 2 号刀补
M3S1000；	主轴正转,1 000 r/min
G0X26Z0.5；	快速移动至车倒角起点
G1X29.98Z-1.5F80；	车端面倒角 C1.5 mm
Z-25；	精车 $\phi30$ mm 外圆柱面
X37；	精车右端环形端面
X39.92W-1.5；	车环形面倒角 C1.5 mm
Z-48；	精车右端 $\phi40$ mm 外圆柱面
G0Z-102；	快速移动至左端 $\phi40$ mm 外圆起点
G1Z-126；	精车左端 $\phi40$ mm 外圆柱面
G0X100Z100；	快速移动至换刀点
M5；	主轴停止
M00；	程序暂停
T0303；	调用 3 号刀具,选择 3 号刀补
M3S1000；	主轴正转,1 000 r/min
G0X42Z-2；	快速移动至左端轴颈圆柱面固定循环起点
G90X38Z25F80；	调用固定循环粗车左端轴颈圆柱面
X36；	G90 模态调用
X34；	G90 模态调用
X32；	G90 模态调用
X30.5；	G90 模态调用

G0Z-0.5；	快速移动至左端车倒角起点
X26；	
G1X29.98Z1.5；	车左端倒角 C1.5 mm
Z25；	精车左端轴颈 φ30 mm 圆柱面
X37；	精车左端环形面
X41Z27；	车环左端环形面倒角 C1.5 mm
G0X100Z100；	快速移动至换刀点
M5；	主轴停止
M30；	程序结束，返回程序起始点

（4）加工操作要点与注意事项

① 本例是两顶尖装夹的轴类零件加工，顶尖孔的加工应达到同轴的要求，以保证工件的定位精度。中心孔应采用 B 型（带保护锥孔结构）中心孔，使车削端面时留有退刀距离。

② 本例若应用三尖杆拨动顶尖，应控制背吃刀量，使切削力在三尖杆的传递力矩范围内。活顶尖的长度应考虑加工时刀具与顶尖不会发生干涉。

③ 选用的偏刀，副偏角应注意不能与顶尖锥面干涉。车中间缩颈部位外圆，进给量应适当减小，以防止过大的径向切削力使工件产生弯曲变形。

④ 本例的倒角 C1.5 mm 较小，可也采用刀刃一次成形的方法加工。

⑤车削左端轴颈圆柱面和环形端面时，程序中 Z 向坐标值注意符号的正确性，防止发生干涉碰撞。

⑥选用鸡心夹附件带动工件方法，工件需调头装夹加工，注意顶尖孔的形状精度和清洁度。

任务二　车削加工轴类零件的外圆锥面

以圆柱面为主，带有外圆锥面的轴类零件，主要结构要素为外圆锥面、端面（包括环形端面）、外圆柱面和倒角等。具有外圆锥面的轴类零件圆锥部分通常用于定位安装传动零件，圆锥面配合的零件具有定位准确，磨损后自动补偿等特点。如图 1-8 所示，在数控车床上车削圆锥有车正锥和车倒锥两种情况，加工路线有平行法和终点法。

（1）车正锥加工路线　如图 1-8 所示，车正锥有两种加工路线，如图 1-8a 所示为平行法车正锥，采用此法车削，加工路线比较短。如图 1-8b 所示为终点法车正锥，编程方便，但加工路线比较长。

（2）车倒锥加工路线　如图 1-8c、d 所示，与车正锥对应，使用平行法

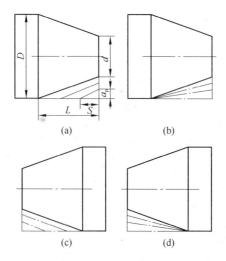

图 1-8　锥面加工路线

加工路线比较短。

应用数控车床进行编程加工时常应用直线插补指令 G01、单一固定循环指令 G90 等，加工具体方法参见以下实例。

【例 1-4】　如图 1-9 所示的锥孔专用检验塞规，外圆锥面实际加工中可参照以下步骤。

（1）图样分析

① 本例为锥孔检验用塞规，结构要素包括一个圆柱面（$\phi 25$ mm×$\phi 70$ mm）、一个环形端面和两侧平面端面、外圆锥面锥度为 1∶4（基准部位轴向位置距离右端面 16.5 mm，直径 $\phi 36$ mm）；圆柱面 $\phi 25$ mm×$\phi 70$ mm 局部滚花（滚花带位置距离左端面 10 mm，长度 40 mm）。右端的止通端按通端位置车削加工。

② 圆锥面的表面粗糙度为 $Ra 0.8\ \mu m$ 其他表面粗糙度为 $Ra 3.2\ \mu m$；圆锥面倒角 C1 mm，圆柱面倒角 C1.5 mm，网纹 $m 0.3$ mm。

③ 工件材料为 T8A，切削性能较好。

（2）加工准备

① 工件外圆锥面加工部位长度为 32.5 mm，预制件的左端外圆和滚花加工完毕，因此可以圆柱面为基准，采用三爪自定心卡盘一次装夹工件进行加工，注意环形端面应与卡爪端面留有退刀距离。

其余 $\overset{3.2}{\triangledown}$

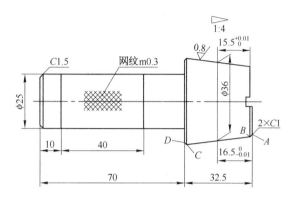

图 1-9　锥孔专用塞规

② 加工锥度较小的外圆锥面,选用外圆车刀,如图 1-2 所示,主偏角为 95°,副偏角为 5°;刀片材料粗车 YT5、精车 YT15。车削左端的倒角需要采用左偏刀。

③ 选择主轴转速粗车为 1 000 r/min,进给速度粗车为 100 mm/min,半精车为 80 mm/min,精车为 50 mm/min。

④ 预制件的右端面应留有加工余量,外圆锥面部分圆钢坯件直径(ϕ45 mm)应大于圆锥面大端直径 ϕ40 mm(36 mm+16 mm×0.25)。圆锥面选用终点车削法进行加工(图 1-8b)。

(3) 数控加工工艺　本例应用 KND1000T 数控系统编程加工。

① 加工方法:夹持手柄外圆部分,车削外圆锥面。

② 设置工件坐标系:圆锥面端面中心为工件坐标系零点。

③ 计算基点坐标:本例的外圆锥面标注尺寸在中部,两端都有 C1 mm 的倒角,因此需要进行起点和终点坐标的计算。A 点(29.88,0);B 点

$(32.12,-1.0)$；C 点 $(39.76,-31.5)$；D 点 $(38.0,-32.5)$。

④ 加工路线：车端面→车圆锥面→车端面倒角→车左端倒角。

⑤ 数控程序编制：采用 G90 固定循环指令加工圆锥面，切削圆锥面时，指令格式为：G90 X(U)＿ Z(W)＿ I(或 R)＿F＿；如图 1 - 10 所示，I(或 R)为切削始点与圆锥切削终点的半径差。

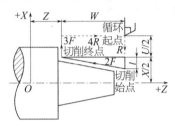

图 1 - 10 锥面切削循环

O1004；	程序号
G98G90G21；	程序初始化
T0101；	调用 1 号刀具，选择 1 号刀补
M3S1000；	主轴正转，1 000 r/min
G0X100Z100；	快速移动至换刀点
X40Z0；	快速移动至车端面起点
G1X - 1F100；	车端面
Z0.5；	Z 向退刀
G0X45Z2；	快速移动至外圆锥面固定循环起点
G90X40.15Z - 32.5R - 1F80；	调用固定循环车圆锥面第一刀
G90X40.15Z - 32.5R - 2.3；	调用固定循环车圆锥面第二刀
G90X40.15Z - 32.5R - 3.5；	调用固定循环车圆锥面第三刀
G90X40.15Z - 32.5R - 4.06F50；	调用固定循环车圆锥面第四刀
G0X27.88Z1；	从循环起点快速移动至端面倒角加工起点
G1X33.88Z - 2F100；	端面倒角
G0X100Z100；	快速返回换刀点
T0202；	调用 2 号刀具，选择 2 号刀补
G0X36Z - 33.5；	快速移动至左端面倒角加工起点
G1X40.76Z - 31；	左端面倒角
G0X45；	X 向快速退刀
X100Z100；	快速返回换刀点
M5；	主轴停止
M30；	程序结束，返回程序起始点

（4）加工操作要点与注意事项

① 编制程序时注意按机床的系统要求使用圆锥面的字符 I 或 R，车削正圆锥面时，半径差取负值，车削反圆锥面时，半径差取正值。

② 圆锥面的加工误差主要有径向和轴向尺寸超差、锥度超差、表面粗糙度超差等，误差原因的检查分析。

a. 圆锥面尺寸超差的主要原因：程序中坐标值错误、没有考虑刀具刀尖圆弧补偿（如图 1-11 所示）、刀尖磨损或损坏、工件装夹不稳固等。

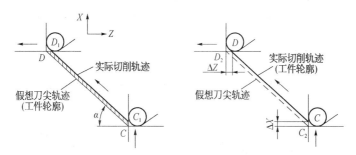

图 1-11　刀尖圆弧对圆锥面车削的影响

b. 锥度或形状超差的主要原因：程序编制中有关坐标值错误、工件装夹刚性差、刀具角度选用不合理会产生干涉、刀具刀尖位置偏离中心会造成圆锥母线变成双曲线（如图 1-12b 所示）等。

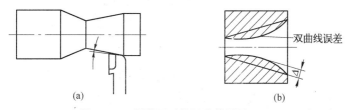

图 1-12　圆锥面形状误差的原因

（a）刀具角度干涉；（b）刀具中心偏离中心的母线误差

c. 圆锥面表面粗糙度超差的主要原因：刀具磨损、切削用量选择不合理、工件装夹不稳固或刚性差、机床传动部分间隙大等。

【例 1-5】　如图 1-13 所示的锥孔、圆柱台阶孔专用综合量规，实际加工中可参照以下步骤。

（1）图样分析

① 本例为圆锥面、端面和圆柱面的轴类零件，主要加工部位是左端

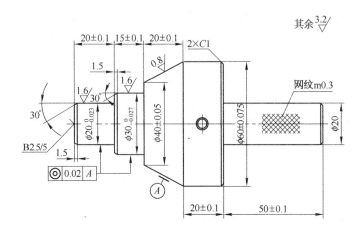

图 1-13 锥孔、圆柱台阶孔专用综合量规

$\phi 20_{-0.023}^{0}$ mm×(20±0.10) mm、$\phi 30_{-0.027}^{0}$ mm×(15±0.10) mm 2 个圆柱面和($\phi 40\pm0.05$) mm[($\phi 60\pm0.075$) mm]×(20±0.10) mm 圆锥面。

② 圆柱面的导向倒角 1.5 mm×30°，端面倒角 C1 mm；左端加工 B 型中心孔 2.5 mm。

③ 本例圆锥面与圆锥面基准 A 的同轴度为 0.02 mm，圆柱面表面粗糙度为 Ra1.6 μm；圆锥面表面粗糙度为 Ra0.8 μm。

（2）加工准备　工件坯件为 45 圆钢 $\phi 65$ mm×130 mm；选用外圆车刀加工，刀具材料粗车 YT5，精车 YT15；工件装夹采用三爪自定心卡盘和尾座顶尖一顶一夹，轴向位置应考虑圆锥面车削退刀位置。

（3）数控加工工艺　本例选用 KND1000T 系统编程加工。

① 本例的轴向尺寸标注宜采用增量值，径向尺寸采用绝对值，因此采用混合编程方式。

② 工件坐标系选左端面中心为零点，选用固定循环指令 G90 加工，圆锥面粗车采用平行车削法（图 1-8a）。

③ 左端加工路线：车端面→粗车圆柱面 $\phi61$ mm→粗车圆柱面 $\phi30.5$ mm×15 mm→粗车圆柱面 $\phi20.5$ mm×19.5 mm→粗车圆锥面 $(\phi40\pm0.05)$ mm[$(\phi60\pm0.075)$ mm]×(20 ± 0.10) mm（单边留 0.25 mm 精车余量）→粗车圆柱面 $(\phi60.5\pm0.075)$ mm×(20 ± 0.10) mm→车倒角 1.5 mm×30°→精车圆柱面 $\phi20_{-0.023}^{0}$ mm×(20 ± 0.10) mm→车倒角 1.5 mm×30°→精车圆柱面 $\phi30_{-0.027}^{0}$ mm×(15 ± 0.10) mm→精车圆锥面 $(\phi40\pm0.05)$ mm[$(\phi60\pm0.075)$ mm]×(20 ± 0.10) mm→精车圆柱面 $(\phi60\pm0.075)$ mm×(20 ± 0.10) mm。

④ 数控加工程序

O1005；	程序号
G98G90G21；	程序初始化
T0101；	调用 1 号刀具，选择 1 号刀补
M3S500；	主轴正转，500 r/min
G0X100Z100；	快速移动至换刀点
X70Z0；	快速移动至车端面起点
G1X-1F100；	车端面
Z0.5；	Z 向退刀
G0X65Z2；	快速移动至外圆柱面固定循环起点
G90X61Z-80F100；	调用固定循环车 $\phi61$ mm 圆柱面
G90X50Z-34.5；	调用固定循环车 $\phi30.5$ mm 圆柱面
X40；	
X30.5；	
G90X25Z-19.5；	调用固定循环车 $\phi20.5$ mm 圆柱面
X20.5；	
G0X85Z-33；	快速移动至圆锥面粗车起点
G90 X75Z-45R-7.5F80；	调用固定循环粗车圆锥面
G90X70Z-47R-8.5；	
G90X65Z-50R-10；	
G90X61Z-52R-11；	
G0X100Z100；	快速移动至换刀点
T0202S1000；	调用 2 号刀具，选择 2 号刀补

G0X17.7Z0.5；	从循环起点快速移动至端面倒角加工起点
G1X20W－2F50；	端面倒角
W－18.5；	精车ϕ20 mm 圆柱面
X28.5；	精车环形端面到达倒角起点
X30W－1.5；	环形端面倒角
W－13.5；	精车ϕ30 mm 圆柱面
X40；	精车环形端面
X60W－20；	精车圆锥面
W－20；	精车圆锥大端ϕ60 mm 圆柱面
G0X100Z100；	快速返回换刀点
M5；	主轴停止
M30；	程序结束,返回程序起始点

（4）加工操作要点与注意事项

① 应用 G90 固定循环车削圆锥面编程中,参见图 1－10,注意$|R|\leqslant|U/2|$限制条件,否则无法进行平行加工循环。如本例中快速移动至圆锥面粗车起点 X85.0,调用 G90 X75.0……满足前述条件,不会产生干涉,因此是可行的。

② 为了缩短加工路线,粗车时轴向的坐标可由小到大,逐步达到图样要求的终点位置。此时编程中使 R 值与 Z 向相对起点的增量的比值与图样比值相同(本例为 $R/\Delta Z=0.5$),例如 Z 向增量为 63.0 mm－48.0 mm＝15.0 mm,此时 R 应为 15.0 mm×0.5＝7.5 mm,采用此种方法,刀具路径将与图样规定的圆锥面的母线平行。精车时应严格按图样的中间公差位置进行加工。

③ 圆柱面端口的导向倒角应进行基点坐标计算;采用增量、绝对坐标编程时应注意地址字符和数值及符号的准确性,通常可通过刀具路径轨迹进行检查。

任务三　车削加工轴类零件的外圆环形槽

轴类零件上车加工的外圆环槽主要是矩形环槽和各种标准的越程槽,表 1－3 所示为越程槽的常见典型形式。矩形环槽由两个平行的环形平面和圆柱面构成;越程槽由圆锥面、圆柱面和环形平面等组合而成。较窄的矩形槽采用成形加工法,即切槽刀的宽度与槽宽相等,一次加工成形。宽度较大的矩形槽采用多刀切削方法进行粗车,然后进行轮廓精车。较深的矩形窄槽,需要沿径向多次退刀进行车削。轴类零件各种截面环形槽的加工路线如图 1－14 所示。

表 1 - 3 磨回转面及端面的砂轮越程槽 (mm)

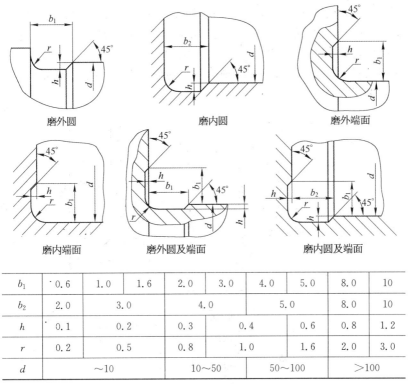

b_1	0.6	1.0	1.6	2.0	3.0	4.0	5.0	8.0	10
b_2	2.0		3.0		4.0		5.0	8.0	10
h	0.1		0.2		0.3	0.4		0.6	0.8	1.2
r	0.2		0.5		0.8	1.0		1.6	2.0	3.0
d		~10			10~50		50~100		>100	

注：1. 越程槽内两直线相交处,不允许产生尖角。

2. 越程槽深度 h 与圆弧半径 r,要满足 $r < 3h$。

3. 磨削具有数个直径的工件时,可使用同一规格的越程槽。

4. 直径 d 值大的零件,允许选择小规格的砂轮越程槽。

5. 砂轮越程槽的尺寸公差和表面粗糙度根据该零件的结构、性能确定。

(1) 一次成形槽车削 对于宽度和深度尺寸都不大的环形槽,可采用与槽等宽的刀具,一次成形切入切出加工,加工路线如图 1 - 14a 所示,通常沿 Z 轴方向快速定位,沿 X 轴方向进给加工,刀具切入到槽底后可利用暂停指令使刀具短暂停留,以修整槽底形状精度,为避免退刀损坏环形槽侧面精度,刀具沿 X 轴方向的退出过程可采用工进速度。

(2) 深槽车削 如图 1 - 14b 所示,深槽的切削加工路线应采用分次进刀方式,刀具在切入工件一段深度后,停止进刀并回退一定距离,以达到断屑和排屑的目的,避免扎刀和折断刀具的现象。注意加工路线仅沿径向(X 向)进给和回退。

(3)宽槽车削　如图 1 - 14c 所示,车削侧面和槽底的精度要求都较高的宽槽时,应采用排刀的方式进行粗车,然后用精切槽刀沿槽的一侧车至槽底,精车槽底至宽槽另一侧,再沿另一侧面退出车削。在确定精车加工路线时,注意刀位点的变化,轴向移动的距离不等于槽宽,应是槽宽与刀具宽度之差。

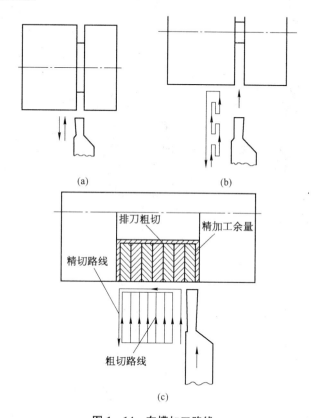

(a)　　　　　　　　　(b)

(c)

图 1 - 14　车槽加工路线

(a)一次成形槽车削;(b)窄槽车削;(c)宽槽车削

数控车床的槽加工程序编制可应用 G01 直线插补指令,多条矩形槽采用子程序调用指令 M99、M98 进行加工,也可采用 G94 循环指令进行加工。具体加工方法可参见以下实例。

【例 1-6】 如图 1-15 所示的越程槽和等距矩形槽轴类工件,实际加工中可参照以下步骤。

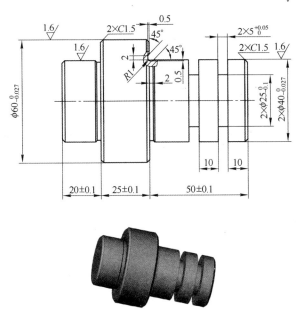

图 1-15 越程槽和等距矩形槽轴类零件

(1) 图样分析

① 本例为圆柱面、环形面越程槽、外圆矩形槽的轴类零件,主要加工部位是 $\phi 40_{-0.027}^{0}$ mm×(50 ± 0.10) mm、$\phi 40_{-0.027}^{0}$ mm×(20 ± 0.10) mm、$\phi 60_{-0.027}^{0}$ mm×(25 ± 0.10) mm 3 个圆柱面、2 个端面环形面和越程槽(参见表 1-3 图及有关数据)、间距 10 mm 的 2 个 $5_{0}^{+0.05}$ mm×$\phi 25_{-0.10}^{0}$ mm 外圆矩形槽。

② 端面、肩面的倒角 C1.5 mm。

③ 圆柱面表面粗糙度 Ra 1.6 μm;其余表面粗糙度 Ra 3.2 μm。

(2) 加工准备 工件坯件为 45 圆钢 $\phi 65$ mm×100 mm;选用外圆车刀、切槽刀进行加工,车削越程槽可用主偏角 135°和副偏角 45°的刀具进行轮廓衔接加工,刀具材料粗车 YT5,精车 YT15;工件装夹采用三爪自定心卡盘,轴向位置应考虑圆柱面 $\phi 60_{-0.027}^{0}$ mm×(25 ± 0.10) mm 车削加工和退刀位置。

（3）数控加工工艺　本例选用 GSK980T 数控系统编程加工。

① 本例的轴向尺寸标注宜按切槽刀的右侧刀尖编程，采用混合编程方式。

② 工件坐标系选两端面中心为零点，选用 G90、G01 指令进行圆柱面、环形面和切槽加工。矩形槽一次成形，越程槽采用换刀进行轮廓衔接。

③ 右端加工路线：车端面→粗车圆柱面 $\phi 40_{-0.023}^{0}$ mm×（50±0.10）mm→粗车环形端面→粗车圆柱面 $\phi 60_{-0.027}^{0}$ mm×（25±0.10）mm→车倒角 C1.5 mm→精车圆柱面 $\phi 40_{-0.027}^{0}$ mm×（50±0.10）mm→车倒角 C1.5 mm→精车圆柱面 $\phi 60_{-0.027}^{0}$ mm×（25±0.10）mm→车矩形槽→车越程槽。

④ 数控加工程序（左端程序略）：

O1006；	程序号
G98 G40 G21；	程序初始化
T0101；	调用 1 号刀具，选择 1 号刀补
M03 S500；	主轴正转，500 r/min
G00 X100.0 Z100.0；	快速移动至换刀点
X66.0 Z0.0；	快速移动至车端面起点
G01 X-1.0 F100；	车端面
Z0.5；	Z 向退刀
G00 X61.0 Z2.0；	快速移动至车外圆柱面起点
G01 Z-78.0；	车外圆柱面
G00 X65.0 Z2.0；	快速退刀
G90 X56.0 Z-49.5 F100；	调用固定循环车 $\phi 41$ mm 圆柱面
X52.0；	
X48.0；	
X44.0；	
X41.0；	
G00 X36.0 Z1.0；	快速移动至端面倒角起点
G01 X40.3 Z-1.3；	车端面倒角
Z-50.0；	半精车 $\phi 40.3$ mm 圆柱面，0.3 mm 为磨削余量
X58.0；	精车环形端面
X60.3 Z-51.3；	车环形端面倒角
Z-78.0；	半精车 $\phi 60.3$ mm 圆柱面，0.3 mm 为磨削余量
G00 X100.0 Z100.0；	快速移动至换刀点
T0202 S300；	调用 2 号刀具，选择 2 号刀补

G00 X45.0 Z-10.0;	快速移动至车第一条槽起点
G01 X25.0 F40;	车第一条槽
U20.0;	X向退刀
W-15.0;	移动至车第二条槽起点
U-20.0;	车第二条槽
U20.0;	X向退刀
G00 X100.0 Z100.0;	快速移动至换刀点
T0303;	调用3号刀具,选择3号刀补
G00 X41.0 Z-46.5.0;	快速移动至圆柱面越程槽加工起点
G01 X39.5;	X向进刀
Z-49.5;	Z向进刀
G02 X41.0 Z-50.5 R1.0;	加工R1 mm圆角
G00 X100.0 Z100.0;	快速移动至换刀点
T0404;	调用4号刀具,选择4号刀补
G00 X49.0 Z-49.0;	快速移动至环形面越程槽加工起点
G01 Z-50.5;	Z向进刀
X41.0;	X向进刀
G00 X100.0 Z100.0;	快速移动至换刀点
M05;	主轴停止
M30;	程序结束,返回程序起始点

（4）加工操作要点与注意事项

① 应用矩形槽刀一次成形控制精度较高的槽宽尺寸,应使用可转位切槽刀具,若使用焊接式切槽车刀,刀具应采用工具磨床进行磨削。加工前应对槽宽进行试切加工,保证槽宽尺寸精度和表面粗糙度。

② 在编程时注意切槽刀上确定的刀位点,对刀应注意Z向端面加工余量,以免车端面后影响槽的轴向位置精度。选用切槽刀具注意刀尖圆角。通常刀尖圆弧选用$R0.4$ mm。

③ 车越程槽的刀具应注意防止偏角与斜面的干涉,采用轮廓衔接方法进行加工的应注意衔接精度,避免出现槽尖角等应力集中部位,影响轴颈部位的强度。越程槽加工深度比较小,注意保证刀具刀尖的几何精度。

【例1-7】　如图1-16所示的宽槽和不等间距矩形槽轴类工件,实际加工中可参照以下步骤。

（1）图样分析　本例为外圆柱面、宽槽、外圆不等间距矩形环槽的轴类零件,主要加工部位是$\phi 50_{-0.027}^{0}$ mm×（100±0.10）mm外圆柱面、间距10 mm、15 mm的两个$8.3_{0}^{+0.05}$ mm×$\phi 25_{-0.10}^{0}$ mm矩形槽、距离右端面

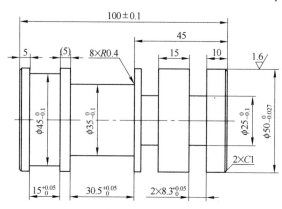

图 1-16　宽槽和不等间距槽轴类零件

45 mm 的 $30.5_{0}^{+0.05}$ mm×$\phi 35_{-0.10}^{0}$ mm 矩形宽槽和距离左端面 5 mm 的 $15_{0}^{+0.05}$ mm×$\phi 45_{-0.10}^{0}$ mm 矩形宽槽,外圆柱面端面倒角 C1 mm,槽底圆角 R0.4 mm。

(2) 加工准备　工件坯件为 HT 圆棒料 $\phi 55$ mm×$\phi 150$ mm,端面已加工,并有中心孔;选用外圆车刀、切槽刀(宽度 5 mm)进行加工,刀具材料 YG8;工件装夹采用三爪自定心卡盘和尾座顶尖,轴向位置应考虑圆柱面 $\phi 50_{-0.027}^{0}$ mm×(100±0.10) mm 车削加工和退刀位置。

(3) 数控加工工艺

① 本例的宽槽可应用端面循环指令 G94,以便在加工时对槽底圆柱面进行修整。端面循环指令的加工路线如图 1-17 所示,切槽时的刀具为切槽刀。

② 工件坐标系选右端面中心为零点,选用 G01 指令进行圆柱面加工。矩形槽应用 G75 外圆切槽循环指令加工,切槽循环加工路线参见图

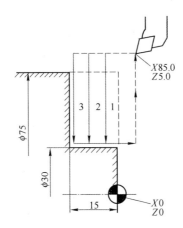

图 1 - 17　G94 端面切削循环

1 - 14b。左端宽槽工件也可调头进行加工。

③ 加工路线:粗车外圆柱面 $\phi 50_{-0.027}^{0}$ mm×80 mm→车倒角 $C1$ mm→ 精车圆柱面 $\phi 50_{-0.027}^{0}$ mm×80 mm→车不等间距槽→车宽槽 $30.5_{0}^{+0.05}$ mm× $\phi 35_{-0.10}^{0}$ mm;工件调头,粗车外圆柱面 $\phi 50_{-0.027}^{0}$ mm×25 mm→车倒角 $C1$ mm→精车外圆柱面 $\phi 50_{-0.027}^{0}$ mm×25 mm→车宽槽 $15_{0}^{+0.05}$ mm× $\phi 45_{-0.10}^{0}$ mm。

④ 数控加工程序(调头加工左端外圆及宽槽程序略):

O1007;	程序号
G98 G40 G21;	程序初始化
T0101;	调用 1 号刀具,选择 1 号刀补
M03 S800;	主轴正转,800/min
G00 X100. 0 Z100. 0;	快速移动至换刀点
X51. 0 Z5. 0;	快速移动至粗车圆柱面起点
G01 Z - 85. 0 F100;	车圆柱面
U2. 0;	X 向退刀
G00 Z2. 0;	快速移动至端面倒角起点
X46. 0;	
G01 X50. 0 Z - 1. 0;	车倒角
Z - 85. 0;	精车圆柱面
G00 X100. 0 Z100. 0;	快速移动至换刀点
T0202 S300;	调用 2 号刀具,选择 2 号刀补,主轴变速 300 r/min
G00 X55. 0;	快速定位至第一条槽起点

Z-15.0;	
G75 R0.5;	切槽循环加工第一条槽
G75 X25.0 Z-18.3 P1000 Q2000 F50;	
G00 Z-38.3;	快速定位至第二条槽起点
G75 X25.0 Z-41.6 P1000 Q2000 F50;	切槽循环加工第二条槽
G00 X52.0 Z-50.0;	快速定位至宽槽起点
G94 X35.0 Z-50.0 F50;	端面循环加工宽槽
Z-54.0;	扩槽修整槽底圆柱面
Z-58.0;	扩槽修整槽底圆柱面
Z-62.0;	扩槽修整槽底圆柱面
Z-66.0;	扩槽修整槽底圆柱面
Z-70.0;	扩槽修整槽底圆柱面
Z-74.0;	扩槽修整槽底圆柱面
Z-75.5;	扩槽修整槽底圆柱面
G00 X100.0 Z100.0;	快速移动至换刀点
M05;	主轴停止
M30;	程序结束，返回程序起始点

（4）加工操作要点与注意事项

① 应用矩形切槽刀接刀加工控制精度较高的槽宽尺寸,应注意按实际切出的槽宽尺寸确定接刀时 Z 向的移动距离,通常应≤b(刀宽)$-2R$(刀尖)。

② 在编程时注意切槽刀上确定的刀位点,计算槽宽尺寸应注意 Z 向移动量与刀具宽度的关系,以免影响槽的轴向位置和宽度尺寸精度。如本例槽宽 8.3 mm,切槽刀实际槽宽为 5.02 mm,此时 Z 向总移动量应为 3.3 mm,加工后的槽宽约为 8.32 mm,在加工公差范围内。

③ 应用 G75 指令便于断屑,可进行较大直径轴类的切断加工。应用 G94 端面循环加工宽槽,应注意接刀加工的 Z 向移动距离,通常应小于刀具宽度尺寸,以免因刀尖圆弧留有接刀痕迹。

【例1-8】 如图 1-18 所示为重复的不等间距矩形槽轴类工件,实际加工中可参照以下步骤。

（1）图样分析 本例为圆柱面、端面、外圆上重复的不等间距矩形槽的轴类零件,主要加工部位是右端 $\phi30_{-0.023}^{0}$ mm×(90 ± 0.10) mm 圆柱面、端面、四组重复排列的间距 10 mm、6 mm 的 2 个 2 mm×$\phi20$ mm 矩形槽、两端面倒角 C2 mm。

（2）加工准备 工件坯件为 45 圆钢 $\phi35$ mm×200 mm(一料两件),选用外圆车刀、切槽刀(宽度 2 mm)进行加工,刀具材料 YT5;工件装夹采用三爪自定心卡盘,尾座顶尖装夹。轴向位置应考虑圆柱面 $\phi 30_{-0.023}^{0}$ mm×(90±0.10) mm 车削加工和退刀位置,调头加工第二件应考虑切断加工位置。

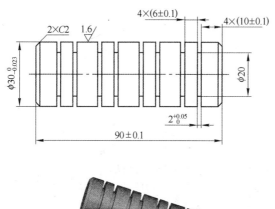

图 1-18 重复的不等间距槽轴类零件

(3) 数控加工工艺

① 本例的槽宽尺寸可用切槽刀一次成形加工,为了保证槽底精度,应用暂停指令 G04(例如程序段 G04 P1;表示暂停 1 s),使刀具在槽底位置暂停 1~2 s。由于不等距槽有规律地沿轴向重复排列,即有四组间距 10 mm、6 mm 的 2 mm 宽矩形槽,因此宜采用子程序调用、返回指令 M98、M99 编程(例如程序段 M98 P041108;表示调用子程序 1108 号 4 次)。子程序调用方法如图 1-19 所示。

② 工件坐标系选右端面中心为零点,选用 G01 指令进行圆柱面加工。矩形槽选用 G01 指令加工。

③ 加工路线:车端面→加工中心孔 $\phi 2.5$ mm→粗车外圆柱面 $\phi 30_{-0.023}^{0}$ mm×(90±0.10) mm→车倒角 C1 mm→精车圆柱面 $\phi 30_{-0.023}^{0}$ mm×(90±0.10) mm→车第一组不等间距槽→……→车第四组不等间距槽。

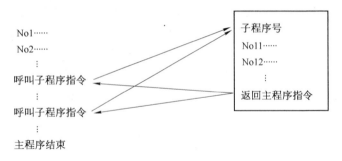

图 1 - 19　子程序的调用与返回

④ 数控加工程序(切断和另一端面加工程序略)：

O1008；	主程序号
G98 G40 G21；	程序初始化
T0101 M09；	调用 1 号刀具,选择 1 号刀补
M03 S1000；	主轴正转,1 000 r/min
G00 X100. 0 Z100. 0；	快速移动至换刀点
X31. 0 Z5. 0；	快速移动至粗车圆柱面起点
G01 Z - 94. 0 F100；	车圆柱面
U2. 0；	X 向退刀
G00 Z2. 0；	快速移动至端面倒角起点
X26. 0；	
G01 X30. 0 Z - 2. 0；	车倒角
Z - 71. 0；	精车圆柱面
G00 X100. 0 Z100. 0；	快速移动至换刀点
T0202 S500；	调用 2 号刀具,选择 2 号刀补,主轴变速 500 r/min
G00 X32. 0；	快速定位至定点
Z - 0. 0；	
M98 P041108；	子程序调用 4 次
G00 X100. 0 Z100. 0；	快速移动至换刀点
T0303 S300；	调用 3 号刀具,选择 3 号刀补,主轴变速 300 r/min
G00 Z - 93. 0；	快速移动至切断位置
G01 X0. 0；	切断加工
G04 P2；	暂停 2 s
G00 X100. 0 Z100. 0；	快速移动至换刀点
M05 M09；	主轴停止
M30；	程序结束,返回程序起始点

O1108；	子程序号
G00 W - 12.0；	快速移动至第一条槽起点
G01 U - 12.0；	加工第一条槽
G04 P1；	槽底暂停 1 s
G00 U12.0；	X 向快速退刀
W - 8.0；	快速移动至第二条槽起点
G01 U - 12；	加工第二条槽
G04 P1；	槽底暂停 1 s
G00 U12.0；	X 向快速退刀
M99；	子程序结束,返回主程序

（4）加工操作要点与注意事项

① 第一条槽与端面的尺寸精度取决于切槽刀 Z 向对刀精度,注意在端面加工后进行对刀,然后采用 Z 向刀补的方法进行微量调整。例如第一条槽加工后的位置尺寸为 10.10 mm,此时可在 T0101 的刀具补偿中设置 Z 向补偿 0.10 mm,以使位置尺寸达到 10.00 mm。若加工后的尺寸为 9.90 mm,则应在刀具补偿中设置 Z 向补偿－0.10 mm。

② 在编程时注意切槽刀上确定的刀位点,主程序中 Z 向定位确定槽组间距,子程序中 Z 向定位确定槽组内槽的间距。

③ 应用 M98/M99 指令应注意程序格式,不同的机床可能各有规定,具体按机床编程说明书编制。

④ 一料两件的加工方式,可待第二件加工后进行切断加工。在程序中可在加工完矩形槽后应用 M00 使程序停止,在调头加工完第二件矩形槽后使用切断程序。切断的位置应保证两个两件都有控制总长 90 mm,车削加工切断部位端面的加工余量,以保证另一端面至槽的轴向距离。

任务四　车削加工轴类零件的圆弧轮廓面

轴类零件上的圆弧轮廓有凸圆弧和凹圆弧轮廓两种基本形式。大部分的圆弧中心角小于等于 90°,端部外球面的圆弧轮廓中心角可能大于 90°。圆弧轮廓的加工路线如图 1 - 20 所示,一般采用如图 1 - 20a、b 所示的变半径车削方法,因圆心坐标不变,仅圆弧半径变化,编程比较方便,但加工路线比较长,采用如图 1 - 20c 所示的车锥面后加工圆弧的方法,加工路线比较短,但需要进行几何计算。简化的计算公式是 $AB=BC=0.585\ 8R$(R 为圆弧半径,粗加工时可按 $0.5R$ 计算)。

圆弧插补 G02/G03 指令使刀具相对工件以指令的速度从圆弧起始点向圆弧终点进行插补加工,指令的格式:

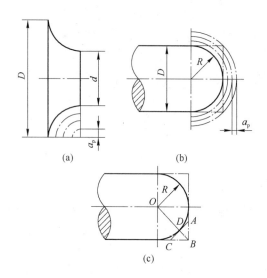

图 1 - 20   车圆弧加工路线

G02/G03 X(U)＿ Z(W)＿ R＿ F＿；

或 G02/G03 X(U)＿ Z(W)＿ I＿ K＿ F＿；

应用 G02/G03 圆弧插补指令应掌握以下要点。

① G02/G03 分别是顺/逆时针圆弧插补指令,顺逆时针的判别是沿第三坐标的负方向看,顺时针应用 G02,逆时针应用 G03,如图 1 - 21 所示。

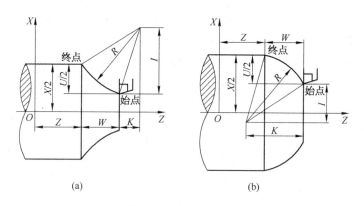

图 1 - 21   圆弧插补指令

(a) G02；(b) G03

② X(U)＿ Z(W)为圆弧终点坐标;R ＿为圆弧半径;I ＿ K ＿为圆弧圆心相对于圆弧起点的坐标增量值。

【**例 1 - 9**】　如图 1 - 22 所示为端部球面和圆角的轴类工件,实际加工中可参照以下步骤。

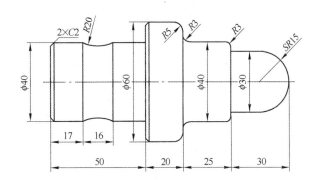

图 1 - 22　球面、圆角轴类零件

（1）图样分析　本例为圆柱面、端面、端部球面,环形面与圆柱面有相切圆角及圆弧环槽的轴类零件,主要加工部位是圆柱面 $\phi 60$ mm、$\phi 40$ mm、$\phi 30$ mm;圆角 $R5$ mm、$R3$ mm、圆弧环槽 $R20 \times 16$ mm 和球面 $SR15$ mm;倒角 $C2$ mm。

（2）加工准备　工件坯件为 45 圆钢 $\phi 65$ mm $\times 130$ mm;选用外圆车刀进行加工,刀具材料 YT5;工件装夹采用三爪自定心卡盘,轴向位置应考虑两端圆柱面加工退刀位置。

（3）数控加工工艺

① 本例的圆弧轮廓都是与端面和外圆柱面相切的,均为逆时针 90°圆弧,

因此除了采用圆柱面加工的基本方法外,应选用逆时针圆弧插补指令 G03 进行圆弧轮廓加工。肩面与圆柱面的连接圆弧和左端圆弧槽采用 G02 指令加工。

② 右端的圆弧面起点为工件坐标零点,因此构成球面。左端的环形圆弧面按轴向位置确定始终点。

③ 加工路线:粗车圆柱面 ϕ60 mm、ϕ40 mm、ϕ30 mm→车端面→球面粗车(加工圆锥面)→车球面 R15 mm→精车圆柱面 ϕ30 mm→车环面及圆角 R3 mm→精车圆柱面 ϕ40 mm→车连接圆弧 R3 mm→车环形端面→车圆角 R5 mm→精车圆柱面 ϕ60 mm;工件调头装夹:车左端面→粗车圆柱面 ϕ40 mm→粗车环形端面→车倒角→精车圆柱面 ϕ40 mm×17 mm→车环形圆弧面 R20 mm×16 mm→精车外圆 ϕ40 mm→精车环形端面→车倒角。

④ 数控加工程序　本例应用凯恩帝数控 KND1000T 系统编程加工:

O1009;	右端加工程序号
G98G90G21;	程序初始化
T0101;	调用 1 号刀具,选择 1 号刀补
M3S1000;	主轴正转,转速 1 000 r/min
G0X100Z100;	快速移动至换刀点
X62Z2;	快速移动至车外圆循环起点
G90X61Z - 80F100;	调用车外圆循环粗车三档外圆
X41Z - 54.8;	
X31Z - 29.8;	
G0X32Z0;	快速移动至车端面起点
G1X - 1F80;	车端面
X20;	移动至粗车球面斜角余量起点
X31W - 5;	车圆锥面
G0Z2;	快速退刀
X0Z0;	快速移动至球面起点
G3X30Z - 15R15;	车球面
G1Z - 30;	精车 ϕ30 mm 外圆
X34;	精车环形端面至圆角 R3 mm 起点
G3X40W - 3R3;	车圆角 R3 mm
G1W - 19;	精车 ϕ40 mm 外圆
G2U3W - 3R3;	车连接圆弧 R3 mm
G1X50;	精车环形端面
G3X60W - 5R5;	车圆角 R5 mm

G1W - 20；	精车 ϕ60 mm 外圆
G0X100Z100；	快速移动至换刀点
M5；	主轴停止
M30；	程序结束,返回程序起始点

O1109；	左端加工程序号
G98G90G21；	程序初始化
T0101；	调用 1 号刀具,选择 1 号刀补
M3S1000；	主轴正转,转速 1 000 r/min
G0X100Z100；	快速移动至换刀点
X62Z2；	快速移动至车外圆循环起点
G90X51Z - 49F100；	调用车外圆循环粗车外圆 ϕ40 mm
X41Z - 49；	
G0X42Z0；	快速移动至车端面起点
G1X - 1F80；	车端面
X34Z1；	X 向移动至倒角起点
X40Z - 2；	车端面倒角 C2 mm
W - 15；	车外圆 ϕ40 mm×17 mm
G2W - 16R20；	车环形圆弧槽 R20 mm
G1W - 17；	车外圆 ϕ40 mm×17 mm
X56；	车环形端面至倒角起点
X62W - 3；	车环形端面倒角 C2 mm
G0X100Z100；	快速移动至换刀点
M5；	主轴停止
M30；	程序结束,返回程序起始点

（4）加工操作要点与注意事项

① 车削台阶轴圆角应注意加工余量控制,通常采用车倒角的方法切除圆角的余量,倒角的边长约为 $R/2$。例如圆角 R5 mm,去除圆角余量时,45°倒角的边长约为 2.5 mm。

② 选用圆弧插补指令应注意判定圆弧的顺逆方向,编程中注意圆弧终点坐标位置的准确性。

③ 端部球面加工应将刀尖切削部位对准工件坐标零点,否则会在端面留有凸尖形残留部分。

④ 圆角的检测一般采用标准圆弧量规;球面的直径尺寸检测可使用标准量具,球面的形状精度需要使用专用样板或套圈进行检测,具体方法可参见图 1 - 23。

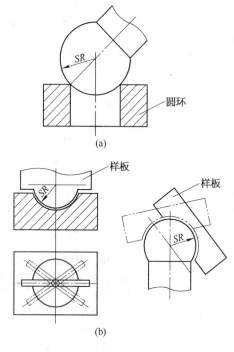

图 1 - 23　球面形状精度的检测

（a）用圆环检测；（b）用样板检测

【例 1 - 10】 如图 1 - 24 所示为端部球面和圆弧颈部的轴类工件，实际加工中可参照以下步骤。

（1）图样分析　本例为圆柱面、端面、端部球头，颈部圆弧轮廓的轴类零件，本例主要加工部位是圆柱面 $\phi 28$ mm、$\phi 24$ mm、球面 $SR 20$ mm、颈部凹圆弧轮廓 $R 4$ mm 和 $30°$ 的圆锥面。

（2）加工准备　工件坯件为 45 圆钢 $\phi 45$ mm × 125 mm；选用外圆车刀进行加工，刀具材料 YT5，主偏角 $93°$，副偏角应在保证球面和颈部凹圆弧面加工无干涉前提下，尽可能小，以提高刀尖部位强度；工件装夹采用三爪自定心卡盘，轴向位置应考虑球面加工与圆柱面 $\phi 28$ mm 的接刀位置。

（3）数控加工工艺　本例应用 KND1000T 数控系统编程加工。

① 本例左端台阶圆柱面因余量较多，选用 G90 固定循环指令进行粗加工，选用 G01 指令精加工倒角、圆柱面等。

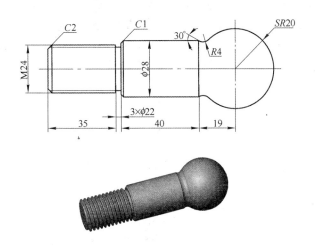

图 1-24 球头轴类零件

② 右端球头部分粗加工按圆柱面加工,尺寸为 $\phi 42$ mm×42 mm,按 $R/2 = 10$ mm 进行端面倒角,切除球头部的余量,然后选用 G03/G02 指令加工球面和颈部凹圆弧轮廓。编制程序前可通过 CAD 作图方法获得球面与凹圆弧面切点、凹圆弧面和圆锥面切点粗精加工基点坐标,如图 1-25 所示。

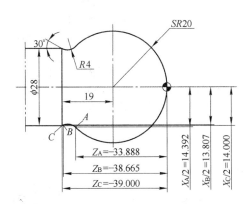

图 1-25 球头轴类零件基点坐标

③ 加工路线。左端：粗车圆柱面 $\phi 28$ mm、$\phi 24$ mm→切槽→车端面→车倒角→精车圆柱面 $\phi 24$ mm→倒角；工件调头装夹：粗车圆柱面 $\phi 42$ mm→车倒角（球面余量）→车端面→粗车球面→粗车凹圆弧面→精车球面 $R20$ mm→精车凹圆弧面 $R4$ mm→车 $30°$ 圆锥面→精车圆柱面 $\phi 28$ mm。

④ **数控加工程序（右端加工）：**

O1010；	程序号
G98G90G21；	程序初始化
T0101；	调用1号刀具，选择1号刀补
M3S1000；	主轴正转，转速 1 000 r/min
G0X100Z100；	快速移动至换刀点
X42Z2；	快速移动至球面圆柱体车削始点
G1W－45F100；	车球面圆柱体
G0U2W45；	快速退刀
X20Z2；	快速移动至球面粗车倒角起点
G1X42Z－13；	车倒角
G0Z0.5；	Z 向退刀
G1X－1；	车端面
X0；	X 向退刀至球面粗加工起点
G3X29.5Z－34.24R20；	粗车球面
G2X28.48Z－38.42R4；	粗车凹圆弧面
G1X29Z－38.87；	粗车圆锥面
Z－80；	粗车圆柱面
G0X50；	X 向快速退刀
Z2；	Z 向快速退刀
X28Z0；	快速移动至精车端面起点
G1X－1；	精车端面
X0；	移动至精车球面起点
G3X28.79Z－33.89R20；	精车球面
G2X27.63Z－38.67R4；	精车凹圆弧面
G1X28Z－39；	精车圆锥面
Z－80；	精车圆柱面 $\phi 28$ mm
G0X100Z100；	快速移动至换刀点
M5；	主轴停止
M30；	程序结束，返回程序起始点

（4）加工操作要点与注意事项

① 粗车球面倒角应注意控制倒角边长，避免计算和编程错误影响球面精车余量，基点坐标的计算和 CAD 求解应正确无误，避免差错。

② 为了便于装夹和保证圆柱面 $\phi28$ mm 的加工精度,在精车球头部分后可对 $\phi28$ mm 圆柱面进行精加工。

③ 控制车刀的刀尖圆弧,否则会产生较大的形状误差。刀尖圆弧对圆弧面车削的形状精度影响如图 1 - 26 所示。

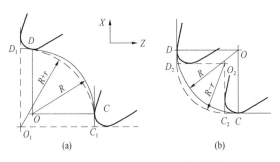

图 1 - 26　刀尖圆弧对圆弧轮廓车削的影响

(a) 刀尖过切；(b) 刀尖欠切

【例 1 - 11】　如图 1 - 27 所示为凹圆弧传动轴,实际加工中可参照以下步骤。

(1) 图样分析　本例为圆柱面、端面、中部凹圆弧面的轴类零件,本例主要加工部位是圆柱面 $\phi20$ mm、$\phi45$ mm、凹圆弧面 $R100$ mm、倒角等。

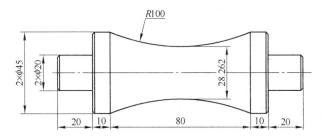

图 1 - 27　凹圆弧传动轴

（2）加工准备　　工件坯件为 HT200 棒料 $\phi50$ mm×150 mm；选用外圆车刀进行加工，刀具材料 YG6；工件装夹采用三爪自定心卡盘和尾座顶尖，也可采用两顶尖定位，轴向位置应考虑圆柱面 $\phi45$ mm 的退刀位置。

（3）数控加工工艺　　本例选用 KND1000T 数控系统编程加工。

① 本例台阶圆柱面因余量较多，选用 G90 固定循环指令进行粗加工，选用 G01 指令精加工倒角、圆柱面等。

② 中部凹圆弧轮廓部分选用同心圆加工方法，选用 G02 指令加工，采用改变圆弧轮廓半径的方法编程，凹圆弧加工路线如图 1－20a 所示。

③ 加工路线。左端：粗车圆柱面 $\phi20$ mm、$\phi45$ mm→车端面→车倒角→精车圆柱面 $\phi20$ mm→车倒角→加工中心孔；工件调头装夹：车端面（保证总长）→加工中心孔；工件两顶尖装夹：粗车右端圆柱面 $\phi20$ mm→车倒角→精车圆柱面 $\phi20$ mm→车倒角→精车圆柱面 $\phi45$ mm→粗车凹圆弧面→精车凹圆弧面。

④ 数控加工程序（两顶尖装夹后的加工内容）：

O1011；	程序号
G98G90G21；	程序初始化
T0101；	调用 1 号刀具，选择 1 号刀补
M03S1000；	主轴正转，转速 1 000 r/min
G0X100Z100；	快速移动至换刀点
X52Z2；	快速移动至圆柱面循环车削始点
G90X48Z－120F100；	调用固定循环粗车圆柱面
X46；	
G90X40Z－19.5；	
X36；	
X32；	
X28；	
X24；	
X21；	
G0X50Z－30；	快速移动至粗车凹圆弧面起点
G2X50Z－110R97.5；	粗车凹圆弧面
G0X46Z－30；	退刀
G2X46Z－110R99.5；	半精车凹圆弧面
G0X50Z0.5；	快速退刀
X19；	快速移动至车倒角起点
G1X20W－1；	车倒角
Z－20；	精车圆柱面

X43；	精车环形端面
X45W‐1；	车倒角
Z‐30；	精车圆柱面
G2X45Z‐110R100；	精车凹圆弧面
G1W‐11；	精车圆柱面
G0X100Z100；	快速移动至换刀点
M5；	主轴停止
M30；	程序结束，返回程序起始点

（4）加工操作要点与注意事项

① 左端粗车圆柱面 ϕ45 mm 主要是为了调头装夹作为精基准面，以保证另一端中心孔与左端中心孔的同轴度。

② 本例加工中的凹圆弧轮廓中心应对称两环形面，圆弧面的轴向长度通过弦长 80 mm 的弓高进行换算，检测时可按凹圆弧中部的最小直径进行间接测量。本例根据几何关系，凹圆弧中部的最小直径：$d_{min} = D-2\times(100-\sqrt{100^2-40^2}) = 45-2\times(100-91.65) = 28.30$ mm。

③ 控制精车车刀的刀尖圆弧，否则会产生较大的形状误差，必要时可选用刀尖圆弧补偿指令 G41/G42，以提高圆弧加工的形状精度。

项目二　套类零件加工

任务一　车削加工套类零件的内圆柱面

套类零件的内圆柱面有通孔内圆柱面、台阶内圆柱面和盲孔内圆柱面等基本类型。通孔内圆柱面没有内端面，台阶内圆柱面和盲孔内圆柱面有内端面。与外圆柱面相比，内圆柱面和内端面的加工观察比较麻烦，切削液的加注和排屑都比较困难，特别是塑性材料的加工，需要按实际情况进行断屑、排屑处理。数控的程序编制选用的指令与外圆柱面加工基本相同，具体操作方法可参见以下实例。

【例 1‐12】 如图 1‐28 所示为钻夹具的固定式钻套实例，实际加工中可参考以下步骤。

（1）图样分析　本例为圆柱面、端面、内外圆锥面的通孔套类零件，本例主要加工部位是外圆柱面 ϕ48 mm、内圆柱面 ϕ30 mm、外圆锥面 15°×2.5 mm、内圆锥面 30°×3 mm、倒角 C1 mm 等。

（2）加工准备　工件坯件为 T10A 圆钢 ϕ50 mm×160 mm（一料三件）；选用外圆车刀加工外轮廓，ϕ26 mm 标准麻花钻钻孔，内孔车刀加工内轮廓，切断刀切断工件，刀具材料 YT5；工件装夹采用三爪自定心卡盘，

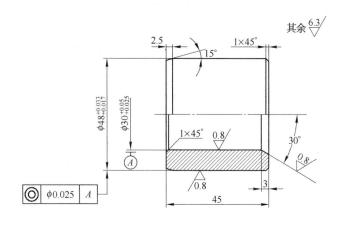

图 1 - 28 固定式钻套

轴向位置应考虑工件总长加工余量和切断加工位置。

（3）数控加工工艺

① 本例钻孔加工选用 G01 指令，外圆和内孔、内圆锥面加工均应留有磨削余量。

② 为了保证同轴度，内孔和外圆应一次装夹进行加工，工件切断后调头装夹加工左侧端面和外圆锥面及内孔倒角。

③ 加工路线。右端：钻孔→粗车圆柱面 ϕ48 mm→车端面→车倒角→精车圆柱面 ϕ48 mm（留磨削余量）→车内孔→车内圆锥面→工件切断；工件调头装夹：车左端面→车外圆锥面→车内孔倒角。

④ 数控加工程序：

O1012;	程序号
G98 G40 G21;	程序初始化
T0101;	调用 1 号刀具，选择 1 号刀补
M03 S500;	主轴正转，转速 500 r/min

G00 X100. 0 Z50. 0；	快速移动至换刀点
X0 Z2. 0；	快速移动至钻孔起点
G01 Z－55. 0 F80；	钻孔
G00 W50. 0；	钻头退刀
X100. 0 Z50. 0；	快速移动至换刀点
T0202 S1000；	调用 2 号刀具,选择 2 号刀补,主轴转速 1 000 r/min
G00 X52. 0 Z0；	快速移动至车端面起点
G01 U－28. 0；	车端面
G00 W1. 0；	Z 向退刀
U28. 0；	X 向退刀
G90 X49. 0 Z－48. 0 F100；	快速移动至车圆柱面循环起点
X48. 5；	粗车外圆柱面
G00 X44. 0；	快速移动至端面倒角起点
G01 X48. 2 Z－1. 1；	车倒角
Z－48. 0；	精车外圆柱面
G00 X100. 0 Z50. 0；	快速移动至换刀点
T0303；	调用 3 号刀具,选择 3 号刀补
G00 X25. 0 Z2. 0；	快速移动至车内圆柱面起点
G90 X27. 0 Z－46. 0；	调用固定循环粗车内圆柱面
X29. 0；	
G00 X35. 8；	快速移动至内圆锥面起点
G01 X29. 80 Z－5. 0；	车内圆锥面
Z－46. 0；	精车内圆柱面
U－1. 0；	X 向退刀
G00 W48. 0；	Z 向快速退刀
X100. 0 Z50. 0；	快速移动至换刀点
T0404；	调用 4 号刀具,选择 4 号刀补
X50. 0 Z－48. 0；	快速移动至切断加工起点
G01 X25. 0；	切断
G00 X100. 0 Z50. 0；	快速移动至换刀点
M00；	暂停,工件调头装夹
T0202；	调用 2 号刀具,选择 2 号刀补
M03 S1000；	主轴正转,转速 1 000 r/min
G00 X50. 0 Z0；	快速移动至车端面起点
G01 X25. 0；	车端面
W1. 0；	Z 向退刀
G00 X46. 1；	快速移动至车导向圆锥面起点
G01 X48. 1 Z－3. 55；	车导向圆锥面

G00 X100.0 Z50.0;	快速移动至换刀点
T0303;	调用 3 号刀具,选择 3 号刀补
G00 X32.0 Z1.0;	快速移动至车内孔倒角起点
G01 X28.0 Z−2.0;	车内孔倒角
G00 Z2.0;	Z 向快速退刀
X100.0 Z50.0;	快速移动至换刀点
M05;	主轴停止
M30;	程序结束,返回程序起始点

（4）加工操作要点与注意事项

① 车削内外圆锥面应对 X 位置的坐标值进行计算,保证圆锥面的角度要求。如内圆锥面大端直径为 $30+2\times\dfrac{3}{\cot30°}=33.46$ mm,若车削起点 Z 向坐标为 2.0 mm,则 X 向坐标为 $30+2\times\dfrac{5}{\cot30°}=35.77$ mm。

② 本例调头应注意装夹位置精度,控制夹紧力,以免内孔变形。

③ 工件钻孔应加注切削液,以免麻花钻退火磨损。

【例 1 - 13】 如图 1 - 29 所示为台阶套筒实例,实际加工中可参考以下步骤。

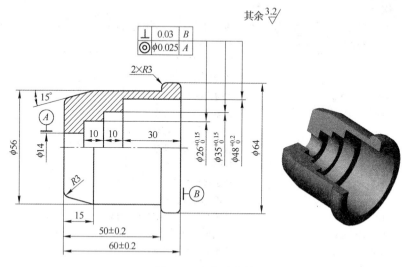

图 1 - 29 台阶套筒

（1）图样分析 本例为圆柱面、端面、外圆锥面的通孔台阶套类零件,本例主要加工部位是外圆柱面 ϕ64 mm、ϕ56 mm、外圆锥面 15°×15 mm、圆

角 $R3$ mm;通孔 $\phi14$ mm、台阶内圆柱面、肩面 $\phi26$ mm $\times10$ mm、 $\phi35$ mm $\times$ 10 mm、 $\phi48$ mm $\times30$ mm 等。台阶内孔加工应保证同轴度和垂直度要求。

（2）加工准备　工件坯件为 45 圆钢 $\phi65$ mm $\times200$ mm（一料三件）；选用外圆车刀加工外轮廓, $\phi13$ mm 标准麻花钻钻孔,内孔车刀加工内轮廓,切断刀切断工件,刀具材料 YT5;工件装夹采用三爪自定心卡盘,轴向位置应考虑工件总长加工余量和切断加工位置。

（3）数控加工工艺

① 本例钻孔加工选用 G01 指令,外圆和内孔、内圆锥面加工均直接加工至图样尺寸。

② 为了保证垂直度,台阶内孔和右侧端面应一次装夹进行加工,工件切断后调头装夹加工左侧端面、外圆和外圆锥面、圆角。

③ 加工路线。右端:钻孔→粗车圆柱面 $\phi64$ mm→粗车端面→精车端面→车圆角→精车圆柱面 $\phi64$ mm→车内孔 $\phi14$ mm→车台阶内孔 $\phi26$ mm $\times10$ mm→车台阶内孔 $\phi35$ mm $\times10$ mm→车台阶内孔 $\phi48$ mm $\times$ 30 mm→工件切断;工件调头装夹:粗车端面→粗车外圆锥面→粗车外圆 $\phi56$ mm→粗车肩面→精车端面→车圆角 $R3$ mm→精车外圆锥面→精车外圆 $\phi56$ mm→精车肩面→车圆角 $R3$ mm。

④ 数控加工程序:

O1013;	程序号
G98 G40 G21;	程序初始化
T0101;	调用 1 号刀具,选择 1 号刀补
M03 S500;	主轴正转,转速 500 r/min
G00 X100.0 Z50.0;	快速移动至换刀点
X0 Z2.0;	快速移动至钻孔始点
G01 Z-60.0 F80;	钻孔
G00 W60.0;	Z 向钻头退刀
X100.0 Z50.0;	快速移动至换刀点
T0202 S1000;	调用 2 号刀具,选择 2 号刀补,转速 1 000 r/min
G00 X62.0 Z0.3;	快速移动至粗车端面起点
G01 X13.0;	粗车端面
G00 W1.0;	Z 向快速退刀
G00 X12.0 Z0;	快速移动至精车端面起点
G01 X58.0;	精车端面至圆角起点
G03 X64.0 Z-3.0 R3.0;	车圆角
G01 Z-15.0;	车外圆

G00 X100. 0 Z100. 0;	快速移动至换刀点
T0303;	调用 3 号刀具, 选择 3 号刀补
G00 X12. 0 Z2. 0;	快速移动至内圆柱面固定循环起点
G90 X14. 0 Z-62. 0;	调用固定循环车 ϕ14 mm 通孔
X18. 0 Z-50. 0;	车 ϕ26 mm 台阶内孔
X22. 0;	
X25. 5;	
X26. 0;	
X30. 0 Z-40. 0;	车 ϕ35 mm 台阶内孔
X34. 5;	
X35. 0;	
X38. 0 Z-30. 0;	车 ϕ48 mm 台阶内孔
X42. 0;	
X46. 0;	
X47. 5;	
X48. 0;	
G00 X100. 0 Z50. 0;	快速移动至换刀点
T0404;	调用 4 号刀具, 选择 4 号刀补
G00 X67. 0 Z-64. 0;	快速移动至切断加工起点
G01 X12. 0;	切断加工
G00 X100. 0 Z50. 0;	快速移动至换刀点
M00;	暂停, 工件调头装夹
T0202;	调用 2 号刀具, 选择 2 号刀补
M03 S1000;	主轴正转, 转速 1 000 r/min
G00 X67. 0 Z0. 3;	快速移动至粗车端面起点
G01 X12. 0 F100;	车端面, 进给量 100 mm/min
X67. 0;	X 向快速退刀, 移动至外圆柱面车削固定循环起点
G90 X58. 0 Z-49. 7 F100;	调用固定循环车削外圆柱面
X57. 0;	
G01 X49. 0;	X 向移动至外圆锥面粗车起点
X57. 0 Z-15. 0;	粗车外圆锥面
G00 Z1. 0;	Z 向快速退刀
X13. 0;	X 向快速退刀至精车端面起点
G01 Z0;	Z 向移动至精车端面起点
X43. 4;	精车端面至圆角起点
G03 X49. 2 Z-2. 2 R3. 0;	车圆角
G01 X56. 0 Z-15. 0;	精车 15°圆锥面
Z-50. 0;	精车外圆 ϕ56 mm

X58.0；	精车肩面至左肩面圆角起点
G03 X64.0 Z−53.0 R3.0；	车肩面圆角
G00 X100.0 Z50.0；	快速移动至换刀点
M05；	主轴停止
M30；	程序结束,返回程序起始点

（4）加工操作要点与注意事项

① 车削外圆锥面、圆角基点的坐标值应进行计算,采用 CAD 绘图可方便地获得基点坐标值。

② 车削台阶内孔时背吃刀量的确定可根据刀具、工件的刚性确定。也可选用 G90 指令粗车,选用 G01 指令进行精车。

③ 批量加工可增加先加工左端的粗车工序,便于工件装夹。调头装夹注意控制轴向位置,保证外圆锥面车削,避免工件薄壁部位变形。

【例 1−14】 如图 1−30 所示为盲孔导向套,实际加工中可参考以下步骤。

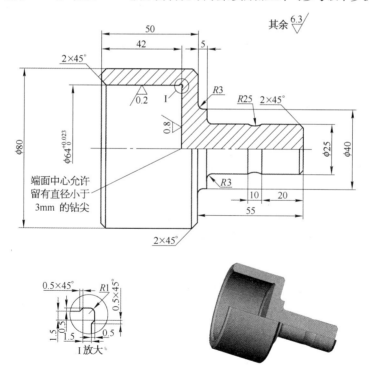

图 1−30 盲孔导向套

(1) 图样分析 本例为圆柱面、端面、连接圆弧面等构成的圆柱柄盲孔套类零件,主要加工部位是外圆柱面 $\phi80$ mm、盲孔圆柱面和端面及磨削加工越程槽;柄部圆柱面 $\phi25$ mm×50 mm、$\phi40$ mm×5 mm、连接圆弧 $R3$ mm、定位圆弧 $R25$ mm 及倒角等。

(2) 加工准备 工件坯件为 T10A 圆钢 $\phi85$ mm×110 mm;选用外圆车刀加工外轮廓,$\phi60$ mm 标准麻花钻钻孔,内孔车刀加工内轮廓,刀具材料 YT5;工件装夹采用三爪自定心卡盘,轴向位置应考虑两端的加工位置。

(3) 数控加工工艺

① 本例选用 G90、G01 指令加工柄部轮廓。

② 钻孔的深度应注意控制图样上中心位置技术条件,残留钻尖直径应小于 3 mm。

③ 加工路线。右端:车端面→粗车台阶圆柱面 $\phi40$ mm×5 mm→粗车柄部圆柱面 $\phi25$ mm→车倒角→精车柄部圆柱面→车定位圆弧 $R25$ mm→精车柄部圆柱面→车连接圆弧 $R3$ mm→车台阶端面→精车台阶圆柱面 $\phi40$ mm×5 mm→车连接圆弧 $R3$ mm→车环形端面→车倒角→粗车外圆 $\phi80$ mm(部分);工件调头装夹:钻孔→粗车外圆→车端面→车倒角→精车外圆柱面→粗车内孔及内端面→车倒角→精车内孔→车越程槽→车内端面。

④ 数控加工程序:

O1014;	程序号
G98 G40 G21;	程序初始化
T0101;	调用 1 号刀具,选择 1 号刀补
M03 S800;	主轴正转,转速 800 r/min
G00 X100.0 Z50.0;	快速移动至换刀点
X86.0 Z0;	快速移动至车端面起点
G01 X-1.0 F80;	车端面,进给量 80 mm/min
G00 X86.0 Z2.0;	快速退刀至固定循环起点
G90 X81.0 Z-54.9 F100;	调用固定循环粗车圆柱面,进给量 100 mm/min
X75.0;	
X70.0;	
X65.0;	
X60.0;	
X55.0;	
X50.0;	

X46.5；

X40.5 Z－51.0；

X35.0 Z－49.9；

X31.5 Z－46.0；

X25.5；

G00 X19.0 Z1.0；　　　　　　快速移动至端面倒角起点

G01 X25.0 Z－2.0；　　　　　　车倒角

Z－20.0；　　　　　　　　　　精车圆柱面 $\phi 25$ mm 至凹圆弧起点

G02 X25.0 Z－30.0 R25.0；　车凹圆弧 $R25$ mm

G01 Z－47.0；　　　　　　　　精车圆柱面 $\phi 25$ mm 至圆弧起点

G02 X31.0 Z－50.0 R3.0；　车圆弧 $R3$ mm

G01 X40.0；　　　　　　　　　精车环形端面

W－2.0；　　　　　　　　　　精车圆柱面 $\phi 40$ mm 至圆弧起点

G02 X46.0 Z－55.0 R3.0；　车圆弧 $R3$ mm

G01 X76.0；　　　　　　　　　精车环形端面至倒角起点

X81.0 W－2.5；　　　　　　　车倒角

W－5.0；　　　　　　　　　　粗车部分 $\phi 80$ mm 圆柱面

G00 X100.0 Z100.0；　　　　快速移动至换刀点

M00；　　　　　　　　　　　　暂停，工件调头装夹

T0202 M03 S300；　　　　　调用2号刀具，选择2号刀补，主轴正转，转速300 r/min

G00 X0；　　　　　　　　　　快速移动至钻孔起点

G01 Z－42.2；　　　　　　　钻孔

G00 W45.0；　　　　　　　　钻头 Z 向快速退刀

X100.0 Z100.0；　　　　　　快速移动至换刀点

T0101 S1000；　　　　　　　调用1号刀具，选择1号刀补，转速1 000 r/min

G00 X86.0 Z2.0；　　　　　　快速移动至固定循环车外圆起点

G90 X82.0 Z－53.0 F100；　调用固定循环粗车圆柱面，进给量100 mm/min

X80.5；

G00 X55.0 Z0；　　　　　　　快速移动至车端面起点

G01 X76.0；　　　　　　　　　车端面至倒角起始点

X80.0 Z－2.0；　　　　　　　车倒角

Z－53.0；　　　　　　　　　　精车外圆

G00 X100.0 Z50.0；　　　　快速移动至换刀点

T0303；　　　　　　　　　　　调用3号刀具，选择3号刀补

G00 X3.0 Z2.0；　　　　　　快速移动至内孔车削循环起点

G90 X62.0 Z－41.5 F100；　调用固定循环车内圆柱面，进给量100 mm/min

X63.5；

G00 X72.0；　　　　　　　　快速移动至内孔倒角起点

G01 X63.9 Z-2.05；	内孔倒角
Z-39.5；	精车内孔，留磨削余量
X65.0 W-0.5；	车越程槽
W-1.5；	
G02 U-2.0 W-1.0 R1.0；	
G01 U-3.0；	
U-1.0 W0.6；	
X0；	精车端面
G00 Z2.0；	Z向快速退刀
X100.0 Z50.0；	快速移动至换刀点
M05；	主轴停止
M30；	程序结束，返回程序起始点

（4）加工操作要点与注意事项

① 钻孔加工应注意深度控制和切削用量控制，必要时可采用小直径钻头钻孔后用大直径钻头扩孔。

② 车削右端的圆柱面轴向位置应注意留有连接圆弧的加工余量。

③ 车削磨削加工所用的内圆柱面、肩面越程槽应注意相对坐标数值和符号的准确性，如 G01 U-2.0，表示向 X 轴负方向相对前一坐标点移动 2 mm。

任务二　车削加工套类零件的内圆锥面、圆弧轮廓面和球面

套类零件的内圆锥面有通孔内圆锥面、与圆柱面连接的台阶内圆锥面等基本类型。通孔内圆锥面没有内端面，台阶内圆锥面有内端面。与外圆锥面相比，内圆柱面和内端面的加工观察比较麻烦，切削液的加注和排屑都比较困难，特别是塑性材料的加工，需要按实际情况进行断屑、排屑处理。内球面通常中心角≤90°，加工方法与车内圆弧面类似。数控的程序编制选用的指令与外圆锥面、外球面加工类似，具体操作方法可参见以下实例。

【例 1-15】　如图 1-31 所示为工具圆锥环规实例，实际加工中可参考以下步骤。

（1）图样分析　本例为圆柱面、端面、倒角、内圆锥面、网纹滚花等构成的内圆锥面套类零件，主要加工部位是内圆锥面、外圆柱面 $\phi 80$ mm、端面及倒角等，本例左端圆柱面直径由右端圆柱面直径和左端倒角 C3 mm 确定（本例为 74 mm）。工具圆锥环规内圆锥面的锥度为 7∶24，表面粗糙度为 $Ra0.2~\mu m$，通常需要经过车、磨、研磨等加工工序。根据工具环规的

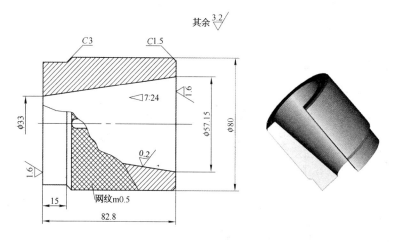

图 1 - 31　工具圆锥环规

有关标准,大端的直径 D＝57.15 mm,圆锥长度 L＝82.8 mm,按锥度验算小端直径 d:

$$d = 57.15 - 82.8 \times \frac{7}{24} = 33 \text{ mm}$$

　　(2) 加工准备　工件坯件为 T10A 圆钢 ϕ85 mm×150 mm(考虑夹持部分长度);选用外圆车刀加工外轮廓,ϕ32 mm 标准麻花钻钻孔,内孔车刀加工内圆锥面,切断刀切断工件,刀具材料 YT5;工件装夹采用三爪自定心卡盘,轴向位置应考虑切断加工和工件加工的夹持刚性,避免加工的振动影响圆锥面的几何精度和表面粗糙度。工件内圆柱面的精度检测采用标准工具圆锥塞规,也可使用精度较高的 7:24 锥度刀杆的外圆锥面进行检测。检测的方法通常是着色检测接触面积,车削加工内圆锥面与检具标准圆锥面的接触面积一般应≥70％。

　　(3) 数控加工工艺

　　① 本例主要选用 G90、G01 指令加工内外轮廓。车削内圆锥面的循环起点应在靠近中心一侧,如图 1 - 32 所示。

　　② 内圆锥面车削采用刀具平行加工路径。编程时注意 R/Z_L＝3.5/24,如图 1 - 32 所示。例如设定 Z_{L1}＝22 mm,则:

$$R_1 = Z_{L1} \times \frac{3.5}{24} = 22 \times \frac{3.5}{24} = 3.21 \text{ mm}$$

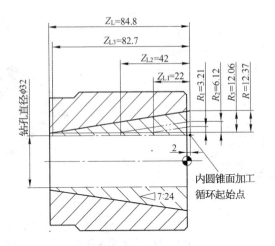

图 1-32　内圆锥面的加工路径与几何关系

③ 加工路线。右端：车端面→粗车台阶圆柱面 ϕ80 mm×82.8 mm→车倒角→精车圆柱面 ϕ80 mm×82.8 mm→钻孔 ϕ30 mm→粗精车内圆锥面；工件调头装夹，左端：车端面→粗车台阶圆柱面 ϕ74 mm×15 mm→精车圆柱面 ϕ74 mm×15 mm→车倒角 C3 mm。

④ 数控加工程序：

O1015；	程序号
G98 G40 G21；	程序初始化
T0101；	调用 1 号刀具，选择 1 号刀补
M03 S500；	主轴正转，转速 500 r/min
G00 X100.0 Z50.0；	快速移动至换刀点
X85.0 Z0；	快速移动至车端面起点
G01 X-1.0 F80；	车端面，进给量 80 mm/min
G00 X85.0 Z2.0；	快速退刀，移动至粗车圆柱面起点
G90 X83.0 Z-83.0 F100；	调用固定循环粗车圆柱面，进给量 100 mm/min
X81.0；	
G00 X75.0 Z1.0；	快速移动至倒角起点
G01 X80.0 Z-1.5；	车倒角
Z-83.0；	精车圆柱面
G00 X100.0 Z150.0；	快速移动至换刀点
T0202 S100；	调用 2 号刀具，选择 2 号刀补，转速 300 r/min
G00 X0 Z2.0；	快速移动至钻孔起点

G01 Z - 95.0 F50；	钻孔，进给量 50 mm/min
G00 W95.0；	快速退刀
X100.0 Z50.0；	快速移动至换刀点
T0303；	调用 3 号刀具，选择 3 号刀补
G00 X30.0 Z2.0；	快速移动至内圆锥面循环起点
G90 X33.0 Z - 20.0 R3.21；	调用固定循环车削内圆锥面
Z - 40.0 R6.12；	
Z - 80.7 R12.06；	
Z - 82.8 R12.37；	
G00 X100.0Z50.0；	快速移动至换刀点
M00；	暂停，工件调头装夹
T0101 M03 S500；	调用 1 号刀具，选择 1 号刀补，主轴正转，转速 500 r/min
G00 X82.0 Z0；	快速移动至车端面起点
G01 X - 1.0 F100；	车端面
G00 W1.0；	Z 向快速退刀
X74.0；	快速移动车圆柱面起点
G01 Z - 16.0；	车圆柱面
X82.0 W - 4.0；	车倒角
G00 X100.0 Z50.0；	快速移动至换刀点
M05；	主轴停止
M30；	程序结束，返回程序起始点

（4）加工操作要点与注意事项

① 钻孔直径应小于圆锥面的小端直径，本例为 ϕ32 mm。

② 车削内圆锥面应注意检测圆锥角，检测的方法是在圆锥塞规的表面沿轴向涂色（如丹红），然后将圆锥塞规用手插入圆锥孔与锥面接触后转动一定角度，轴向退出塞规，用肉眼观察表面色带的接触痕迹，接触部分涂色变浅或去除，未接触的部分涂色保持原状。

③ 车削加工的圆锥孔需要经过磨削和研磨加工工序的，应按工艺技术要求留磨削加工余量，一般法向余量单边为 0.15～0.20 mm。（研磨余量由磨削加工时留出）。

④ 精度要求较高的圆锥孔，应注意刀尖圆弧对内圆锥面加工的影响，必要时可对刀具刀尖圆弧进行参数补偿。

【例 1 - 16】　如图 1 - 33 所示为内轮廓是内球面的座套类工件实例，实际加工中可参考以下步骤。

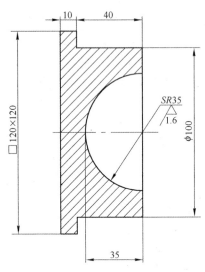

图 1 - 33　内球面座套类零件

（1）图样分析　本例为内球面座套类零件,主要加工部位是内球面 $SR35$ mm。内球面表面粗糙度为 $Ra1.6~\mu m$,其余表面粗糙度为 $Ra3.2~\mu m$,外圆、端面和内球面由车加工工序完成。本例内球面球心与工件坐标零点重合,球面的刀具路径中心角为 $90°$。

（2）加工准备　工件坯件为 HT200 铸件,外形余量单边 5 mm;四方周边与底面由铣削加工工序完成,车削加工选用外圆车刀加工外轮廓 $\phi100$ mm$\times$40 mm 及端面,球面去除余量粗加工选 $\phi60$ mm 标准麻花钻钻孔,内孔车刀加工内球面,刀具材料 YG6;工件以四边及底面为基准,采用四爪卡盘装夹,工件装夹后应按四边 120 mm$\times$120 mm 找正外圆、球面加工位置。

（3）数控加工工艺

① 本例主要选用 G90、G01、G03 指令加工外圆、端面和内球面。

② 切除内球面余量时采用麻花钻钻孔、车台阶内圆的方法进行加工,如图 1 - 34 所示。台阶内圆与端面的交点坐标与球心的距离应小于球面半径 SR。例如交点坐标为 $(65.0,-12.0)$,至球心的距离 $SR_i=\sqrt{32.5^2+12^2}=34.645$ mm<35 mm。

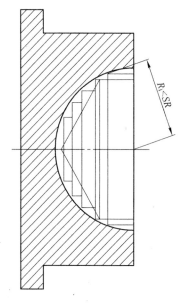

图 1 - 34　内球面切除余量加工路径示意

③ 粗车内球面的起点设置在坐标点$(0,1.0)$,采用同心圆的方法进行粗车。

④ 加工路线:车端面→粗车圆柱面 $\phi100$ mm×40 mm→精车外圆柱面 $\phi100$ mm×40 mm→钻不通孔 $\phi60$ mm→粗车内圆柱面→粗车内球面→精车内球面 $SR35$ mm。

⑤ 数控加工程序:

O1016;	程序号
G98 G40 G21;	程序初始化
T0101 M03 S1000;	调用1号刀具,选择1号刀补,主轴正转,转速1 000 r/min
G00 X102. 0 Z0;	快速移动至车端面起点
G01 X - 1. 0 F100;	车端面,进给量 100 mm/min
G00 W1. 0;	快速退刀,移动至粗车圆柱面起点
X101. 0;	
G90 X86. 0 Z - 40. 0 F100;	
X82. 0;	
X80. 0;	
G00 U1. 0;	X 快速退刀
X100. 0 Z50. 0;	快速移动至换刀点

T0202 S500；	调用 2 号刀具，选择 2 号刀补，转速 500 r/min
G00 Z50.0；	快速退刀，移动至钻孔起点
X0 Z5.0；	
G01 Z－35.5；	钻孔，切除内球面余量
G00 W36.0；	快速退刀
X100.0 Z50.0；	快速移动至换刀点
T0303 S800；	调用 3 号刀具，选择 3 号刀补，转速 800 r/min
G00 Z50.0；	快速退刀，移动至车内圆台阶面起点
X65.0 Z1.0；	
G01 Z－12.0；	车内圆
X50.0；	车内端面
Z－24.0；	
X40.0；	
Z－28.0；	
X30.0；	
G00 Z1.0；	Z 向快速退刀
X64.0；	快速移动至粗车内球面第一刀起点
G03 X0 Z－31.0 R32.0；	粗车内球面第一刀
G00 Z1.0；	Z 向快速退刀
X67.0；	快速移动至粗车内球面第二刀起点
G03 X0 Z－32.5 R33.5；	粗车内球面第二刀
G00 Z1.0；	Z 向快速退刀
X69.0；	快速移动至粗车内球面第三刀起点
G03 X0 Z－33.5 R34.5 F50；	粗车内球面第三刀
G00 Z1.0；	Z 向快速退刀
X70.0；	快速移动至精车内球面 X 向起点
G01 Z0；	慢速移动至精车内球面 Z 向起点
G03 X0 Z－35.0 R35.0 F30；	精车内球面
G00 W35.0；	Z 向快速退刀
X100.0 Z50.0；	快速移动至换刀点
M05；	主轴停止
M30；	程序结束，返回程序起点

（4）加工操作要点与注意事项

① 本例内球面表面粗糙度要求较高，因此在精车内球面时应调整进给量，本例程序中调整为 30 mm/min。

② 本例切除内球面余量的加工时，钻孔直径和深度，台阶内圆的直径和深度，都需要经过核算，不能影响球面的精车加工。在技术要求允许的

情况下,内球面底部可留有规定直径的钻尖,以便保证球面底部的形状精度。

③ 粗车内球面采用球心外移的同心圆路径加工,应控制球面的精车余量在 0.5 mm 以下。

④ 精车球面的余量由表面粗糙度要求确定,本例控制的余量可通过 0.3 mm 试切确定。

项目三 盘类零件加工

任务一 车削加工盖板盘类零件

(1) 盖板零件的结构特点 盖板是机械中典型的盘状零件,例如各种回转型机械泵(旋片式液压泵、真空泵、水泵等)的盖板,其结构特点是端面比较大,一般还有轴承孔、密封槽、弹性挡圈槽等结构要素。

(2) 主轴恒线速指令的应用 在数控加工中,用 S 指令的主轴转速有恒转速和恒线速度之分。为了提高端面的表面质量,除了应用 G92 端面固定循环指令,还需要应用恒线速指令。由于在恒线速控制中,数控系统根据车削刀尖所处的 X 坐标值,作为工件的直径值进行计算,因此在使用恒线速度 G96 指令前必须正确地设定工件坐标系,根据切削速度与转速的计算公式,当切削速度恒定时,转速将随切削直径的减小而增大,从而可以提高车削表面质量。但是在使用恒线速主轴指令控制加工工件端面、锥度和圆弧时,由于 X 坐标不断变化,因此主轴的转速也在不断变化。当刀具逐渐移近工件旋转中心时,主轴转速越来越高,可能导致工件松夹飞出,可能超过主轴电动机的最高转速,因此必须用 G50 指令限制主轴的最高转速,即用地址 S 之后指令的是主轴每分钟的最高转速。例如:G50 S3000 表示把主轴最高转速设定为 3 000 r/min。由此可见,在数控车削加工使用恒线速度指令,必须要限定主轴的最高转速。

(3) 端面切槽的加工特点 端面沟槽的槽侧面是圆柱面,外侧的内圆柱面与刀具会产生干涉,因此,端面的沟槽刀具的后面应是小于槽侧圆周半径的圆弧面,如图 1-35 所示。

(4) 端面加工的特点 中心部位无内孔的端面加工,要求刀具的装夹位置保证刀尖准确位于工件的回转中心,保证刀具前角和后角的准确性;刀杆应与进给方向垂直,以保证主偏角和副偏角的准确性。车削端面时刀具中心未对准工件回转中心会在端面留下凸台,并可能损坏刀具,如图 1-36 所示。

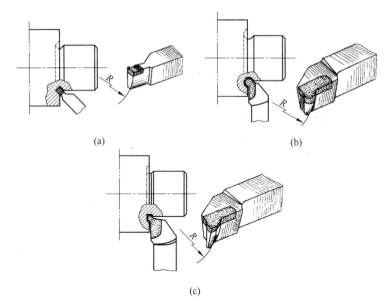

(a)

(b)

(c)

图 1-35 沟槽车刀

（a）45°外沟槽车刀；（b）圆弧沟槽车刀；（c）外圆端面沟槽车刀

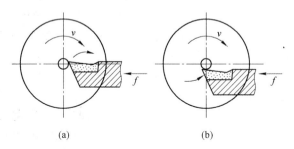

(a)

(b)

图 1-36 车刀刀尖未对准工件回转中心的弊病

（a）刀尖位置偏高；（b）刀尖位置偏低

在选用 G72 端面粗车和 G70 进行精车加工应注意指令各项参数的含义和确定方法。

① 端面粗车加工循环指令（G72）。该指令的格式：

G72 WΔd Re

G72 P ns Q nf UΔu WΔw F f

或 G72 P ns Q nf UΔu WΔw DΔd F f Ss

如图 1-37 所示，A 为刀具起始点，假定在某段程序中指定了由 $A \rightarrow$

$A' \to B$ 的精加工路线,只要用此指令,就可实现背吃刀量为 Δd,精加工余量为 $\Delta u/2$ 和 Δw 的粗加工循环。其中 Δd 为背吃刀量(半径值),该量无正负号,刀具的切削方向取决于 AA' 的方向;e 为退刀量,可由参数设定;ns 指定精加工路线的第一个程序段的顺序号;nf 指定精加工路线的最后一个程序段的顺序号;Δu 为 X 方向上的精加工余量(直径值);Δw 为 Z 方向上的精加工余量。

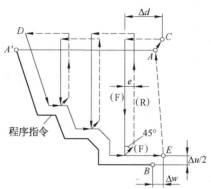

图 1-37　端面粗车循环

② 精车加工复合循环指令(G70)。指令格式为:G70 P ns Q nf

当用 G71、G72、G73 粗车加工完毕后,用 G70 指定精车加工循环,切除粗加工留下的余量。其中 ns 指定精加工路线的第一个程序段的顺序号;nf 指定精加工路线的最后一个程序段的顺序号。

盖板盘类零件的数控车削加工具体操作方法可参见以下实例。

【例 1-17】　如图 1-38 所示为缸体盖板实例,实际加工中可参考以下步骤。

(1) 图样分析　本例为缸体盖板盘类零件,主要加工部位是定位圆柱面和台阶端面;内圆柱面和密封槽等。定位圆柱面表面粗糙度为 $Ra1.6~\mu m$,其余表面粗糙度为 $Ra3.2~\mu m$。本例长径比比较小,属于盘类零件。

(2) 加工准备　工件坯件为 QT400-18 铸棒,外形余量单边 5 mm,车削加工选用外圆车刀加工外轮廓 $\phi 90$ mm×25 mm 及端面,定位圆柱面 $\phi 60$ mm×8 mm 及端面;内轮廓加工选 $\phi 25$ mm 标准麻花钻钻孔,内孔车刀加工内轮廓,刀具材料 YG6;密封槽和退刀槽选用内圆切槽刀和外圆切槽刀。

(3) 数控加工工艺

① 本例主要选用 G94、G90、G01、G03 等指令加工外圆、端面和内轮廓。

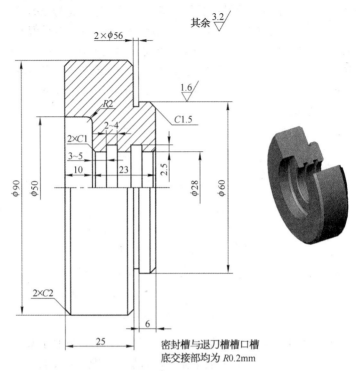

其余 3.2/▽

图 1-38　缸体盖板

② 选用 G94 端面切削循环粗车定位圆柱面可参见图 1-17 及有关内容,与车削内外圆固定循环的区别是,端面切削固定循环的切削刀具路径是与 X 轴平行的,而 G90 内外圆固定循环的刀具切削路径是与 Z 轴平行的。

③ 在加工左端内轮廓时,使用固定循环粗车应注意内角圆弧的加工余量,控制刀具的 Z 向终点位置。

④ 加工路线。右端:车端面→粗车圆柱面 $\phi90$ mm→粗车定位圆柱面和环形端面→端面倒角→精车定位圆柱面→环形端面→倒角→钻孔 $\phi25$ mm→粗车内孔→倒角→精车内孔→内孔切槽→加工退刀槽;工件调头装夹,左端:车倒角→车端面→粗车内轮廓→精车内轮廓圆柱面→车内轮廓圆角→精车内轮廓端面→内孔倒角。

⑤ 数控加工程序:

```
O1017;                        程序号
G98 G40 G21;                  程序初始化
```

T0101 M03 S1000;	调用 1 号刀具,选择 1 号刀补
G00 X100.0 Z50.0;	快速移动至换刀点
X102.0;	快速移动至车端面起点
Z0;	
G01 X-1.0 F80;	车端面,进给量 80 mm/min
G00 W1.0;	Z 向快速退刀,移动至粗车圆柱面起点
X91.0;	
G01 Z-35.0;	粗车圆柱面
U1.0;	X 向退刀
G00 Z2.0;	快速移动至端面循环车削起点
G94 X61.0 Z-2.0 F80;	调用端面循环粗车定位圆柱面
Z-4.0;	
Z-6.0;	
Z-7.5;	
G00 X53.0;	快速移动至车倒角起点
G01 X60.0 Z-1.5 F50;	车倒角
Z-8.0;	精车定位圆柱面
X86.0;	精车环形端面
X90.0 W-2.0;	车倒角
Z-35.0;	精车圆柱面
G00 U1.0;	X 向快速退刀
X100.0 Z50.0;	快速移动至换刀点
T0202 S500;	调用 2 号刀具,选择 2 号刀补
G00 Z50.0;	
X0 Z2.0;	快速移动至钻孔起点
G01 Z-40.0 F30;	钻孔
G00 Z2.0;	钻头快速退刀
X100.0 Z50.0;	快速移动至换刀点
T0303 S800;	调用 3 号刀具,选择 3 号刀补
G00 X24.0 Z2.0;	快速移动至内轮廓循环车削起点
G90 X26.0 Z-25.0;	调用内轮廓粗车循环
X27.0;	
X27.5;	
G00 X32.0 Z1.0;	快速移动至内轮廓倒角起点
G01 X28.0 Z-1.0 F50;	倒角
Z-25.0;	精车内孔
X24.0;	X 向退刀
G00 Z2.0;	Z 向快速退刀

X100. 0 Z50. 0；	快速移动至换刀点
T0404 S500；	调用 4 号刀具,选择 4 号刀补
G00 X26. 0 Z5. 0；	
Z-9. 0；	快速移动至第一条槽加工起点
G01 X33. 0；	切槽
U-7. 0；	X 向退刀
W1. 0；	Z 向移动,控制槽宽
X33. 0；	切槽
U-7. 0；	X 向退刀
G00 Z-18. 0；	快速移动至第二条槽加工起点
G01 X33. 0；	
U-7. 0；	
W1. 0；	
X33. 0；	
U-7. 0；	
G00 Z5. 0；	快速退刀
X100. 0 Z50. 0；	快速移动至换刀点
T0505 S500；	调用 5 号刀具,选择 5 号刀补
G00 X95. 0 Z-8. 0；	快速移动至退刀槽加工起点
G01 X56. 0 F30；	加工退刀槽
U5. 0；	X 向退刀
G00 X100. 0 Z50. 0；	快速移动至换刀点
M00；	暂停,工件调头装夹
T0101；	调用 1 号刀具,选择 1 号刀补
M03 S1000；	主轴正转,转速 1 000 r/min
G00 X92. 0 Z-3. 0；	快速移动至倒角起点
G01 X86. 0 Z0 F80；	车倒角
X24. 0；	车端面
W1. 0；	Z 向退刀
G00 X100. 0 Z50. 0；	快速移动至换刀点
T0303 S800；	调用 3 号刀具,选择 3 号刀补
G00 X24. 0 Z2. 0；	快速移动至内圆固定循环起点
G90 X28. 0 Z-9. 5 F80；	调用内圆粗车固定循环
X32. 0；	
X36. 0；	
X40. 0；	
X44. 0；	
X46. 0；	

G90 X49.0 Z-7.5；	内轮廓圆弧部位留出余量
G00 X56.0；	快速移动至内轮廓倒角起点
G01 X50.0 Z-1.0 F50；	车倒角
Z-8.0；	车内圆
G03 X46.0 Z-10.0 R2.0；	车内轮廓圆角
G01 X30.0；	车内端面
X26.0 Z-12.0；	车内孔倒角
G00 Z2.0；	Z 向快速退刀
X100.0 Z50.0；	快速移动至换刀点
M05；	主轴停止
M30；	程序结束,返回起始点

（4）加工操作要点与注意事项

① 本例定位圆柱面和环形端面表面粗糙度要求较高,因此在精车时应调整进给量,本例程序中调整为 50 mm/min。

② 本例切除左端内轮廓余量时,因圆柱面端面之间是圆角,需要注意留有圆角的加工余量,当圆角较大时,可考虑采用半精车。

③ 定位圆柱面与环形端面之间的退刀槽宽度比较小,槽底位置与大外圆距离较大,因此需要注意刀具的安装精度,避免切槽刀副后面与环形端面干涉。同时因刀宽较小,应注意控制切槽刀的进给速度(本例程序中设定为 30 mm/min),防止刀具折断和崩裂。

④ 内孔密封槽的加工应注意退刀位置,避免刀柄与内孔碰撞和干涉。切槽刀宽度小于槽宽的,Z 向位移应注意切槽刀刀位点的设定,控制 Z 向位移方向和距离。

【例 1-18】 如图 1-39 所示为箱体盖板实例,实际加工中可参考以下步骤。

（1）图样分析 本例为箱体盖板盘类零件,主要加工部位是左端外轮廓、轴承装配内台阶圆柱面、导向圆锥面和孔用弹性挡圈内孔矩形槽、内孔;右端与箱体贴合的端面和定位圆柱面等。主要配合面的表面粗糙度为 $Ra1.6\ \mu m$,其余表面粗糙度为 $Ra3.2\ \mu m$。本例长径比比较小,端面面积较大,属于典型的盘类零件。

（2）加工准备 工件坯件为 45 圆钢,左端外形余量较大,车削加工选用外圆车刀加工外轮廓及端面;内轮廓加工选 $\phi25$ mm 标准麻花钻钻孔,内孔车刀加工内轮廓,刀具材料 YT5;挡圈槽选用内孔切槽刀。工件加工顺序宜先左后右,以保证轴承孔与右端定位圆柱面的同轴度。

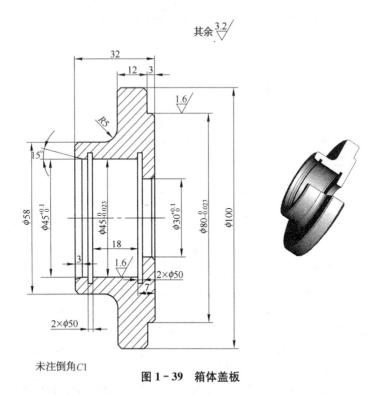

图 1-39　箱体盖板

（3）数控加工工艺

① 本例左端外轮廓具有外圆、端面和连接圆弧面,圆柱面半径差与台阶轴线距离基本相等,因此可选用端面切削复合循环指令 G72,也可选用外圆车削复合循环 G71,本例选用 G71 进行粗加工,G70 进行精车加工。

② 本例的内轮廓具有圆锥面、台阶圆柱面和端面、内孔等,也选用 G71 指令进行粗加工,G70 指令进行精车加工。

③ 本例的右端长径比比较小,选用 G72 进行端面粗车加工,G70 进行精车加工。

④ 加工路线。左端:粗精车端面→粗车外圆柱面 $\phi58$ mm→粗车连接圆弧面 $R5$ mm→粗车环形端面→车端面倒角→精车外圆柱面 $\phi58$ mm→精车连接圆弧面 $R5$ mm→精车环形端面→车外圆倒角→钻孔→粗车内孔 $\phi30$ mm→粗车圆柱面→粗车内端面→车内圆锥面→精车内孔 $\phi45$ mm→精车内端面→精车内孔 $\phi30$ mm;工件调头装夹,右端:车外圆→粗车端面→车倒角→精车环形端面→精车定位圆柱面→车倒角→精车端面。

⑤ 数控加工程序：

O1018；	程序号
G98 G40 G21；	程序初始化
T0101 M03 S1000；	调用 1 号刀具，选用 1 号刀补，主轴正转，转速 1 000 r/min
G00 X106. 0 Z5. 0；	快速移动至端面固定循环起点
G94 X - 1. 0 Z3. 0 F80；	调用端面粗车固定循环加工端面，进给量 80 mm/min
Z. 05；	
Z0；	
G00 W1. 0；	Z 向端面退刀
X106. 0；	快速移动至外圆粗车
G71 U2. 0 R0. 5；	调用外圆粗车复合循环
G71 P10 Q60 U0. 5 W0. 2 F80；	
N10 G00 X56. 0 Z1. 0；	快速移动至倒角起点
G01 X58. 0 Z - 1. 0；	车倒角
Z - 12. 0；	车外圆
G02 X68. 0 Z - 17. 0 R4. 9；	车圆角
G01 X98. 0；	车环形端面
N60 X102. 0 Z - 19. 0；	车端面倒角
G70 P10 Q60；	调用外圆精车复合循环
G00 X155. 0 Z50. 0；	快速移动至换刀点
T0202 S500；	调用 2 号刀具，选用 2 号刀补，主轴正转，转速 500 r/min
G00 Z50. 0；	Z 向快速移动至换刀位置
X0 Z2. 0；	快速移动至钻孔起点
G01 Z - 40. 0 F50；	钻孔
G00 Z2. 0；	钻头快速退刀
X155. 0 Z50. 0；	快速移动至换刀点
T0303 S800；	调用 3 号刀具，选用 3 号刀补，主轴正转，转速 800 r/min
G00 X24. 0 Z2. 0；	快速移动至车内轮廓起点
G71 U2. 0 R0. 5 F80；	调用复合循环粗车内轮廓
G71 P100 Q140 U0. 5 W0. 2；	
N100 G00 X47. 14 Z1. 0；	快速移动至圆锥面起点
G01 X45. 0 Z - 3. 0；	车内圆锥面
Z - 27. 0；	车台阶内孔圆柱面
X30. 0；	车台阶内孔端面
N140 Z - 33. 0；	车内孔
G70 P100 Q140；	调用精车复合循环精车内轮廓
G00 X150. 0 Z50. 0；	快速移动至换刀点
T0404 S800；	调用 4 号刀具，选用 4 号刀补，主轴正转，转速 800 r/min

G00 X44.0 Z1.0;	快速移动至切槽加工准备位置
Z-7.0;	Z向快速移动至第一条内圆槽加工起点
G01 X50.0;	车第一条内圆槽
X44.0;	X向退刀
G00 X29.0;	快速移动至第二条槽加工准备位置
Z-27.0;	快速移动至第二条内圆槽加工起点
G01 X50.0;	车第二条内圆槽
X44.0;	X向退刀
G00 Z2.0;	Z向快速退刀
X155.0 Z50.0;	快速移动至换刀点
M00;	暂停,工件调头装夹
T0101 M03 S1000;	调用1号刀具,选用1号刀补,主轴正转,转速1 000 r/min
G00 X100.0 Z2.0;	快速移动至车外圆起点
G01 Z-17.0 F80;	车外圆,进给量800 r/min
G00 X102.0 Z2.0;	快速移动至端面粗车循环起点
G72 W1.2 R0.5 F100;	调用端面复合循环粗车台阶端面
G72 P200 Q250 U0.3 W0.2;	
N200 G00 X102.0 Z-5.0;	快速移动至外圆倒角起点
G01 X98.0 Z-3.0;	车外圆倒角
X80.0;	车环形端面
Z-1.0;	车定位圆柱面
X78.0 Z0;	车端面倒角
N250 X28.0;	车端面
G70 P200 Q250;	精车右端轮廓面
G00 X150.0 Z50.0;	快速移动至换刀点
M05;	主轴停止
M30;	程序结束,返回程序起始点

（4）加工操作要点与注意事项

① 本例右端定位圆柱面和内轮廓轴承档台阶孔的精度要求比较高，因此应在一次装夹中完成左端所有加工内容，并应注意保证左端台阶外圆与轴承档内孔的同轴度，保证调头装夹后加工右端定位圆柱面与轴承档内孔的同轴度。

② 本例右端环形端面与箱体孔端面贴合，应保证与定位圆柱面的垂直度，加工中应采用粗精车加工方法。

③ 左端轴承档台阶孔孔口是半锥角为15°的圆锥面，主要是轴承装配时起导向作用，因此注意控制表面精度。

④ 左端加工时应将内孔 $\phi 30$ mm 一次装夹中完成，以保证内孔与轴

承档台阶孔同轴;必要时,可按图样要求,轴承档台阶内孔以弹性挡圈槽为界,外侧孔径加工至 $\phi45.050$ mm,内侧孔径加工至 $\phi45.012$ mm。

任务二 车削加工法兰、齿轮盘类零件

法兰是管路连接常用的机械零件,法兰的结构要素主要是台阶外圆柱面,结合端面和各种通径尺寸的内孔。长径比比较小的各种联轴节、离合器、圆柱齿轮预制件、圆锥齿轮预制件和内齿轮预制件也是典型的盘套类零件,圆柱内外齿轮预制件主要结构要素为圆柱面和端面;盘状圆锥齿轮预制件除了圆柱面和端面外,还有背锥面和顶锥面等内外圆锥面,加工精度要求比较高。

数控的程序编制需要综合应用圆柱面、端面和圆锥面等各种加工指令。为了简化编程,余量较多的应选用循环加工指令,精度较高的应选用精加工指令。具体操作方法可见以下加工实例。

【例 1 - 19】 如图 1 - 40 所示为螺纹联接颈部锥面密封法兰实例,实际加工中可参考以下步骤。

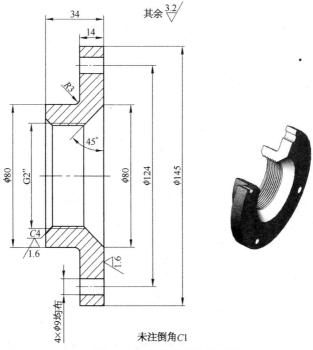

图 1 - 40 颈部锥面密封法兰

（1）**图样分析**　本例为颈部锥面密封的法兰盘类零件，主要加工部位是左端外轮廓、内螺纹和孔口两端圆锥面；右端与配对法兰贴合的平面等。主要密封面的表面粗糙度为 $Ra1.6\ \mu m$，其余表面粗糙度为 $Ra3.2\ \mu m$。本例长径比比较小，端面回转直径较大，属于典型的盘类零件。

（2）**加工准备**　工件坯件为 45 圆钢，左端外形余量较大，车削加工选用外圆车刀加工外轮廓及端面；螺纹底孔选 $\phi50\ mm$ 标准麻花钻钻孔，内孔车刀加工螺纹底孔及孔口两端内圆锥面加工。刀具材料 YT5（本例螺纹不加工）。工件加工顺序宜先左后右，以保证两端圆锥面的同轴度。

（3）**数控加工工艺**

① 本例左端外轮廓具有外圆、端面和连接圆弧面，圆柱面半径差大于台阶轴线距离，因此选用端面切削复合循环指令 G72 进行粗车加工，G70 进行精车加工。

② 本例的内轮廓具有圆锥面、螺纹底孔，选用 G90 指令进行粗精车加工。

③ 本例的右端端面比较大，选用 G94 进行端面粗精车加工，孔口圆锥面选用 G90 进行粗精车加工。

④ 加工路线。左端：钻孔→车外圆→粗车环形端面→粗车连接圆弧面 $R3\ mm$→粗车外圆柱面 $\phi80\ mm$→车外圆倒角→精车环形端面→精车连接圆弧面 $R3\ mm$→精车外圆柱面 $\phi80\ mm$→车端面倒角→车端面→粗精车螺纹底孔→粗精车孔口内圆锥面；工件调头装夹，右端：车外圆→粗车端面→车倒角→精车端面→粗精车孔口内圆锥面。

⑤ 数控加工程序：

O1019；	程序号
G98 G40 G21；	程序初始化
T0202 M03 S500；	调用 2 号刀具，选用 2 号刀补
G00 Z5.0；	快速移动至钻孔起点
X0；	
G01 Z-45.0 F50；	钻孔，进给速度 50 mm/min
G00 Z5.0；	Z 向钻头快速退刀
X160.0 Z50.0；	快速移动至换刀点
T0101 S1000；	调用 1 号刀具，转速 1 000 r/min
G00 X145.0 Z5.0；	快速移动至车外圆起点
G01 Z-20.0 F80；	车外圆
U1.0；	X 向退刀
G00 X150.0 Z5.0；	快速移动至外轮廓端面循环起点
G72 W2.0 R0.5；	调用端面复合循环粗车外轮廓

```
G72 P10 Q70 U0.5 W0.2 F50；
N10 G00 X147.0 Z-21.0；        快速移动至倒角起点
G01 X143.0 Z-20.0；            车倒角
X86.0；                        车环形端面
G03 X80.0 Z-17.0 R3.0；        车连接圆弧面
G01 Z-1.5；                    车台阶外圆
X78.0 Z0；                     车端面倒角
N70 X48.0；                    车端面
G70 P10 Q70；                  精车外轮廓
G00 X160.0 Z150.0；            快速移动至换刀点
T0303 S800；                   调用3号刀具,选用3号刀补
G00 Z2.0；                     快速移动至内轮廓循环起点
X48.0；
G71 U0.2 R0.5 F50；            调用复合循环粗车内轮廓
G71 P80 Q100 U-0.2 W0.2；
N80 G00 X69.0 Z2.0；           快速移动至圆锥面加工起点
G01 X57.0 Z-4.0；              车圆锥面
N100 Z-35.0；                  车内孔
G70 P80 Q100；                 精车加工内轮廓
G00 X160.0 Z50.0；             快速移动至换刀点
M00；                          暂停,工件调头装夹
T0101 S1000；                  调用1号刀具,选用1号刀补
G00 X145.0 Z5.0；              快速移动至车外圆起点
G01 Z-15.0；                   车外圆
G00 X150.0 Z5.0；              快速移动至车端面固定循环起点
G94 X56.0 Z2.0 F80；           调用固定循环车端面
Z0.5；
Z0；
G00 X140.0 Z1.0；              快速移动至外圆倒角起点
G01 X147.0 Z-2.5；             车外圆倒角
G00 X160.0 Z50.0；             快速移动至换刀点
T0303 S800；                   调用3号刀具,选用3号刀补
G00 X54.0 Z2.0；               快速移动至内圆锥面固定循环起点
G90 X52.0 Z-3.0 R5.0；         调用固定循环车内圆锥面
Z-6.0 R8.0；
Z-9.0 R11.0；
Z-11.0 R13.0；
Z-11.5 R13.5；
```

G00 X160.0 Z50.0；　　　　　　快速移动至换刀点

M05；　　　　　　　　　　　　主轴停止

M30；　　　　　　　　　　　　程序结束，返回程序起始点

（4）加工操作要点与注意事项

① 本例密封圆锥面和右端面表面粗糙度要求较高，应注意留有精加工余量，选用 G94、G90 指令加工时，应核对精车余量。

② 本例螺纹底孔的理论直径为 56.65 mm。

③ 调头装夹后可用百分表找正螺纹底孔与机床主轴同轴，以保证孔口两端圆锥面同轴。

④ 圆锥面的加工注意终点应位于螺纹底孔以内，以免内圆锥面与内孔连接部位残留微小的刀尖圆弧面。

【例 1-20】 如图 1-41 所示为圆锥齿轮实例，预制件的实际加工可

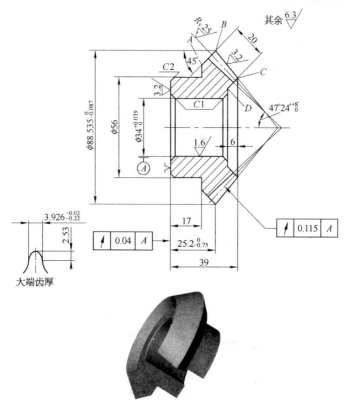

图 1-41 圆锥齿轮

参考以下步骤。

（1）图样分析 本例为圆锥齿轮盘套类零件，主要加工部位是左端台阶外圆、齿轮背部外圆锥面、定位基准内孔和端面；右端是锥齿轮顶部圆锥面和端部内锥面。内孔表面粗糙度为 $Ra\,1.6\,\mu m$，其余表面粗糙度为 $Ra\,6.3\,\mu m$。本例长径比比较小，属于典型的盘套类零件。

（2）加工准备 工件坯件为 45 钢，两端外形余量较大，车削加工选用外圆车刀加工台阶外圆和圆锥面；台阶内孔选 $\phi30\,mm$ 标准麻花钻钻孔，内圆车刀加工基准内孔和内圆锥面、孔口倒角。刀具材料 YT5。本例宜先左后右进行加工。

（3）数控加工工艺

① 本例左端外轮廓为端面、外圆、环形端面和圆锥面，因此选用端面车削复合循环指令 G71 进行粗车加工，G70 进行精车加工。

② 本例左端加工基准内孔，选用指令 G71 进行粗加工，指令 G70 精加工。左端一次装夹完成外轮廓和内孔加工，以保证左端面对内孔轴线的跳动精度要求。

③ 本例圆锥面的加工应计算出始终点坐标值，根据计算，以左端中心为工件坐标系零点，A 点坐标为（72.13，−17.00），B 点坐标为（88.54，−25.20）；以右端中心为工件坐标零点，B 点坐标为（88.54，−13.80），C 点坐标为（58.41，0），D 点坐标为（46.41，−6.00）。为了保证背锥面与顶锥面交线，在右端加工顶锥面时需要增加切入距离和切出距离，按锥面角度，或使用 CAD 绘图方法，可计算出 B' 点坐标（90.54，−14.72），C' 点坐标（56.41，0.92）。

④ 加工路线。左端：钻孔→车外圆 $\phi88.54\,mm$→粗车齿背圆锥面→粗车环形端面→粗车外圆 $\phi56\,mm$→粗车倒角→粗车端面→精车齿背圆锥面→精车环形端面→精车外圆 $\phi56\,mm$→精车倒角→精车端面→粗车倒角、内孔→精车倒角、内孔；工件调头装夹，右端：粗车顶圆锥面→精车顶圆锥面→粗车齿部内圆锥面、内端面、内孔倒角→精车齿部内圆锥面、内端面、内孔倒角。

⑤ 数控加工程序：

O1020；	车左端面程序号
G98 G40 G21；	程序初始化
T0202 M03 S500；	调用2号刀具，选用2号刀补，主轴正转，转速500 r/min
G00 Z5.0；	快速移动至钻孔起点

X0;	
G01 Z-45.0 F50;	钻孔,进给速度 50 mm/min
G00 Z5.0;	Z 向钻头快速退刀
X100.0 Z50.0;	快速移动至换刀点
T0101 S1000;	调用 1 号刀具,转速 1 000 r/min
G00 X88.54 Z5.0;	快速移动至车外圆起点
G01 Z-30.0 F80;	车外圆
U1.0;	X 向退刀
G00 X95.0 Z5.0;	快速移动至端面复合循环起点
G72 W2.0 R0.5;	调用端面复合循环粗车外轮廓
G72 P10 Q60 U0.2 W0.2 F50;	
N10 G00 X90.54 Z-26.2;	快速移动车圆锥面起点
G01 X72.13 Z-17.0;	车圆锥面
X56.0;	车环形端面
Z-2.0;	车台阶外圆
X52.0 Z0;	车倒角
N60 X28.0;	车端面
G70 P10 Q60;	精车外轮廓
G00 X130.0 Z50.0;	快速移动至换刀点
T0303 S800;	调用 3 号刀具,选用 3 号刀补,转速 800 r/min
G00 X28.0 Z5.0;	快速移动至台阶内孔复合循环起点
G71 U1.0 R0.5;	调用台阶内孔复合循环粗车内孔
G71 P70 Q90 U-0.2 W0.2 F50;	
N70 G00 X38.0 Z1.0;	快速移动至车内孔倒角起点
G01 X34.0 Z-1.0;	车内孔倒角
N90 Z-40.0;	车内孔
G70 P70 Q90;	调用复合循环精车倒角、内孔
G00 X130.0 Z50.0;	快速移动至换刀点
M05;	主轴停止
M30;	程序结束,返回程序起始点
O1120;	车右端面程序号
G98 G40 G21;	程序初始化
T0101 M03 S1000;	调用 1 号刀具,主轴正转,转速 1 000 r/min
G00 X95.0 Z5.0;	快速移动至端面复合循环起点
G72 W2.0 R0.5;	调用端面复合循环粗车外轮廓
G72 P10 Q20 U0.2 W0.2 F50;	
N10 G00 X90.54 Z-14.72;	快速移动车顶圆锥面起点

N20 G01 X56. 41 Z0. 92；	车顶圆锥面
G70 P10 Q20；	精车顶圆锥面
G00 X130. 0 Z50. 0；	快速移动至换刀点
T0303 S800；	调用 3 号刀具，选用 3 号刀补，转速 800 r/min
G00 X32. 0 Z5. 0；	快速移动至齿部内圆锥面复合循环起点
G71 U1. 0 R0. 5；	调用复合循环粗车内圆锥面
G71 P30 Q60 U - 0. 2 W0. 2 F50；	
N30 G00 X60. 41 Z1. 0；	快速移动至车内圆锥面起点
G01 X46. 41 Z - 6. 0；	车内圆锥面
X36. 0；	车内端面
N60 X32. 0 Z - 8. 0；	车内孔倒角
G70 P30 Q60；	调用复合循环精车内圆锥面、内孔倒角
G00 X130. 0 Z50. 0；	快速移动至换刀点
M05；	主轴停止
M30；	程序结束，返回程序起始点

（4）加工操作要点与注意事项

① 锥齿轮的大端外圆直径是经过计算十分重要的加工尺寸，因此在加工两端圆锥面时，应首先加工外圆柱面。

② 顶锥角的准确性是锥齿轮预制件十分重要的加工精度要求，因此需要严格按计算坐标进行加工，并进行预加工后的检测，顶锥角的检测方法如图 1 - 42 所示，检测操作可使用塞尺配合进行。

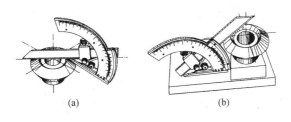

(a)　　　　　　　　　(b)

图 1 - 42　圆锥齿轮顶锥角的测量示意

（a）以顶部锥面交线为基准测量；（b）以定位端面为基准测量

③ 在进行角度要求比较高的圆锥面时，要注意控制精车余量，无论选用哪种指令，都应注意精车余量参数设定。

④ 顶锥角偏差的原因主要是坐标计算和编程输入错误，也可能是刀尖没有对准工件中心，刀尖圆弧也会影响锥齿轮外径尺寸精度。必要时应选用刀尖圆弧补偿，消除圆锥面车削的误差。

项目四　螺纹类零件加工

（1）常见螺纹规格　轴类零件的外螺纹有多种规格,常见的是齿形角为60°的公制三角螺纹,如 M12 表示公称直径为 12 mm 的公制粗牙螺纹,M12×1 表示公称直径为 12 mm 的公制细牙螺纹。

（2）螺纹要素　螺纹要素包括牙型、公称直径、螺距(或导程)、线数、精度和旋向等。螺纹的主要参数包括大径、中径、小径、螺距、导程等。

① 牙型是在通过螺纹轴线的剖面上螺纹的轮廓形状。有三角形、梯形、圆弧、锯齿形和矩形等牙型,各种螺纹的牙型如图 1－43 所示。

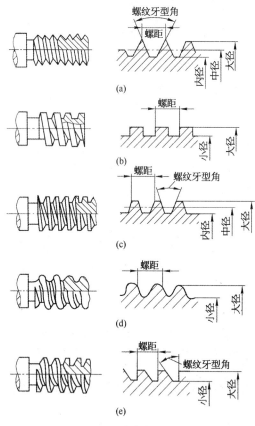

图 1－43　各种螺纹的剖面形状

(a) 三角形螺纹；(b) 矩形螺纹；(c) 梯形螺纹；

(d) 圆弧螺纹；(e) 锯齿形螺纹

② 大径(D、d)是与外螺纹牙顶或内螺纹牙底相重合的假想圆柱面的直径。

③ 公称直径是代表螺纹尺寸的直径,指大径的基本尺寸。

④ 线数(n)是指一个螺纹上螺旋线的数目。螺纹可分单线、双线和多线。沿一条螺旋线所形成的螺纹称为单线螺纹;沿两条或两条以上,在轴向等距分布的螺旋线所形成的螺纹称为多线螺纹。

⑤ 螺距(p)是相邻两牙在中径线上对应两点间的轴向距离。导程(P_h)是指一条螺旋线上相邻两牙在中径线上对应两点间的轴向距离。单线螺纹 $p=P_h$,多线螺纹 $P_h=np$。

(3) 普通螺纹的计算方法 如图 1-44 所示为普通螺纹的基本计算公式。

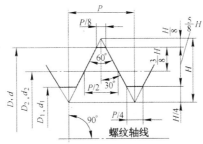

图 1-44 普通螺纹的计算方法

D、d—内、外螺纹大径;D_2、d_2—内、外螺纹中径;p—螺距;D_1、d_1—内、外螺纹小径;H—原始三角形高度

普通内、外螺纹的中径、小径可按规定由下式计算:

内螺纹中径 $\quad D_2=D-2\times3/8H=D-0.649\,5p$

外螺纹中径 $\quad d_2=d-2\times3/8H=d-0.649\,5p$

内螺纹小径 $\quad D_1=D-2\times5/8H=D-1.082\,5p$

外螺纹小径 $\quad d_1=d-2\times5/8H=d-1.082\,5p$

实际生产中,在钢和塑性较大材料上攻制普通螺纹时:钻孔用钻头的直径应为:

$$D_0=D-p$$

式中 $\quad D$——内螺纹大径 (mm);

$\quad\quad\ p$——螺距 (mm)。

在铸铁和塑性较小的材料上攻制普通螺纹时,钻孔用钻头的直径为:

$$D_0 = D - (1.05 \sim 1.1)p$$

任务一　车削加工零件的外螺纹

外螺纹通常具有退刀槽,以保证螺纹的有效长度,对一些没有退刀槽的外螺纹,需要注意有效长度的控制。

车削零件上具有退刀槽外螺纹的具体操作方法可参见以下实例。

【例1-21】 如图1-45所示为轴类零件轴端普通螺纹加工实例,实际加工可参考以下步骤。

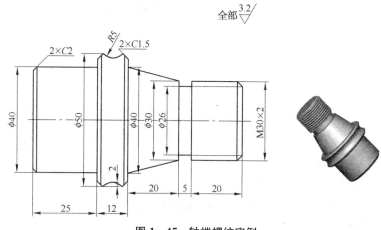

图1-45　轴端螺纹实例

(1) 图样分析　本例为轴端螺纹类零件,主要加工部位是左端台阶外圆、台阶端面、$R5$ mm 圆弧面、端面和倒角;右端端面、螺纹圆柱面、外圆柱面退刀槽、圆锥面和倒角等。表面粗糙度为 $Ra3.2$ μm。本例轴端有外螺纹,是常见的典型螺纹类零件。

(2) 加工准备　工件坯件为 45 圆钢,车削加工选用外圆车刀加工台阶外圆和圆锥面、端面、圆弧面;切槽刀加工退刀槽;60°螺纹车刀加工 M30×2 外螺纹。刀具材料 YT5。本例宜先左后右进行加工。

(3) 数控加工工艺

① 本例左端外轮廓为端面、外圆、环形端面和圆弧面,选用外圆车削复合循环指令 G71 进行粗车加工,G70 进行精车加工。

② 本例右端加工外轮廓选用指令 G71 进行粗加工,指令 G70 精加工。螺纹加工选用固定循环指令 G92,指令格式为 G92 X(U)__ Z(W)__ I(R)__ F__;该指令可切削锥螺纹和圆柱螺纹(图1-46)。锥螺纹切削循

环时(图1-46a),刀具从循环起点开始按梯形循环,最后又回到循环起点,图中虚线表示按R快速移动,实线表示按指令的进给速度移动,其中I为锥螺纹始点与终点的半径差。加工圆柱螺纹时(图1-46b),I为零,可省略。

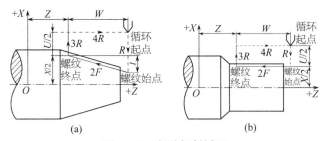

图1-46　螺纹切削循环

(a) 锥螺纹切削循环；(b) 圆柱螺纹切削循环

③ 本例圆弧面的加工应计算出始终点坐标值,根据计算,以左端中心为工件坐标系零点,R5 mm圆弧面起点坐标为(50.0,-27.43),终点坐标为(50.0,-34.57)。

④ 本例为普通细齿螺纹M30 mm×2 mm,根据计算,大径为29.85 mm,小径为27.4 mm,总切削深度为2.45 mm,分5次切削,背吃刀量分别为1.15 mm、0.7 mm、0.4 mm、0.1 mm、0.1 mm。螺纹背吃刀量的分配可参考表1-4。

表1-4　常用螺纹车削的进给次数与背吃刀量　　　　(mm)

米 制 螺 纹							
螺　　距	1.0	1.5	2.0	2.5	3.0	3.5	4.0
牙　　深	0.649	0.974	1.299	1.624	1.949	2.273	2.598
背吃刀量及切削次数 1次	0.7	0.8	0.9	1.0	1.2	1.5	1.5
2次	0.4	0.6	0.6	0.7	0.7	0.7	0.8
3次	0.2	0.4	0.6	0.6	0.6	0.6	0.6
4次		0.16	0.4	0.4	0.4	0.6	0.6
5次			0.1	0.4	0.4	0.4	0.4
6次				0.15	0.4	0.4	0.4
7次					0.2	0.2	0.4
8次						0.15	0.3
9次							0.2

（续表）

英 制 螺 纹							
牙（in）	24 牙	18 牙	16 牙	14 牙	12 牙	10 牙	8 牙
牙　　深	0.678	0.904	1.016	1.162	1.355	1.626	2.033
背吃刀量及切削次数　1 次	0.8	0.8	0.8	0.8	0.9	1.0	1.2
2 次	0.4	0.6	0.6	0.6	0.6	0.7	0.7
3 次	0.16	0.3	0.5	0.5	0.6	0.6	0.6
4 次		0.11	0.14	0.3	0.4	0.4	0.5
5 次				0.13	0.21	0.4	0.5
6 次						0.16	0.4
7 次							0.17

⑤ 加工路线。左端：车端面→车倒角→车台阶外圆→车环形端面→粗车外圆 $\phi50\,mm$→车倒角→车大外圆→车圆弧面→车大外圆；工件调头装夹,右端：车端面→车倒角→车螺纹部分外圆→车圆锥面→车环形端面车倒角→车退刀槽→车螺纹。

⑥ 数控加工程序：

O1021；	程序号
G98 G40 G21；	程序初始化
T0101 M03 S1000；	调用 1 号刀具,主轴正转,转速 1 000 r/min
G00 X61.0 Z5.0；	快速移动至车左端面起点
G01 X - 1.0 F100；	车左端面
G00 Z5.0；	Z 向快速退刀
X61.0；	快速移动至粗车左端外轮廓复合循环起点
G71 U2.0 R0.5；	调用外圆复合循环粗车左端外轮廓
G71 P10 Q80 U0.2 W0.2 F80；	
N10 G00 X34.0 Z1.0；	快速移动车左端面倒角起点
G01 X40.0 Z - 2.0；	车端面倒角
Z - 25.0；	车外圆
X46.0；	车台阶端面
X50.0 Z - 26.5；	车台阶端面倒角
Z - 27.43；	车大外圆
G02 Z - 34.57 R5.0；	车 R5 mm 圆弧面
N80 G01 W - 3.0；	车大外圆
G70 P10 Q80；	精车左端外轮廓

G00 X100. 0 Z50. 0；	快速移动至换刀点
M00；	暂停,工件调头装夹
T0101 S1000；	调用 1 号刀具,选用 1 号刀补,转速 1 000 r/min
G00 X61. 0 Z5. 0；	快速移动车右端面起点
X-1. 0 F80；	车右端面
G00 Z5. 0；	Z 向快速退刀
X61. 0；	快速移动至车右端外轮廓复合循环起点
G71 U2. 0 R0. 5；	调用复合循环粗车右端外轮廓
G71 P90 Q150 U0. 2 W0. 2 F50；	
N90 G00 X24. 0 Z1. 0；	快速移动至车右端倒角起点
G01 X29. 85 Z-1. 93；	车右端倒角
Z-25. 0；	车螺纹部位外圆
X30. 0；	车圆锥面端面
X40. 0 Z-45. 0；	车圆锥面
X47. 0；	车台阶端面
N150 X52. 0 W-2. 5；	车台阶端面倒角
G70 P90 Q150；	调用复合循环精车右端外轮廓
G00 X100. 0 Z50. 0；	快速移动至换刀点
T0202 S500；	调用 2 号刀具,选用 2 号刀补,转速 500 r/min
G00 X100. 0 Z5. 0；	快速移动至切槽准备位置
Z-25. 0；	Z 向快速移动至切槽起点
X32. 0；	X 向快速移动至切槽起点
G01 X26. 0 F50；	车螺纹退刀槽
X32. 0；	X 向退刀
G00 X100. 0 Z50. 0；	快速移动至换刀点
T0303 M03 S500；	调用 3 号刀具,选用 3 号刀补,转速 500 r/min
G00 X32. 0 Z2. 0；	快速移动至车螺纹起点
G92 X28. 7 Z-21. 0 F2. 0；	调用车螺纹循环车螺纹第一刀,背吃刀量 1. 15 mm
X28. 0；	车螺纹第二刀,背吃刀量 0. 7 mm
X27. 6；	车螺纹第三刀,背吃刀量 0. 4 mm
X27. 5；	车螺纹第四刀,背吃刀量 0. 1 mm
X27. 4；	车螺纹第五刀,背吃刀量 0. 1 mm
G00 X100. 0 Z50. 0；	快速移动至换刀点
M05；	主轴停止
M30；	程序结束,返回程序起始点

（4）加工操作要点与注意事项

①螺纹的大径尺寸和小径尺寸可按图样技术要求规定进行计算,也可查阅有关手册确定。外螺纹的检验使用环规进行检测,通规能通过,止

规不能通过,螺纹符合精度要求。

② 车削螺纹时,沿工件的轴向进给方向应增加 $2\sim5$ 个螺距 p 的引入距离。在数控机床上车削螺纹时,沿螺距方向的 Z 向进给应与车床主轴的旋转保持严格的速比关系,因此应避免在进给机构加速或减速的过程中切削螺纹,为此,如图 $1-47$ 所示,应在螺纹加工路线中设置升速段和降速段,避免因刀具升降速影响螺纹车削精度。

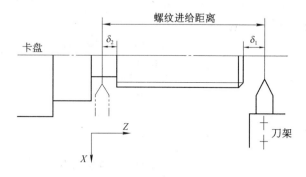

图 1-47　车螺纹时的引入距离与超越距离

③ 本例选用的螺纹加工指令是固定循环指令 G92,为了保证螺纹的加工精度,在最后的精车时,余量要控制适当。

④ 螺纹加工的常见问题及解决措施见表 $1-5$。

表 1-5　螺纹加工的常见弊病及其解决方法

常见问题	产　生　原　因	解　决　方　法
螺纹齿形 不正确	1) 车刀选择不正确 2) 车刀安装不正确 3) 车刀磨损 4) 切削用量选择不当	1) 正确选用车刀 2) 装刀时用对刀样板 3) 及时更换或转位刀片 4) 参考有关数据表
螺纹齿形 顶部较宽	1) 刀尖中心位置不正确 2) 螺纹小径尺寸不对 3) 螺纹大径尺寸加工不正确 4) 刀具刀尖角不正确	1) 正确调整刀尖中心高度 2) 重新计算和检查程序 3) 重新计算和检查程序 4) 正确选用刀片角度
螺纹齿形 底部较宽	1) 刀尖圆弧过大 2) 刀具磨损严重	1) 正确选择刀尖圆弧 2) 及时更换或转位刀片

（续表）

常见问题	产 生 原 因	解 决 方 法
螺纹有乱牙现象	1）程序有误 2）机床有故障	1）检查加工程序中导致乱牙的内容，进行修改 2）检查主轴脉冲编码器是否松动、损坏；检查 Z 轴丝杠是否有窜动现象
螺纹表面粗糙度值大	1）表面有积屑瘤 2）刀杆刚性差 3）切屑摩擦损伤 4）切削用量不当 5）车刀磨损 6）机床中滑板丝杠间隙较大	1）合理选用切削速度 2）增加刀杆截面积，减小伸出长度 3）合理选用切削速度 4）合理选用切削用量 5）及时更换或转位刀片 6）检修调整机床

任务二　车削加工零件的内螺纹

内螺纹的加工与外螺纹基本相似，需要计算的是内螺纹小径的尺寸和大径参考尺寸，中径尺寸应通过螺纹塞规进行检测，不同精度等级的内螺纹，应注意选用相应等级的螺纹塞规进行检测。内螺纹的小径圆柱孔，一般要求采用钻孔加工方式，精度较高的应采用车内孔的方法加工。螺纹塞规有通规（T）和止规（Z），检测时，当通规能通过，止规不能通过，所加工的螺纹符合精度要求。

【例 1 - 22】　如图 1 - 48 所示为螺纹套普通螺纹加工实例，实际加工可参考以下步骤。

（1）图样分析　本例为通孔内螺纹套类零件，主要加工部位是左端外圆、外圆矩形槽、端面和倒角、台阶内孔；右端端面、外圆柱面、外圆矩形槽、内螺纹和倒角等。根据尺寸精度，表面粗糙度分别为 $Ra1.6\ \mu m$、$Ra3.2\ \mu m$、$Ra6.3\ \mu m$。右端滚花使用一般车床加工。本例是常见的典型通孔内螺纹套类零件。

（2）加工准备　工件坯件为 45 圆钢（$\phi 70\ mm \times 65\ mm$），车削加工选用外圆车刀加工外圆、端面和倒角；切槽刀加工外圆矩形槽；60°内螺纹车刀加工 M42×1.5 内螺纹。刀具材料 YT5。本例拟先左后右进行加工。

（3）数控加工工艺

① 本例左端外轮廓为端面、外圆、圆周矩形槽，选用外圆车削复合循环指令 G71 进行粗车加工，G70 进行精车加工；G01 进行切槽加工。台阶

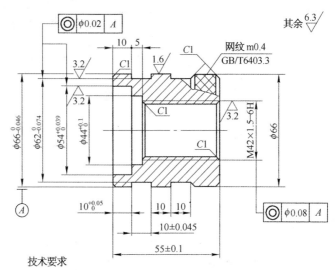

技术要求
1. 热处理：调质235HBS。
2. 锐角修钝。
3. 材料：45钢。

图1-48　螺纹套

内孔仍选用复合循环指令 G71 进行粗车加工，G70 进行精车加工。为了加工台阶内孔，拟使用小于内螺纹小径的钻头钻通孔。

② 本例右端加工外轮廓选用指令 G71 进行粗加工，指令 G70 精加工，G01 进行切槽加工。内螺纹底孔加工选用 G01，螺纹加工选用固定循环指令 G92。

③ 本例为普通细齿螺纹 M42×1.5-6H，根据参数计算，中径为 $41.03^{+0.20}_{0}$ mm，小径为 $40.38^{+0.30}_{0}$ mm，总切削深度为 $0.65p=0.974$ mm，分 5 次切削，背吃刀量分别为 0.8 mm、0.6 mm、0.35 mm、0.1 mm、0.1 mm。螺纹背吃刀量的分配可参考表1-4。

④ 加工路线。左端:钻孔→车端面→车倒角→粗精车大外圆→外圆切槽→粗精车台阶内孔→车螺纹底孔孔口倒角;工件调头装夹,找正大外圆,右端:车端面→车倒角→车大外圆→车槽侧倒角→车螺纹底孔→车螺纹。

⑤ 数控加工程序:

O1022;	左端加工程序号
G98 G40 G21;	程序初始化
T0202 M03 S500;	调用 2 号刀具,主轴正转,转速 500 r/min
G00 X0 Z5.0;	快速移动至钻孔起点
G01 Z - 65.0 F50;	钻孔
G00 Z5.0;	钻头快速退刀
G00 X100.0 Z50.0;	快速移动至换刀点
T0101 S1000;	调用 1 号刀具,转速 1 000 r/min
G00 X76.0 Z5.5;	快速移动至车左端面起点
G94 X35.0 Z3.0 F100;	调用端面固定循环车左端面
Z1.0;	
Z0;	
G00 Z5.0;	Z 向快速退刀
X76.0;	快速移动至粗车左端外轮廓复合循环起点
G71 U2.0 R0.5;	调用外圆复合循环粗车左端外轮廓
G71 P10 Q30 U0.2 W0.2 F80;	
N10 G00 X62.0 Z1.0;	快速移动车左端面倒角起点
G01 X66.0 Z - 1.0;	车端面倒角
N30 Z - 35.0;	车外圆
G70 P10 Q30;	精车左端外轮廓
G00 X100.0 Z50.0;	快速移动至换刀点
T0303 S500;	调用 3 号刀具,转速 500 r/min
G00 X70.0;	快速移动至切槽加工 X 向起点位置
Z - 15.02;	快速移动至切槽加工 Z 向起点位置
G01 X62.0;	切槽第一刀
X70.0;	退刀
Z - 20.02;	Z 向位移至切槽第二刀
X62.0;	切槽第二刀
X70.0;	退刀
G00 X100.0 Z50.0;	快速移动至换刀点
T0404 S800;	调用 4 号刀具,转速 800 r/min
G00 X36.0 Z3.0;	快速移动至车台阶内孔循环起点

G71 U2. 0 R0. 5；	调用复合循环粗车台阶内孔
G71 P40 Q90 U - 0. 2 W0. 2 F80；	
N40 G00 X54. 0 Z1. 0；	快速移动至车第一台阶内孔起点
G01 Z - 10. 0；	车第一台阶内孔
X44. 0；	车第一内台阶端面
Z - 15. 0；	车第二台阶内孔
X42. 38；	车第二内台阶端面
N90 X38. 38 Z - 17. 0；	车内孔倒角
G00 X100. 0 Z50. 0；	快速移动至换刀点
M05；	主轴停止
M30；	程序结束,返回程序起始点
O1122；	右端加工程序号
G98 G40 G21；	程序初始化
T0101 M03 S1000；	调用 1 号刀具,选用 1 号刀补,主轴正转,转速 1 000 r/min
G00 X76. 0 Z5. 0；	快速移动车右端面起点
G94 X35. 0 Z3. 0 F80；	调用端面固定循环车右端面
Z1. 0；	
Z0；	
G00 Z5. 0；	Z 向快速退刀
X76. 0；	快速移动至车右端外轮廓复合循环起点
G71 U2. 0 R0. 5；	调用复合循环粗车右端外轮廓
G71 P10 Q30 U0. 2 W0. 2 F50；	
N10 G00 X62. 0 Z1. 0；	快速移动至车右端倒角起点
G01 X66. 0 Z - 1. 0；	车右端倒角
N30 Z - 32. 0；	车大外圆
G70 P10 Q30；	调用复合循环精车右端外轮廓
G00 X100. 0 Z50. 0；	快速移动至换刀点
T0303 S500；	调用 3 号刀具,选用 3 号刀补,转速 500 r/min
G00 X70. 0 ；	快速移动至切槽准备位置
Z - 25. 0；	Z 向快速移动至切槽起点
G01 X62. 0 F50；	切槽第一刀
X70. 0；	X 向退刀
Z - 20. 0；	Z 向位移至切槽第二刀位置
X62. 0；	切槽第二刀
X64. 0；	X 向退刀至槽侧倒角起点
X68. 0 Z - 18. 0；	车槽侧倒角
G00 X100. 0 Z50. 0；	快速移动至换刀点

T0404 S500；	调用 4 号刀具,选用 4 号刀补,转速 500 r/min
G00 X40.38 Z2.0；	快速移动至车螺纹小径孔起点
G01 Z-40.0；	车螺纹小径孔
U-1.0；	X 向退刀
G00 Z5.0；	Z 向快速退刀
G00 X100.0 Z50.0；	快速移动至换刀点
T0505 S300；	调用 5 号刀具,转速 300 r/min
G00 X40.0 Z2.0；	快速移动至车螺纹起点
G92 X41.18 Z-45.0 F1.5；	调用车螺纹循环车螺纹第一刀,背吃刀量 0.8 mm
X41.78；	车螺纹第二刀,背吃刀量 0.6 mm
X42.13；	车螺纹第三刀,背吃刀量 0.35 mm
X42.23；	车螺纹第四刀,背吃刀量 0.1 mm
X42.33；	车螺纹第五刀,背吃刀量 0.1 mm
G00 X100.0 Z50.0；	快速移动至换刀点
M05；	主轴停止
M30；	程序结束,返回程序起始点

（4）加工操作要点与注意事项

① 本例内螺纹精度等级为 6H,因此加工螺纹小径孔应采用钻孔后车削方法,检测使用螺纹塞规,精度等级应与螺纹精度对应。

② 本例内螺纹是通孔,在车螺纹时应注意避免因刀具升降速影响螺纹车削精度,引入距离和超越距离参见图 1-47。

③ 本例选用的螺纹加工指令是固定循环指令 G92,车内螺纹的排屑等会影响螺纹齿面精度。为了保证螺纹的加工精度,在最后的精车时,余量要控制适当。

④ 本例调头装夹应注意保护已加工外圆的加工精度,并应注意以外圆为基准进行找正,以保证内螺纹与左端外圆的同轴度。内螺纹加工的常见问题及解决措施可参见表 1-5。

项目五　综合零件加工

任务一　车削加工轴类综合零件

轴类综合零件通常由较多的结构要素组合而成,各要素的尺寸和表面精度都比较高,或者是连接结构要素连接的要求比较高,因此,在加工轴类综合零件时,首先要分析图样中各结构要素的精度要求、排列次序和连接部位的要求(如相切连接、相交连接、交点位置等);然后考虑工件的装夹方法、使用刀具的材料、形式、切削用量和加工余量的分配等。对于数控加工工艺,主要根据结构特点,选用合适的指令和加工路线。在使用循环指令时应将切削余量进行合理的分配,以便保证加工表面的粗糙度要求、尺寸精度要求和形位精度要求。具体的加工步骤可参考以下实例。

【例 1-23】 用数控车床加工如图 1-49 所示的轴类综合零件,应掌握以下操作要点。

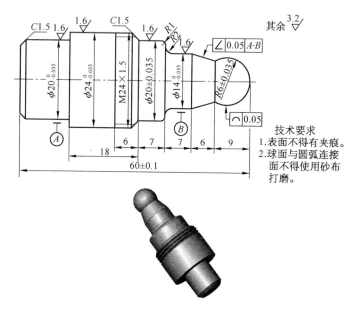

图 1-49 轴类综合零件实例

（1）图样和工艺分析

① 工件属于具有外圆、台阶、外螺纹、圆角、圆锥面和球面的综合性轴类零件。

② 工件各级外圆（外圆 $\phi20$ mm 除外）的尺寸公差均为 0.035 mm。

③ 圆锥面的锥度允差范围 0.05 mm;球面的轮廓度允差范围 0.05 mm。

④ 外圆表面粗糙度为 $Ra\,1.6\,\mu m$,球面和圆锥面的表面粗糙度为 $Ra\,3.2\,\mu m$。

⑤ 工件采用三爪自定心卡盘装夹。加工中需要调头一次,两次装夹进行加工,先加工左端 A 基准圆柱面,后加工右端螺纹、外圆、圆锥面和球面等。

⑥ 根据加工要求,可选用 T01(90°外圆车刀)加工工件的左端;T02 (35°菱形刀片外圆车刀)加工工件的右端;T03(60°外螺纹车刀)加工工件 的 M24 mm×1.5 mm 螺纹。其中 T02 车刀的几何角度要合理,避免加工 球面和圆锥面连接部位出现干涉,影响球面的形状精度和连接部位的形 状精度。

⑦ 选择切削用量时,圆弧面和球面、连接圆弧宜采用主轴恒线速回转 切削,以保证表面粗糙度要求。

⑧ 本例加工工序过程:坯件检验(坯件为 $\phi 30$ mm×70 mm 圆钢)→工 件装夹和找正→刀具选择和安装→对刀和坐标系、刀补参数计算输入→ 试运行→轨迹演示→工件左端加工→工件调头装夹和找正→工件右端加 工→加工工件检验与质量分析。

(2) 编程要点　本例选用 GSK980TDb 系统数控车床加工,编程应掌 握以下要点:

① 选用 G50 确定工件坐标系;工件零点取在两端面中心;

② 采用调用子程序的方法加工工件的左端和右端;

③ 主程序中使用程序暂停 M00,暂停时段进行工件调头装夹和找正 等操作;

④ 使用 G96/G97 进行主轴恒线速有效和取消控制;

⑤ 为了保证工件外圆尺寸公差,编程时采用中值处理。如外圆 $\phi 20_{-0.035}^{0}$ mm,最大极限尺寸为 20 mm,最小极限尺寸为 19.965 mm,编程 时采用 X19.983 控制外圆加工坐标位置,以保证外圆尺寸在公差范围 之内;

⑥ 使用 G71、G70、G76 循环车削指令,加工工件的外圆、圆锥面和 螺纹;

⑦ 车削球面采用 G42、G40 进行刀具圆弧补偿,以提高加工形状 精度;

⑧ 数控加工程序:

O1023;	主程序号
N5 T0101 M03 S1000;	调用 1 号刀具,主轴正转,转速 1 000 r/min
N10 G00 X100.0 Z80.0;	快速移动至换刀点
N20 M98 P1123;	调用子程序 O1123
N30 G00 X100.0 Z80.0;	快速移动至换刀点
N40 M00;	暂停,工件调头装夹找正
N50 T0202 M03 S800;	调用 2 号刀具,主轴正转,转速 800 r/min

N60 M98 P1223；	调用子程序 O1223
N70 M30；	程序结束,返回程序起点
O1123；	零件左端车削加工子程序号
N10 G00 X25.5 Z0 M08；	快速移动至车端面起点,切削液开启
N20 G01 X-1.0 F0.15；	车端面,进给量 0.15 mm/r
N30 G00 X24.5 Z2.0；	快速移动至粗车外圆起点
N40 G01 Z-35.0 F0.3；	粗车外圆
N50 G00 X35.0；	X 向快速退刀
N60 Z2.0；	Z 向快速退刀
N70 G42 X16.983；	刀具圆弧补偿,快速移动至端面倒角 X 向起点
N80 G01 Z0 F0.15；	移动至端面倒角起点
N90 X19.983 Z-1.5；	车倒角至台阶外圆起点
N100 Z-13.0；	车台阶外圆
N110 X23.983；	车台阶端面至车大外圆起点
N120 Z-31.0；	车大外圆
N130 U1.0；	X 向退刀
N140 G40 M09；	取消圆弧补偿,切削液停止
N150 G00 Z20.0；	Z 向快速退刀
N160 M99；	返回主程序
O1223；	零件右端车削加工子程序
N5 G50 S2000；	限定恒线速主轴最高转速
N10 G96 S150；	指令主轴恒线速运转
N20 G00 X31.0 Z0 M08；	快速移动至车端面起点,切削液开启
N30 G01 X-1.0 F0.15；	车端面,进给量 0.15 mm/r
N40 G00 X35.0 Z2.0；	快速移动至粗车复合循环起点
N50 G71 U2.0 R0.5；	调用复合循环粗车外轮廓
N60 G71 P70 Q160 U0.5 W0.2 F0.2；	
N70 G42 G01 X0 Z0；	刀具圆弧补偿,移动至车球面起点
N80 G03 X10.393 Z-9.0 R6.0 F0.15；	车球面
N90 G01 X13.983 Z-15.0 F0.15；	车圆锥面
N100 Z-20.0；	车外圆 $\phi14$ mm
N110 G02 X17.983 Z-22.0 R2.0；	车圆弧面 $R2$ mm
N120 G01 X18.0；	车台阶端面
N130 G03 X20.0 Z-23.0 R1.0；	车圆弧面 $R1$ mm
N140 G01 Z-29.0；	车外圆 $\phi20$ mm
N150 X24.0 W-2.0；	车倒角
N160 Z-35.0；	车螺纹段大径外圆
N170 G96 S200；	指令恒线速主轴转速

N180 G70 P70 Q160; 　　　　　　精车外轮廓

N190 G40 G00 X100.0 Z80.0; 　　　取消刀具圆弧补偿,快速移动至换刀点

N200 G97 S800 T0303; 　　　　　指令主轴恒转速,调用 3 号刀具 3 号刀补,主轴

　　　　　　　　　　　　　　　　转速 800 r/min

N210 G00 X25.0 Z-27.0; 　　　　快速移动至螺纹复合循环起点

N220 G76 P021260 Q100 R100; 　　调用螺纹复合循环车螺纹

N230 G76 X22.052 Z-35.0 R0 P974

Q300 F1.5;

N240 G00 X100.0 Z80.0 M09; 　　　快速移动至换刀点,切削液停止

N250 M99; 　　　　　　　　　　返回主程序

（3）数控加工操作要点

① 对刀操作和零点偏置参数输入要准确,加工中也可通过磨耗补偿达到加工尺寸精度要求。

② 选用的刀具刀尖圆弧的数值需要输入刀具圆弧补偿位置,刀尖的选择需要通过试切检测最后确定,在过程测量中要注意检测刀尖圆弧对圆锥面和球面形状、各部位加工尺寸的影响。

③ 工件调头装夹时,要注意端面至卡盘平面的距离,一方面要保证能加工所有的部位,避免干涉和碰撞,另一方需要注意装夹后工件的刚性,防止高速车削中工件发生位移。调头装夹注意保护左端圆柱面的表面精度。

④ 因工件总长有公差要求,因此加工中需要在调头后利用端面对刀方法来设定 T0202 的偏值,以使总长符合图样尺寸精度要求。

⑤ 用于加工球面和圆锥面的刀具需要准确找正刀尖与主轴轴线的相对位置,若刀具安装精度误差大,会影响球面和圆锥面的形状精度和尺寸精度。

⑥在主程序执行 M00 暂停指令时,因程序在运行中,调头装夹、找正工件应注意操作安全。

（4）检验操作要点

① 各级外圆使用千分尺检验尺寸精度。

② 轴线长度尺寸采用游标卡尺进行检验。

③ 球面检验应在圆弧轮廓的多个球面直径位置上进行测量,检测球面的轮廓度误差。

④ 螺纹精度采用螺纹环规和牙形角度样板进行检验。

⑤ 圆锥面的倾斜度误差检验需要使用正弦规、标准量块和装夹工件

的 V 形块、百分表等在标准平板上进行检测。

⑥ $R1\,\mathrm{mm}$、$R2\,\mathrm{mm}$ 连接圆弧面采用圆弧样板进行检验。

(5) 质量分析要点

① 球面形状超差的主要原因可能是:刀具角度选择不当引起干涉;Z 轴零点偏置设置有偏差;刀尖圆弧选择和参数输入操作失误,如图 1-26 所示,在加工中若没有按 $R+r$ 的轨迹编程,即没有输入刀尖补偿量 r,就会加工出点划线所示的圆弧轮廓,形成加工误差。

② 圆锥面的加工误差的主要原因可能是:刀尖圆弧对加工的影响,如图 1-11 所示。

任务二　车削加工套类综合零件

套类综合零件通常由较多的内外轮廓结构要素组合而成,各要素的尺寸和表面精度都比较高,或者是结构要素的连接要求比较高,数控加工此类零件时,首先要分析图样中各结构要素的精度要求、排列次序和连接部位的要求(如相切连接、相交连接、交点位置等),然后考虑工件的装夹和基准转换方法、防止薄壁工件变形的方法等。对于数控加工工艺,主要根据结构特点,选用合适的指令和加工路线,换刀次数较多的,应注意各种刀具的切削特点,合理选用切削用量。在使用循环指令时应将切削余量进行合理的分配,以便保证加工表面的粗糙度要求、尺寸精度要求和形位精度要求。具体的加工步骤可参考以下实例。

【例 1-24】 用数控机床加工如图 1-50 所示的套类零件,应掌握以下操作要点。

(1) 图样分析

① 本例的套类零件综合了各种结构要素,包括外圆轮廓加工和内孔轮廓加工,外圆轮廓加工包括端面、外圆柱面、圆锥面、台阶面、外矩形槽和外圆弧面等;内孔轮廓加工包括倒角、内矩形槽、内圆锥面、内孔及台阶面和内圆弧槽等。

② 本例加工的尺寸精度要求不高,表面粗糙度均为 $Ra3.2\,\mu\mathrm{m}$。

(2)加工准备

① 本例加工工件有预制孔 $\phi70\,\mathrm{mm}$。

② 工件的定位装夹部位为坯件外圆,调头加工为加工后的外圆。本例壁厚尺寸较小,装夹中注意控制夹紧力,保护已加工表面精度。

③ 工件需调头装夹进行两端粗、精加工,以保证工件的形状和尺寸精度。

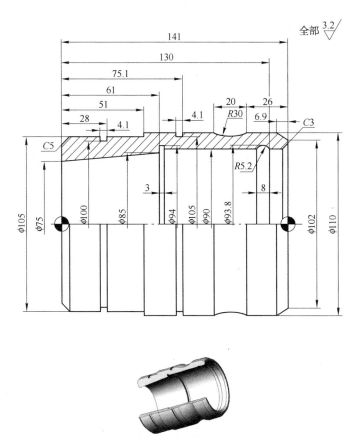

图 1-50　套类综合零件实例

④ 根据加工要求,可选用 T01(外圆车刀)粗精加工工件端面、锥面和外圆柱面及外圆弧槽;T02(外圆切槽刀)加工外圆矩形槽;T03(内圆车刀)粗精加工工件的倒角、内孔及端面、内圆锥面、内圆弧槽;T04(内圆切槽刀)加工内圆矩形槽。

⑤ 选择切削用量时,应按球墨铸铁常用的切削用量范围选择,以保证表面粗糙度要求。

⑥ 本例加工工序过程:预制件检验(包括预制孔和外圆、总长加工尺寸)→工件装夹和找正→刀具选择和安装→对刀和坐标系、刀补参数计算输入→试运行→轨迹演示→左端加工→右端加工→检验。

（3）数控加工工艺

① 工件坐标原点设定在两端端面中心。调头加工注意刀具 Z 向零点偏置的设定参数和补偿应保证零件的总长。

② 本例内圆弧槽的圆弧半径需根据几何关系进行计算（参见图 1-51）：

$$\tan\alpha = \frac{1.9}{4} = 0.475$$

$$\alpha = 25.41°$$

$$AD = \frac{AB}{2} = \frac{\sqrt{1.9^2 + 4^2}}{2} = \frac{4.428}{2} = 2.214 \text{ mm}$$

$$R = AO = \frac{AD}{\sin\alpha} = \frac{2.214}{\sin 25.41°} = \frac{2.214}{0.429\ 1} = 5.16 \text{ mm}$$

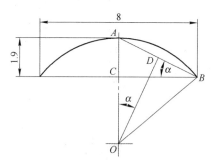

图 1-51　内圆弧面半径计算示意图

③ 本例加工按轮廓特点，主要选用固定循环指令 G90 加工内圆锥面，复合循环指令 G71/G70 粗精加工内外轮廓。圆弧插补指令 G02/G03 加工内外圆弧面。

④ 数控加工路线。左端：车端面→车倒角 C5 mm→车 ϕ105 mm 台阶外圆→车台阶端面→车 ϕ110.0 mm 外圆→车外圆 4.1 mm×2.5 mm 矩形槽（两条）→车内圆锥面→车内矩形槽；工件调头装夹，右端：车端面→车外圆锥面→车 ϕ110.0 mm 外圆→车圆弧面 R30 mm→车 ϕ110.0 mm 外圆→车倒角 C3 mm→车 ϕ90.0 mm 内孔→车内孔 ϕ93.8 mm（R5.16 mm）圆弧槽。

⑤ 数控加工程序：

O1024;　　　　　　　　左端加工程序号

G98 G40 G21;　　　　　程序初始化

T0101 M03 S1000；	调用1号刀具,选用1号刀补,主轴正转,转速1 000 r/min
G00 X125. 0 Z0；	快速移动至车左端面起点
G01 X65. 0 F100；	车左端面
W1. 0；	Z向退刀
G00 X125. 0；	快速移动至外轮廓循环起点
G71 U2. 0 R0. 5；	调用轮廓循环粗车外轮廓
G71 P10 Q50 U0. 5 W0. 2 F100；	
N10 G00 X93. 0；	快速移动至端面倒角起点
G01 X105. 0 Z - 5. 0；	端面倒角
Z - 51. 0；	车 ϕ 105 mm 外圆
X110. 0；	车环形端面
N50 Z - 80. 0；	车 ϕ 110 mm 外圆
G70 P10 Q50；	调用复合循环精车外轮廓
G00 X150. 0 Z100. 0；	快速移动至换刀点
T0202 S800；	调用2号刀具,选用2号刀补,主轴正转,转速800 r/min
G00 X120. 0；	快速移动至切槽加工 X 向起点
Z - 28. 0；	快速移动至切槽 Z 向起点
G01 X100. 0 F50；	第一条槽切槽加工
G00 X120. 0；	X 向快速退刀
Z - 75. 0；	快速移动至第二条槽加工起点
G01 X105. 0；	第二条槽切槽加工
G00 X125. 0；	X 向快速退刀
Z100. 0；	Z 向快速退刀至换到位置
T0303 S800；	调用3号刀具,选用3号刀补,主轴正转,转速800 r/min
G00 X68. 0 Z5. 0；	快速移动至车内锥面循环起点
G90 X78. 0 Z - 61. 0 R - 5. 0 F50；	调用固定循环车内锥面
X80. 0 R - 5. 0；	车内锥面第一刀
X83. 0 R - 5. 0；	…
X84. 5 R - 5. 0；	…
X85. 0 R - 5. 0；	…
G00 Z50. 0；	快速移动至换刀点
X150. 0；	
T0404 S500；	调用4号刀具,选用4号刀补,主轴正转,转速500 r/min
G00 X65. 0；	快速移动至内槽加工 X 向位置
Z - 63. 0；	快速移动至内槽加工起始点
G01 X94. 0 F50；	车内槽
G00 X70. 0；	X 向快速退刀
Z5. 0；	Z 向快速退刀

X150. 0 Z50. 0；	快速移动至换刀点
M05；	主轴停止
M30；	程序结束,返回程序起始点
O1124；	右端加工程序号
G98 G40 G21；	程序初始化
T0101 M03 S1000；	调用1号刀具,选用1号刀补,主轴正转,转速1 000 r/min
G00 X125. 0 Z0；	快速移动至车右端面起点
G01 X65. 0 F100；	车右端面
G00 W2. 0；	Z向快速退刀
X125. 0；	快速移动至粗车外轮廓循环起点
G71 U2. 0 R0. 5；	调用复合循环粗车外轮廓
G71 P10 Q50 U0. 5 W0. 2 F100；	
N10 G00 X100. 84 Z1. 0；	快速移动至车外锥面起点
G01 X110. 0 Z−6. 9；	车外圆锥面
Z−26. 0；	车外圆 ϕ110 mm
G02 X110. 0 Z−46. 0 R30. 0；	车圆弧面 R30 mm
N50 G01 Z−68. 0；	车外圆 ϕ110 mm
G70 P10 Q50；	调用复合循环精车外轮廓
G00 X150. 0 Z100. 0；	快速移动至换到点
T0303 S800；	调用3号刀具,选用3号刀补,转速800 r/min
G00 X65. 0 Z5. 0；	快速移动至内轮廓循环起点
G71 U2. 0 R0. 5；	调用复合循环粗车内轮廓
G71 P60 Q90 U−0. 5 W0. 2 F80；	
N60 G00 X98. 0 Z1. 0；	快速移动至内孔倒角起点
G01 X90. 0 Z−3. 0；	车内孔倒角 C3 mm
Z−78. 0；	车内孔 ϕ90 mm
N90 X70. 0；	
G70 P60 Q90；	调用复合循环精车内轮廓
G00 X90. 0 Z1. 0；	快速移动至车内圆弧槽预备位置
G01 Z−11. 0；	移动至车内圆弧槽起点
G03 Z−19. 0 R5. 16；	车内圆弧槽
G00 U−1. 0；	X向快速退刀
Z5. 0；	Z向快速退刀
X150. 0 Z50. 0；	快速移动至换到点
M05；	主轴停止
M30；	程序结束,返回程序起始点

（4）数控加工操作要点和注意事项

①　本例坯件为铸件,左端加工端面、外圆和矩形槽、内圆锥面和内矩形槽后加工右端,零件长度为 141 mm,夹紧部位为 50 mm,因此加工装夹应注意控制夹紧力,以免工件受切削力位移。

②　为了保证内孔与外圆的同轴度,左端加工中应加工出 ϕ110 mm 外圆一部分,以便在车削右端时装夹后进行找正。

③　为了能使 ϕ110 mm 外圆柱面达到加工精度要求,两端加工的轴向分界位置可确定在中部的外圆矩形槽宽度范围内。

④　车削内孔的镗刀应具有较好的刚性,在不影响退刀和无干涉的前提下,刀杆尺寸尽可能大,以免车削内轮廓时产生振动,影响加工精度。

⑤　外圆矩形槽的宽度尺寸不是 4 mm 整数,需要使用专用的切槽刀,也可以在程序中补充 Z 轴偏移 0.1 mm 后增加槽宽尺寸的方法进行加工。

⑥内孔圆弧槽采用圆弧插补方法加工时,因槽宽为 4 mm,圆弧槽的深度为 1.9 mm,故需要计算圆弧半径后才能加工,车削时采用楔角小的刀具,以免发生干涉。

模块二 数控铣床和加工中心典型零件加工

内 容 导 读

数控铣床和加工中心的典型零件加工,包括平面和连接面零件、沟槽零件、孔系零件、直线成型面零件及模具型腔型面加工,各种零件的基本结构要素通常是单一的或是组合而成的,因此,学习数控铣床和加工中心的典型零件加工可从单一的结构要素开始,逐步进行各种结构要素的组合,为完成各种综合零件和配合零件的加工奠定基础,以适应鉴定考核和岗位实际加工的各种需要。本模块以华中世纪星 HNC 数控系统为主进行数控铣削手工编程实例介绍。

项目一 平面和连接面零件加工

任务一 铣削加工零件上的平面

在数控铣床和加工中心上加工平面的类型比较多,通常是加工与其他部位相关的平面,如零件上的设计基准面、工艺基准面等。平面的铣削方式有两种,一种是端面铣削法,简称端铣,另一种是周刃铣削法,简称周铣。使用数控铣床和加工中心铣削平面,应按平面的位置、形状和大小选择合理的装夹方法、铣削方式和加工路径、铣刀和铣削用量。平面的技术要求主要是平面度,与相关基准的平行度和垂直度,表面粗糙度,以及与平行面之间的尺寸精度。

平面的数控铣削加工具体方法可参见以下实例。

【例 2-1】 如图 2-1 所示工件上需要加工的平面是设计基准面,属于矩形轮廓的平面,铣削加工可参照以下步骤。

(1) 图样分析

① 本例工件是铸件,材料是 HT200(灰铸铁)。

② 基准面属于矩形轮廓平面,两端面是垂直基准面的矩形平面。

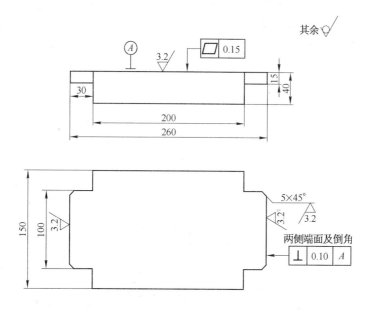

图 2-1 平面数控铣削实例

③ 基准平面度要求为 0.15 mm,两端面和倒角面对基准面 A 的垂直度要求为 0.10 mm,加工平面的表面粗糙度要求为 $Ra3.2\ \mu m$。

(2) 加工准备

① 加工时工件装夹选用机用平口虎钳,虎钳的定钳口应与机床工作台面及 X 向或 Y 向垂直。

② 选用硬质合金立式铣刀,刀具直径为 40 mm,圆周刃的轴向长度大于 20 mm,铣刀刀位点为端面中心,如图 2-2 所示。

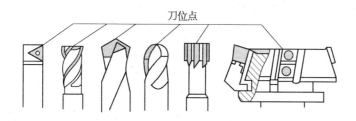

图 2-2 数控铣削典型加工刀具的刀位点

③ 基准面采用端铣方式,如图 2-3 所示,刀具基本处于每次切削宽度的中间。端面和倒角面的铣削采用周铣方式,周铣是用刀具的圆周刃进行铣削的方式,如图 2-4 所示。

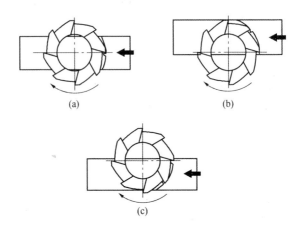

图 2-3 对称端铣与不对称端铣

(a) 对称端铣;(b) 不对称端铣(逆铣);(c) 不对称端铣(顺铣)

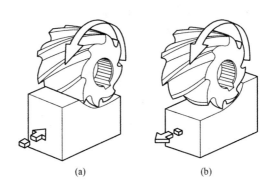

图 2-4 周边铣削方式

(a) 周铣顺铣;(b) 周铣逆铣

④ 检测坯件余量,本例检测后的平面加工余量均为 4~6 mm。

(3) 数控加工工艺 本例选用华中世纪星数控系统编程,华中世纪星 HNC-21M 系统准备功能 G 指令见表 2-1,常用 M 指令见表 2-2。

表 2 - 1　华中世纪星 HNC - 21M 系统准备功能 G 指令

G 代码	组别	功　能	程序格式及说明
G00▲	01	快速点定位	G00 IP ＿ ;
G01		直线插补	G01 IP ＿ F ＿ ;
G02		顺时针圆弧插补	G02 X ＿ Y ＿ R ＿ F ＿ ;
G03		逆时针圆弧插补	G02 X ＿ Y ＿ I ＿ J ＿ F ＿ ;
G04	00	暂停	G04 P5 ;(单位为秒)
G07	16	虚轴指定或正弦线插补	G07 IP1 ;(有效) G07 IP0 ;(取消)
G09	00	准确停止检查	G09 ;
G17▲	02	选择 XY 平面	G17 ;
G18		选择 ZX 平面	G18 ;
G19		选择 YZ 平面	G19 ;
G20	08	英寸输入	G20 ;
G21▲		毫米输入	G21 ;
G22		脉冲当量输入	G22 ;
G24	03	可编程镜像有效	G24 X ＿ Y ＿ Z ＿ A ＿ ;
G25▲		可编程镜像取消	G25 X ＿ Y ＿ Z ＿ A ＿ ;
G28	00	返回参考点	G28 IP ＿ ;(IP 为经过的中间点)
G29		从参考点返回	G29 IP ＿ ;(IP 为返回目标点)
G40▲	09	刀具半径补偿取消	G40 ;
G41		刀具半径左补偿	G41 G01 IP ＿ D ＿ ;
G42		刀具半径右补偿	G42 G01 IP ＿ D ＿ ;
G43	10	正向刀具长度补偿	G43 G01Z ＿ H ＿ ;
G44		负向刀具长度补偿	G44 G01Z ＿ H ＿ ;
G49▲		刀具长度补偿取消	G49 ;
G50▲	04	比例缩放取消	G50 ;
G51		比例缩放有效	G51 IP ＿ P ＿ ;
G52	00	局部坐标系设定	G52 IP ＿ ;(IP 以绝对值指定)
G53		选择机床坐标系	G53 IP ＿ ;

（续表）

G 代码	组别	功　能	程序格式及说明
G54▲	11	选择工件坐标系 1	G54；
G55		选择工件坐标系 2	G55；
G56		选择工件坐标系 3	G56；
G57		选择工件坐标系 4	G57；
G58		选择工件坐标系 5	G58；
G59		选择工件坐标系 6	G59；
G60	00	单方向定位方式	G60 IP ＿；
G61	12	准确停止方式	G61；
G64▲		切削方式	G64；
G65	00	宏程序非模态调用	G65P ＿ L ＿（自变量指定）；
G68	05	坐标系旋转	G68 X ＿ Y ＿ P ＿；
G69▲		坐标系旋转取消	G69；
G73	06	深孔钻循环	G73 X ＿ Y ＿ Z ＿ R ＿ P ＿ K ＿ F ＿；
G74		左螺纹攻螺纹循环	G74 X ＿ Y ＿ Z ＿ R ＿ P ＿ F ＿；
G76		精镗孔循环	G76 X ＿ Y ＿ Z ＿ R ＿ P ＿ I ＿ J ＿ F ＿；
G80▲		固定循环取消	G80；
G81		钻孔、锪镗孔循环	G81 X ＿ Y ＿ Z ＿ R ＿；
G82		钻孔循环	G82 X ＿ Y ＿ Z ＿ R ＿ P ＿；
G83		深孔循环	G83 X ＿ Y ＿ Z ＿ R ＿ P ＿ K ＿ F ＿；
G84		右螺纹攻螺纹循环	G84 X ＿ Y ＿ Z ＿ R ＿ P ＿ F ＿；
G85		镗孔循环	G85 X ＿ Y ＿ Z ＿ R ＿ F ＿；
G86		镗孔循环	G86 X ＿ Y ＿ Z ＿ R ＿ P ＿ F ＿；
G87		背镗孔循环	G87 X ＿ Y ＿ Z ＿ R ＿ P ＿ I ＿ J ＿ F ＿；
G88		镗孔循环	G88 X ＿ Y ＿ Z ＿ R ＿ P ＿ F ＿；
G89		镗孔循环	G89 X ＿ Y ＿ Z ＿ R ＿ P ＿ F ＿；
G90▲	13	绝对值编程	G90 G01 X ＿ Y ＿ Z ＿ F ＿；
G91		增量值编程	G91 G01 X ＿ Y ＿ Z ＿ F ＿；
G92	00	设定工件坐标系	G92 IP ＿；

（续表）

G 代码	组别	功　　能	程序格式及说明
G94▲	14	每分钟进给	mm/min
G95		每转进给	mm/r
G98▲	15	固定循环返回初始点	G98 G81 X＿ Y＿ Z＿ R＿ F＿;
G99		固定循环返回 R 点	G99 G81 X＿ Y＿ Z＿ R＿ F＿;

注：带▲号的 G 代码为开机默认代码。

表 2 - 2　华中世纪星 HNC - 21M 系统辅助功能 M 指令

序号	代码	功能	序号	代码	功能
1	M00	程序暂停	8	M07	喷雾
2	M01	选择停止	9	M08	切削液开
3	M02	程序结束	10	M09	切削液关
4	M03	主轴正转	11	M30	程序结束光标返回程序头
5	M04	主轴反转	12	M98	调用子程序
6	M05	主轴停止	13	M99	子程序结束并返回主程序
7	M06	自动换刀			

① 选用 G54 确定工件坐标系，如图 2 - 5 所示，铣削加工基准面和两端面及倒角面，工件坐标系零点设置在毛坯面左下角 O。

② 基准面加工路径如图 2 - 5a 所示，铣削基准面时，Z 向坐标控制基准面吃刀深度，保证平面至底面的切削余量和尺寸精度，X 向控制铣刀和平面接刀铣削位置，Y 向进给进行铣削加工。铣削路径中应设置切入路径和切出路径，以保证加工平面的平面度。

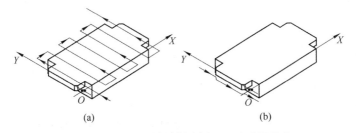

(a)　　　　　　　　　　(b)

图 2 - 5　平面数控铣削实例（XOY）路径示意

（a）基准平面加工路径；（b）端面及倒角面加工路径

③ 两端和倒角面加工路径如图 2-5b 所示，Z 向坐标控制圆周刃与端面宽度的轴向位置，保证圆周刃一次切出端面和倒角面，端面铣削沿 Y 轴进行，倒角面铣削沿 45°斜线轨迹进行。铣削路径中应设置切入路径和切出路径，以保证加工平面的平面度。

④ 数控周铣方式加工沿端面、倒角面轮廓轨迹编程（包括切入与切出路径），有关程序段应用刀具半径补偿指令 G41/G42 及取消半径补偿 G40 指令，以便确定加工起点和终点坐标值。

⑤ 铣削加工选用 G00、G01 等指令进行加工。F、S、T 分别确定进给速度、主轴转速和刀具及补偿参数。M03、M05、M30 指令主轴转向、主轴停止和程序结束及返回程序起始点。

⑥ 为了保证加工精度，采用粗精加工方式，选用调用子程序的方法，简化程序编制。子程序调用的方法参见图 1-19。端面和倒角面的粗精铣余量通过不同的半径补偿值设定，设定半径补偿值为 $R_刀 + \Delta r$（Δr 为精铣余量，本例为 0.5）进行粗铣，半径补偿值为 $R_刀$ 进行精铣。若在具有换刀装置的机床上加工，可采用换刀的方法简化程序的编制，在加工两端面及倒角时，也可采用主程序调用子程序的方法。

⑦ 数控加工程序：

O2001;	主程序号
%2001;	华中系统在编程中可在程序号后插入程序起始句
G90 G94 G21 G17 G40 G54;	程序初始化
G91 G28 Z0;	返回参考点
M03 S500;	主轴正转，转速 500 r/min
G90 G00 X16.0 Y-25.0;	XY 向快速移动至铣底面起点
Z-4.0;	Z 向快速移动至粗铣平面位置
M98 P012101;	调用铣底面子程序一次
G00 X16.0 Y-25.0;	XY 向快速移动至精铣底面起点
Z-5.0;	Z 向快速移动至精铣平面位置
M98 P012101;	调用铣底面子程序一次
G00 Z10.0;	Z 向快速退刀
X20.0 Y200.0;	快速移动至铣左侧端面倒角预备位置
Z-20.0;	Z 向快速移动至周铣端面位置
G01G42X35.0Y150.0 F50 D01;	XY 向移动至粗铣左侧端面倒角切入段起点，按 01 号参数调用刀具半径右补偿
X5.0 Y120.0;	粗铣左上部倒角

Y30.0；	粗铣左端面
X45.0 Y－10.0；	粗铣左下部倒角
G00 Z10.0；	Z向退刀
X235.0 Y0；	XY向快速移动至右端面下部倒角起点位置
Z－20.0；	Z向快速移动至周铣端面位置
G01 X265.0 Y30.0；	粗铣右下部倒角
Y120.0；	粗铣右端面
X225.0 Y160.0；	粗铣右上部倒角
G00 Z10.0；	Z向退刀
G40 X20.0 Y200.0；	XY向快速移动至左侧端面倒角预备位置，取消刀具半径右补偿
Z－20.0；	Z向快速移动至精铣左侧端面倒角起点位置
G01G42X35.0Y150.0 F50 D02；	XY向移动至精铣左侧端面倒角切入段起点，按02号参数调用刀具半径右补偿
X5.0 Y120.0；	精铣左上部倒角
Y30.0；	精铣左端面
X45.0 Y－10.0；	精铣左下部倒角
G00 Z10.0；	Z向退刀
X235.0 Y0；	XY向快速移动至右端面下部倒角起点位置
Z－20.0；	Z向快速移动至周铣端面位置
G01 X265.0 Y30.0；	精铣右下部倒角
Y120.0；	精铣右端面
X225.0 Y160.0；	精铣右上部倒角
G00 Z10.0；	Z向退刀
M05；	主轴停止
M30；	程序结束，返回程序起点
O2101；	铣底面子程序号
%2101；	
G01 Y180.0 F30；	沿Y轴正向铣平面
X54.0；	沿X轴正向移动铣削间距
Y－25.0；	沿Y轴负向铣平面
X92.0；	沿X轴正向移动铣削间距
Y180.0；	沿Y轴正向铣平面
X130.0；	沿X轴正向移动铣削间距
Y－25.0；	沿Y轴负向铣平面
X168.0；	沿X轴正向移动铣削间距
Y180.0；	沿Y轴正向铣平面

X206.0;	沿 X 轴正向移动铣削间距
Y - 25.0;	沿 Y 轴负向铣平面
X244.0;	沿 X 轴正向移动铣削间距
Y180.0;	沿 Y 轴正向铣平面
G00 Z10.0;	Z 向快速退刀
M99;	返回主程序

（4）加工操作要点和注意事项

① 本例用机用平口虎钳装夹工件，采用端铣法铣削加工基准底面，然后采用周铣法铣削加工端面与倒角面。铣削基准底面时，注意接刀的质量，通常移动的间距应小于刀具直径 2～3 mm，以保证底面基准的平面度。

② 平面铣削的路径应注意切入和切出长度，通常应大于铣刀的半径 2～5 mm，以免 Z 向进刀调整切削深度时切削工件。对于有工艺凸台和框形底面的加工件，可参见图 2-6 所示的加工路径。

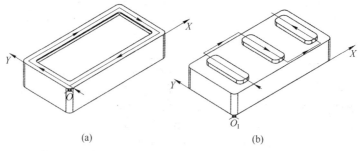

(a)　　　　　　　　　　　　　(b)

图 2 - 6　数控铣削框形和工艺凸台平面(XOY)路径示意

(a) 框形平面加工路径；(b) 凸台平面加工路径

③ 底平面加工粗、精铣的子程序是相同的，调整切削深度在主程序指令进行，编程中要注意主程序和子程序的衔接，否则易产生干涉或指令缺失，造成加工路径错误。应用周铣方法时应注意粗精铣刀具半径补偿参数的不同设置和调用的准确性，以免发生铣削干涉，损坏工件其他表面。

④ 端面和倒角位置的平面采用周铣法加工，为了保证端面和倒角面与底面的垂直度，应检测刀具的圆周刃刃磨质量，通常是通过检测端面的平面度、与基准底面的垂直度进行间接检测的。

⑤ 平面度检验的方法如图 2-7 所示。较小的平面，用刀口形直尺测量平面各个方向的直线度(图 2-7a)，若各个方向都成直线(即直线度在公差范围内)，则工件的平面度符合图样要求。较大的平面，可利用三点确定一个平面的原理，在标准平板上，用三个千斤顶将工件顶起，用百分表

找正千斤顶上方三点等高,然后测量平面上的其他点(图2-7b),若百分表示值变动量在平面度公差内,则平面度符合图样要求。本例基准底面采用在标准平板上用千斤顶和百分表检验平面度的方法;端面和倒角面平面度检测用刀口形直尺测量。

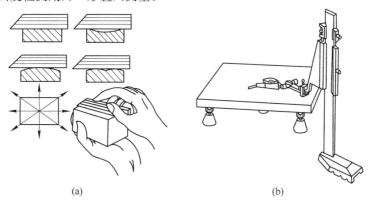

图 2-7　平面度检验

(a) 用刀口形直尺测量;(b) 用三点定平面原理测量

⑥ 端面和倒角面与基准底面的垂直度采用90°直角尺检验,检验的方法如图2-8所示。

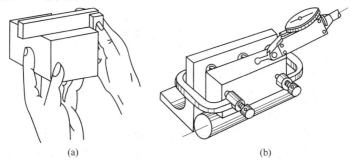

图 2-8　垂直度检验

(a) 用90°角尺和塞尺测量;(b) 用角铁和百分表测量

任务二　铣削加工零件上的台阶

在数控铣床和加工中心上加工台阶的类型比较多,如图2-9所示。台阶是典型的连接面,通常由水平面和垂直面连接而成。使用数控铣床和加工中心铣削台阶,应按台阶的位置、形状和大小选择合理的装夹方法、铣削方式和加工路径、铣刀和铣削用量。台阶的技术要求主要是台阶底面、垂直面的平面度,台阶底面与垂直面的垂直度,与相关基准的平行度和垂直度,表面粗糙度,以及与基准之间的尺寸精度。台阶的数控加工具体方法可参见以下实例。

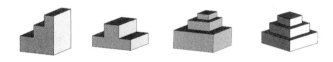

图 2-9　台阶工件类型

(a) 单台阶;(b) 对称双台阶;(c) 单边塔形台阶;(d) 对称塔形台阶

【例 2-2】　如图 2-10 所示工件上需要加工的台阶属于对称双台阶,数控铣削加工可参照以下步骤。

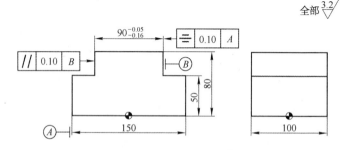

图 2-10　台阶数控铣削实例

(1) 图样分析

① 本例工件材料是 45 钢。

② 预制件是六面体 100 mm×150 mm×80 mm,台阶基准底面为六面体 100 mm×150 mm 平面。

③ 台阶底面高度为 50 mm,台阶顶面宽度为 $90^{-0.05}_{-0.16}$ mm。

④ 台阶两侧面的平行度要求为 0.10 mm,台阶侧面对基准 A 尺寸 150 mm 外形的对称度要求为 0.10 mm。

⑤ 台阶表面的表面粗糙度要求为 Ra 3.2 μm。

(2) 加工准备

① 预制件 100 mm×150 mm×80 mm 加工应保证平行度、垂直度及外形尺寸精度要求,并保证基准面的表面粗糙度和平面度要求。

② 选用高速钢立式铣刀,刀具直径为 32 mm,圆周刃的轴向长度大于 40 mm,铣刀刀位点为端面中心,铣刀圆周刃应有较高的刃磨精度,以保证

台阶侧面与底面的平面度、对称度和表面粗糙度。

③ 台阶底面采用端铣方式,台阶侧面采用周铣方式,粗加工采用逆铣方式,精加工采用顺铣方式。

④ 工件采用机用平口虎钳装夹,用百分表检测机用平口虎钳定钳口与 X 向平行,导轨定位面与机床工作台面平行。平行度误差≤0.05 mm。工件装夹时应在基准底面和虎钳导轨定位面之间衬垫平行垫块,以便一次装夹加工两侧台阶。

（3）数控加工工艺　本例应用 KND1000M 数控系统编程加工。

① 选用 G54 确定工件坐标系,如图 2-11 所示,铣削加工两侧台阶面,工件坐标系零点设置在预制件底面左端宽度中部 O。

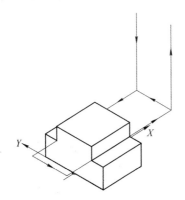

图 2-11　台阶数控铣削实例工件坐标与刀具路径示意

② 台阶加工路径如图 2-11 所示,铣削时,Z 向坐标控制台阶底面铣削位置,保证台阶底面至基准底面的加工精度,Y 向控制台阶侧面铣削位置,X 向进给进行铣削加工。铣削路径中应设置切入路径和切出路径,以保证台阶平面的精度。

③ 数控周铣方式加工沿侧面轮廓轨迹编程（包括切入与切出路径）,有关程序段应用刀具半径补偿指令 G42/G41 及取消半径补偿 G40 指令,注意相应地确定粗铣采用逆铣方式,精铣采用顺铣方式。

④ 为保证加工精度,采用粗精加工方式,侧面精铣余量 0.5 mm 通过 Y 轴坐标位置控制确定,底面精铣余量通过 Z 坐标控制确定。

⑤ 数控加工程序：

O2002;　　　　　　　　　　　程序号

G90G94G21G17G40G54;　　　　程序初始化

M03S500；	主轴正转,转速 500 r/min
G00Z100.0；	Z 向快速移动至工件顶部以上位置
X－30.0Y－45.5；	XY 向快速移动至粗铣右侧台阶起点
Z50.5；	Z 向快速移动至粗铣右侧台阶起点
G01G42X－35.0F50D01；	X 向移动至粗铣右侧台阶切入段起点,按 01 号参数调用刀具半径右补偿
X135.0；	粗铣右侧台阶
G00Y45.5；	Y 向快速移动至粗铣左侧台阶起点
G01X－30.0；	粗铣左侧台阶
G40Z50.0；	取消刀具半径补偿,Z 向移动至精铣位置
G01G41Y45.0D01；	Y 向移动至精铣左侧切入段起点,按 01 号参数调用刀具半径左补偿
X135.0；	精铣左侧台阶
G00Y－45.0；	快速移动至精铣右侧台阶起点
G01X－30.0；	精铣右侧台阶
G00Z100.0；	Z 向快速退刀
M05；	主轴停止
M30；	程序结束,返回程序起点

(4) 加工操作要点和注意事项

① 本例用机用平口虎钳装夹工件,注意合理分配深度的切削次数,本例深度 30 mm 分两次进行加工(若加工中振动比较大,可增加铣削次数),侧面分两次进行加工。

② 平面铣削的路径应注意切入和切出长度,通常应大于铣刀的半径 2~5 mm,以免 Z 向进刀调整切削深度时切削工件。

③ 本例粗铣采用刀具半径右补偿进行数控加工,因此只能采用逆铣的方式;精铣按左补偿进行数控加工,转换过程中刀具会偏移一个直径位置,因此需要在 Y 向有足够的转换位置,防止转换中的铣削干涉。

④ 铣削台阶,侧面由立式铣刀周刃铣成,底面由端齿铣成,铣刀刃磨质量应保证平面的铣削质量。铣刀直径的大小直接影响台阶宽度加工的尺寸精度,可采用试切法或测量法确定刀具的直径,以便准确调整刀具半径补偿的数值。如图 2-12 所示,选用三沟千分尺测量立铣刀直径 d_0,然后计算确定刀具半径补偿的参数值,设侧面精铣余量为 0.3 mm,则 D01 参数值为 0.3 mm＋$d_0/2$,在粗铣检测台阶的实际宽度后,若与预定尺寸偏差为 Δ,本例假定为－0.2 mm,则精铣时 D01 参数值应修改为 $d_0/2＋\Delta/2＝d_0/2－0.1$ mm。

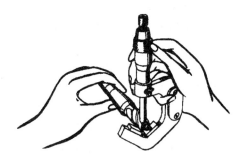

图 2 - 12 用三沟千分尺检验铣刀直径

⑤ 本例对称度的检测方法见图 2 - 13。检测时分别以两侧面为基准，用百分表检测台阶侧面，两侧面百分表的示值偏差在 0.20 mm 以内，表明加工后的对称度误差在 0.10 mm 以内。

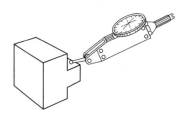

图 2 - 13 对称度检验

⑥ 对称度不好的主要原因是虎钳找正精度和工件装夹位置有偏差；对刀有误差，致使工件坐标系零位参数设置有偏差；程序中 Y 向坐标值有错误等。

项目二 沟槽零件加工

任务一 铣削加工零件平面上的直角沟槽

在数控铣床和加工中心上加工零件平面上的直角沟槽类型比较多，直角沟槽实质上是侧面相对的封闭台阶，也是典型的连接面，通常由水平面和垂直面连接而成。使用数控铣床和加工中心铣削零件平面上直角沟槽，应按直角沟槽的位置、尾部形式和大小选择合理的装夹方法、铣削方式和加工路径、铣刀和铣削用量。直角沟槽的技术要求主要是沟槽底面、侧面的平面度，沟槽底面与侧面的垂直度，与相关基准的平行度和垂直度，表面粗糙度，以及与基准之间的尺寸精度。零件平面上的直角沟槽数控加工具体方法可参见以下实例。

【例2-3】 数控铣削加工如图2-14所示零件平面上的直角沟槽,操作步骤如下。

(1) 图样分析

① 形位分析:表面的直角沟槽共有三条,槽 A 与坐标平行;槽 B 与坐标成45°夹角;槽 C 在右侧端面,属于立圆弧的半封闭直角槽。

② 尺寸精度分析:本例槽 A、B 的槽宽尺寸精度较高;三槽深度不同,槽 A 为 5 mm,槽 B 为 8 mm,槽 C 为深度方向通槽。

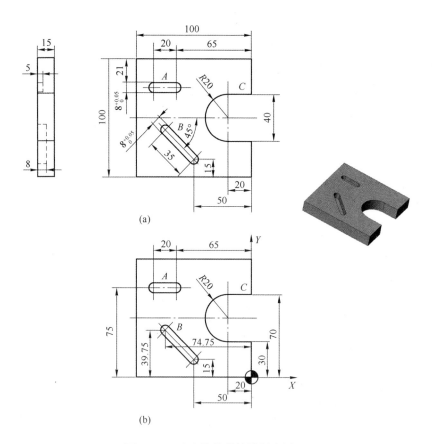

(a)

(b)

图2-14 直角沟槽数控铣削实例一

(a) 零件简图;(b) 工件坐标计算图

（2）加工准备

① 本例预制件是板状六面体尺寸为 100 mm×100 mm×15 mm。预制件加工应保证对应面平行，相邻面垂直。

② 本例可采用多种方法加工，在数控铣床上，因槽 C 宽度较大，可以使用内轮廓方法利用槽 A、B 使用的刀具进行铣削。

③ 工件装夹可采用机用平口虎钳，也可采用平行垫块、压板和螺栓装夹工件，工件装夹后应找正顶面与工作台面平行，侧面与 X 向平行。

（3）数控加工工艺　本例应用 KND1000M 数控系统编程加工。

① 使用 G54 确定工件坐标系，工件坐标系设置如图 2-14b 所示，槽 B 左上角中心坐标点需要进行计算。

② 加工工序过程：预制件检验→选择、安装、找正机用平口虎钳→装夹、找正工件→使用寻边器对刀，确定 XY 轴零点偏置值→选择、安装、找正铣刀→对刀确定 Z 轴零件偏置值→编制或导入加工程序→设置工件坐标系零点偏置参数→设置铣削加工槽 C 的刀具半径补偿参数→检查运行轨迹→机床回参考点→加工运行→零件检验和质量分析。

③ 本例编程时，槽 C 使用刀具右补偿 G42 进行加工，刀具半径补偿参数 D01；槽 A、B 直接使用刀具中心轨迹编程，因此机床初始状态应取消刀具补偿指令 G40。

④ 数控加工程序如下：

O2003；	程序号
G98G90G40G17G54；	程序初始化，确定工件坐标系
M03S500；	主轴正转，转速 500 r/min
G00Z10.0；	Z 向快速移动至工件顶部以上位置
X-85.0Y75.0；	XY 向快速移动至铣 A 槽左侧起点
G01Z-5.0F75；	Z 向进刀至 A 槽深度，进给速度 75 mm/min
X-65.0；	铣 A 槽
Z0；	Z 向退刀至顶面
G00Z10.0；	Z 向快速移动至工件顶部以上位置
X-50.0Y15.0；	XY 向快速移动至铣 B 槽右下角起点
G01Z-8.0；	Z 向进刀至 B 槽深度
X-74.75Y39.75；	铣 B 槽
Z0；	Z 向退刀至顶面
G00Z10.0；	Z 向快速移动至工件顶部以上位置
G42X20.0Y30.0D01；	XY 向移动至铣 C 槽切入段起点，按 01 号参数调用刀具半径右补偿

Z-7.5;	Z向移动至C槽第一刀起点
G01X-20.0;	铣C槽下侧第一刀
G02Y70.0R20.0;	铣C槽圆弧第一刀
G01X20.0;	铣C槽上侧第一刀
G00Y30.0;	Y向快速移动至C槽第二刀起点
Z-16.0;	Z向快速移动至C槽第二刀起点
G01X-20.0;	铣C槽下侧第二刀
G02Y70.0R20.0;	铣C槽圆弧第二刀
G01X20.0;	铣C槽上侧第二刀
G00Z10.0;	Z向快速移动至工件顶部以上位置
G40X0Y0;	取消刀具半径补偿,XY快速移动至工件坐标系零点
M05;	主轴停止
M30;	程序结束,返回程序起始点

(4) 数控加工操作要点

① 因槽A、B的宽度要求比较高,因此在安装操作中需要检测键槽铣刀的直径,用百分表找正刀具与主轴的同轴度,找正方法如图2-15所示。

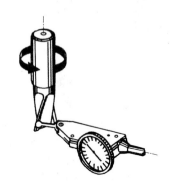

图2-15 键槽铣刀安装精度的找正

② 槽B的深度比较大,可以分两次进行铣削加工,因进给方向变化,两侧面的顺逆铣方式变化,容易引起槽宽尺寸超差,注意进行槽宽尺寸的控制。

③ 槽C的深度比较大,可分多次(程序中为两次)进行加工。由于刀具直径比较小,中间有残留材料,因此应注意残留材料落下时对加工的影响。

④ 若是多件加工,应注意槽C铣削加工对刀具的磨损影响槽A、B的

宽度尺寸精度控制。

（5）检验和质量分析要点

① 槽 A、B 的宽度尺寸使用精度相应的内径千分尺检验，也可使用精度对应的圆柱塞规检验；其他尺寸使用游标卡尺检验；表面粗糙度使用目测或样板对照比较测量法检验。

② 本例的常见质量问题是槽 A、B 宽度尺寸超差，主要原因是铣刀直径测量误差；铣刀安装、找正误差；铣削加工中转速和进给量选择不当等。

【例 2-4】　数控铣削加工如图 2-16 所示零件平面上的等间距直角沟槽，操作步骤如下。

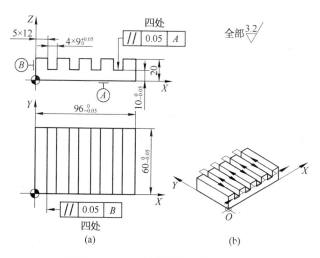

图 2-16　直角沟槽数控铣削实例二

（a）零件图；（b）加工路径

（1）图样分析

① 工件预制件为六面体 96 mm×60 mm×20 mm。

② 表面有四条等间距平行侧面和底面基准的矩形槽，槽底至底面基准的尺寸 10 mm，槽宽尺寸 9 mm，间壁为 12 mm，槽间距为 21 mm。

③ 槽底与基准底面 A 的平行度为 0.08 mm，槽侧面与基准侧面 B 的平行度为 0.05 mm。

（2）加工准备

① 选用标准键槽铣刀，直径 $\phi 8$ mm。

② 工件选用机用平口虎钳装夹，工件底面垫衬平行垫块。

③ 安装虎钳后找正虎钳定钳口与 X 向平行。

④ 检测预制件,包括尺寸精度、平行度和垂直度及表面粗糙度。

（3）数控加工工艺

① 确定加工方法:本例的直角沟槽宽度为 9 mm,需要进行两侧面铣削加工成形,因此选用刀具半径补偿指令 G41/G40,按侧面投影线轨迹编程。

② 根据图样的尺寸标注位置,工件坐标系的零点设置如图 2-16 所示。

③ 因本例的槽深为 10 mm,按 2.5 mm 均分,需要分为 4 次加工,而每次加工的 XY 平面内的刀具路径是相同的;此外,四条等间距的沟槽宽度和深度相同,因此在 XY 平面内的移位和加工的路径也是相同的。由此,本例可采用嵌套的子程序调用方法进行加工,即主程序调用子程序,子程序调用嵌套的子程序。子程序在第一条槽起点完成槽深的逐次进给、调用铣槽子程序和返回第一条槽起点等指令程序内容;嵌套的子程序完成在同一深度位置,铣槽、槽间移位等指令程序的内容。子程序和嵌套子程序的调用次数都为 4 次。子程序调用与返回参见图 1-19,子程序嵌套如图 2-17 所示。

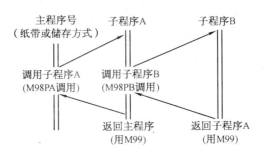

图 2-17　子程序嵌套

④ 本例应多次调用子程序,因此在子程序中需使用 G91(增量坐标指令)编程方法,增量值编程是根据与前一个位置的坐标值增量来表示位置的一种基本编程方法,即程序中的终点坐标是相对于起点坐标而言的。在程序中使用 G91 指令增量值编程,指令 G91 编入程序时,以后所有编入的坐标值均以前一个坐标位置为起始点来计算位置矢量。

⑤ 数控加工程序：

O2004；	程序号
G54 G90 G17 G21 G49 G40；	程序初始化,确定工件坐标系
M03 S800；	主轴正转,转速 800 r/min
G90 G00 X-4.5 Y-10.0 M08；	XY 向快速移动至左下角起点
G01 Z20.0；	Z 向移动至工件顶部位置
M98 P2104L4；	调用 O2104 子程序 4 次
G90 G00 Z300.0 M05；	Z 向快速移动至 300 mm 处,主轴停止
X0 Y0 M09；	XY 向快速移动至工件坐标零点,切削液关闭
M30；	程序结束,返回程序起点
O2104；	子程序号
G91 G01 Z-2.5 F80；	增量值 Z 向移动至-2.5 mm 位置,进给量 80 mm/min
M98 P2204L4；	调用 2204 嵌套子程序 4 次
G00 X-84.0 M99；	X 向快速移动至铣左侧第一槽起点,返回主程序
O2204；	一次嵌套子程序号
G91 G00 X21.0；	增量值 X 向快速移动至 21 mm 处
G41 G01 X4.5 D01 F80；	X 向移动至第槽右侧,按 01 号参数调用刀具半径左补偿铣第 n 槽右侧
Y75.0；	
X-9.0；	X 向移动至铣槽左侧起点
Y-75.0；	铣 n 槽左侧
G40 G01 X4.5 M99；	取消刀具半径补偿,X 向移动至槽中间位置,返回子程序 2104

（4）数控加工操作要点

① 子程序的调用和衔接十分重要,调用刀具半径补偿也需要留有转换的位置,因此加工中要注意观察退刀方向和位置,以便及时调整程序的坐标数值和符号。

② 本例采用深度方向分五次接刀加工,若侧面有接刀痕,可在程序中补充精铣程序,侧面在接刀加工中完成粗铣,然后留 0.2 mm 为精铣余量。

③ 本例槽底位置尺寸和间距尺寸检验选用游标卡尺或壁厚百分尺测量；平行度选用百分表在标准平板上测量。本例工件数控加工的主要质量问题是槽侧面可能产生接刀痕,主要原因可能是刀具直径较小,刚性不足及切削用量选择不当等。

任务二 铣削加工零件圆柱面上的直角沟槽

在数控铣床和加工中心上加工零件圆柱面上的直角沟槽类型比较多,直角沟槽的位置通常是与零件的轴线平行,槽侧与轴线对称。直角沟槽的技术要求主要是沟槽底面、侧面的平面度,沟槽底面与侧面的垂直度,与相关基准的平行度和对称度,表面粗糙度,以及与基准之间的尺寸精度等。常见的尺寸标注为槽宽、槽深和槽长。零件圆柱面上的直角沟槽数控加工具体方法可参见以下实例。

【例2-5】 数控铣削加工如图2-18所示轴类零件圆柱面上的直角沟槽,操作步骤如下。

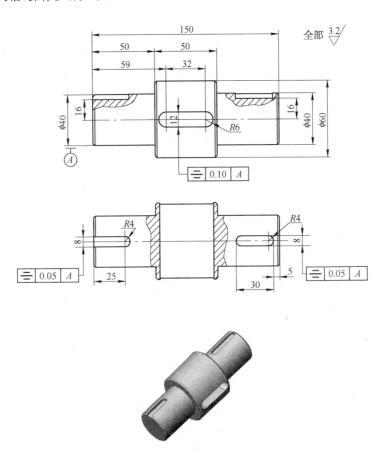

图2-18 直角沟槽数控铣削实例三

（1）图样分析

① 工件预制件为双轴颈台阶轴,两端轴颈 $\phi 40$ mm$\times 50$ mm,中间圆柱面 $\phi 60$ mm$\times 50$ mm,工件总长 150 mm。两端有中心孔 $B/\phi 2.5$ mm。

② 工件左端为半封闭键槽,右端为封闭键槽,两槽宽度为 8 mm,槽底至轴线基准的尺寸 16 mm,轴向长度 29 mm、30 mm。封闭槽位置控制尺寸 5 mm。中间封闭通槽的宽度 12 mm,中心长度 32 mm。

③ 键槽的基本技术要求是槽底、槽侧面与基准轴线平行度,槽侧面与基准轴线对称。本例两端键槽对基准轴线的对称度要求为 0.05 mm,中间封闭通槽对基准轴线的对称度要求为 0.10 mm。

（2）加工准备

① 选用标准键槽铣刀,两端键槽铣刀直径 $\phi 8$ mm。中间通槽选用长柄键槽铣刀直径 12 mm。

② 工件选用分度头两顶尖定位装夹,安装分度头后,找正两顶尖轴线与 X 向平行。

③ 检测预制件,包括直径尺寸和表面粗糙度。

④ 本例中间通槽可在两端钻孔 $\phi 11$ mm,以减少数控铣削加工中 Z 向进刀的切削阻力。

（3）数控加工工艺　本例应用 KND1000M 数控系统编程加工。

① 确定加工方法:本例的中间部位的直角沟槽是通槽,需要进行多次往返铣削加工成形,因此采用调用嵌套子程序的方法编程。子程序嵌套调用方法如图 2-17 所示。本例子程序 A 完成往复循环前的 Z 向进刀 2.5 mm,调用嵌套的子程序 B,子程序 B 完成键槽往复循环铣削及其中间的 Z 向进刀 2.5 mm。主程序调用一次子程序 A 可在 Z 向进给 5 mm,键槽往复铣削加工循环一次,因此主程序调用子程序 A 的次数应为 60 mm÷5 mm=12。

② 根据零件的对称的结构特点,工件坐标系的零点设置在中间通槽的对称中心位置。

③ 本例两端的键槽仍以原工件中间槽坐标系进行加工,具体 X 向坐标尺寸可按图样进行换算。加工程序在换刀后调用。

④ 本例因多次调用子程序,因此在子程序中深度进刀须使用 G91(增量坐标指令)编程方法。

⑤ 数控加工程序:

O2005;　　　　　　　　　　　程序号

G54G90G17G21G49G40;	程序初始化,确定工件坐标系
M03S800;	主轴正转,转速 800 r/min
G90G00Z10.0;	Z 向快速移动至 10 mm 处
X-16.0Y0M08;	XY 向快速移动至中间槽左端起点
G01Z0F20;	Z 向移动至工件顶部位置
M98P122105;	调用 O2105 子程序 12 次
G90G00Z100.0M05;	Z 向快速移动至 100 mm 处,主轴停止
X0Y0M09;	XY 向快速移动至工件坐标零点,切削液关闭
M30;	程序结束,返回程序起点
O2105;	子程序号
G91G01Z-2.5F80;	增量值 Z 向移动至-2.5 mm 位置,进给量 80 mm/min
M98P2205;	调用 2205 嵌套子程序 1 次
M99;	返回主程序
O2205;	一次嵌套子程序号
G91G01X32.0 F80;	沿 X 向正向铣槽
Z-2.5;	Z 向进刀
X-32.0;	X 向反向铣槽
M99;	返回子程序 2109
O2305;	程序号
G98G40G21G17 G54;	程序初始化,确定工件坐标系
M03S800;	主轴正转,转速 800 r/min
G00Z10.0;	Z 向快速移动至 10 mm 处
X-85.0Y0;	XY 向快速移动至左端键槽铣削起点
Z-14.0;	Z 向快速移动至左端键槽铣削起点
G91G01X35.0;	沿 X 正向铣左端键槽
Z5.0;	Z 向退刀
G00Z20.0;	Z 向快速移动至 20 mm 处
G90G00X66.0;	X 向快速移动至右端键槽铣削起点
Z-9.0;	Z 向快速移动至右端键槽铣削进刀起点
G91G01Z-5.0;	右端键槽 Z 向进刀
X-24.0;	沿 X 负向铣右端键槽
Z5.0;	Z 向退刀
G90G00Z15.0;	Z 向快速移动至 15 mm 处
X0Y0;	XY 向快速移动至工件坐标系零点
M05;	主轴停止

M30；　　　　　　　　　　　程序结束，返回程序起始点

（4）数控加工操作要点

① 本例中间通槽的加工前应使用直径小于槽宽的麻花钻在槽两端圆弧中心钻通孔，注意防止孔钻偏影响通槽两端形状精度。

② 本例通槽和两端键槽中间平面处于圆周90°垂直位置，工件加工中可在加工好通槽后，分度头准确转过90°后加工两端键槽。

③ 本例槽底位置尺寸和槽宽尺寸检验用游标卡尺或百分尺测量，槽宽较小的可将平键塞入槽内进行间接测量；槽侧平行度选用百分表检测，测量时可在工作台上利用分度头准确回转角度，使槽侧与工作台面平行，然后测量槽侧与工件轴线的平行度。对称度的测量方法如图 2-19 所示，本例可在工作台上利用分度头回转180°进行检测。

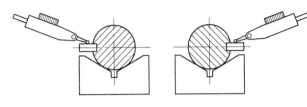

图 2-19　键槽对称度测量示意

项目三　孔系基础零件加工

任务一　在数控铣床上加工等间距平行多孔零件

在数控铣床上常采用固定循环指令对零件的孔系进行钻孔或铣孔加工，华中 HNC 系统孔加工指令应用应掌握以下要点。

（1）固定循环动作组成　孔加工固定循环动作如图 2-20a 所示：

① XY 坐标位置快速定位；

② 快进至 R 点，刀具长度补偿有效；

③ 孔加工，进给率由 F 决定；

④ 孔底动作，如主轴转向、刀具位置等；

⑤ 返回 R 点；

⑥ 返回初始点。

（2）常用的孔加工指令　系统的孔加工指令见表 2-3，包含了孔加工行程中的进给方式、孔底的动作、返回行程的方式以及适用的加工内容。

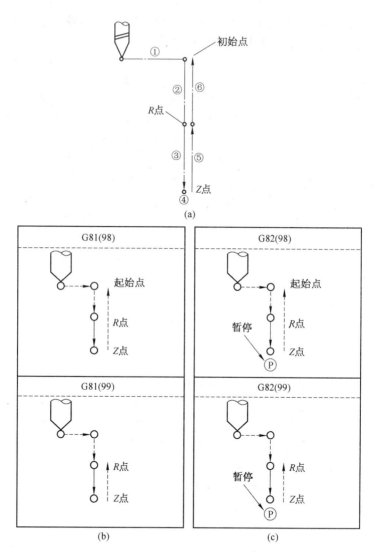

图 2-20 孔加工固定循环

(a) 固定循环组成；(b) G81 循环；(c) G82 循环

表 2-3　孔加工指令

G 代码		加工运动 （Z 轴运动）	孔底动作	返回运动 （Z 轴运动）	应　用
钻孔指令	G81	切削进给	—	快速移动	普通钻孔循环
	G82	切削进给	暂停	快速移动	钻孔、锪镗循环
	G83	间歇切削进给	—	快速移动	深孔钻削循环
	G73	间歇切削进给	—	快速移动	高速深孔钻削循环
攻螺纹 指令	G84	切削进给	暂停，主轴反转	切削进给	攻右旋螺纹循环
	G74	切削进给	暂停，主轴正转	切削进给	攻左旋螺纹循环
镗孔指令	G76	切削进给	主轴定向，让刀	快速移动	精镗循环
	G85	切削进给	—	切削进给	铰孔、粗镗循环
	G86	切削进给	主轴停	快速移动	镗削循环
	G87	切削进给	主轴正转	快速移动	反镗削循环
	G88	切削进给	暂停，主轴停	手动或快速	镗削循环
	G89	切削进给	暂停	切削进给	铰孔、粗镗循环
G80		—	—	—	取消固定循环

（3）孔加工固定循环的指令代码和编程格式　孔加工固定循环指令由数据格式代码 G91/G90、返回点代码 G98（返回初始点）/G99（返回 R 点）和孔加工方式指令代码 G73～G89 组成。书写格式：

G91（或 G90）G××（G73～G89）G98（或 G99）X ＿ Y ＿ Z ＿ R ＿ Q ＿ P ＿ F ＿ K ＿；

其中：

① G91（或 G90）确定增量值编程或绝对值编程；

② G××（G73～G89）确定孔加工方式；

③ G98（或 G99）确定返回点位置；

④ X ＿ Y ＿确定孔在 XY 平面的坐标位置；

⑤ Z ＿孔底坐标值；

⑥ R ＿点的坐标值；

⑦ Q ＿在 G73、G83 中指定每次进给深度，在 G76、G87 中指定刀具的退刀量；

⑧ P＿指定暂停时间,最小单位为 1ms;

⑨ F＿指定切削进给速度;

⑩ K＿指定固定循环的次数,有的机床使用 L 指令,若不指定 K,则只进行一次循环,指定 K＝0,机床不动作。

说明:孔加工方式指令 G73～G89 是模态指令,因此多孔加工时该指令只需指令一次,以后的程序段只需给出孔的坐标位置即可加工。固定循环中的参数 Z、R、Q、P、F 是模态指令,所以当变更固定循环时,可使用已指定的参数值,不需重设。但中间隔有 G80 或 01 组 G 指令,则参数均被取消,而 01 组的指令不受固定循环的影响。

(4) 钻孔循环   钻孔是孔加工中最基本的加工循环,应用指令 G81 固定循环钻孔加工动作示意如图 2-20b 所示,书写格式:

G81 X＿ Y＿ Z＿ R＿ F＿;

G81 指令 X、Y 轴定位,快速进给到 R 点,接着 R 点至 Z 点以进给速度 F 进行钻孔加工,钻孔结束,刀具快速退回到 R 点或返回起始点。

应用指令 G82 固定循环钻孔加工动作示意如图 2-20c 所示,书写格式:

G82 X＿ Y＿ Z＿ R＿ P＿ F＿;

G82 指令的孔加工固定循环与 G81 基本相同,刀具在孔底位置按 P 指令的时间暂停及光切后退回,此法可改善孔底的表面粗糙度和精度。

(5) 重复次数的应用   在固定循环指令中,用 K 地址指定重复次数。在增量方式(G91)时,若需加工若干个孔距相同的等径孔,采用重复次数来编程可进行加工,在编程时要采用 G91、G99 编程。例如当指令为 G91 G81 X50.0 Z-20.0 R-10.0 K6 F200 时,加工运动轨迹如图 2-21 所示。如果是在绝对值(G90)方式时,则不能钻出六个孔,只是在第一孔位置往复钻孔六次。

图 2-21   孔加工固定循环的重复次数应用示例

具体加工可参照以下实例。

【**例2-6**】 加工如图2-22所示的盖板坐标多孔,加工程序编制方法和步骤如下。

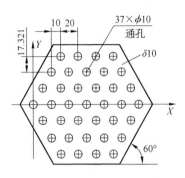

图2-22 多孔盖板零件实例

（1）分析图样

① 盖板多孔孔数37,孔径ϕ10 mm,孔径精度要求较低。

② 加工前外形已预制完成,板厚10 mm。

③ 孔的分布的规律:行间距相等,均为17.321 mm;行内孔间距相等,均为20 mm;每行的起始孔间距相等,均为10 mm;行数7行;行内的孔数（由上至下）按4,5,6,7,6,5,4分布;中间行孔中心连线与六角外形水平对角连线重合。

（2）加工准备

① 选用ϕ10 mm标准麻花钻钻孔。

② 检测工件预制件外形尺寸精度。

③ 按预制件外形,划线确定工件第一孔的参照位置。

（3）数控加工工艺

① 设定工件坐标系。如图2-22所示,工件坐标系原点设定在工件上水平对角线的第四行（7孔）左侧第1孔中心,轴线与底面的交点,坐标按笛卡儿坐标规则设定。

② 确定加工顺序。从左往右加工第一行孔→从右往左加工第二行孔→从左往右加工第三行孔→……→从左往右加工第七行孔。

③ 确定刀具中心轨迹。参照重复固定循环钻孔刀具运行轨迹,钻头起始点→R点→钻孔终点→R点→坐标点位移至下一孔→（依次重复固定循环）……→钻最后一个孔终点→抬刀。

④ 计算确定点坐标位移量：

a. 各行间 Y 轴位移量 17.321 mm；

b. 换行时 X 轴位移量 10 mm，Y 轴位移量 17.321 mm；

c. 行内孔距位移量 20 mm。

⑤ 选用指令：

a. 钻孔重复固定循环采用增量值(G91)编程；

b. 选用工件坐标指令(G54)确定坐标系；

c. 选用刀具长度补偿指令(G43)编程；

d. 选用钻孔重复固定循环指令 G81 G99 X ＿ Y ＿ Z ＿ R ＿ K ＿ F ＿。R确定抬刀位置；K按各行孔数确定(4,1,4,1,5,1,6,1,5,1,4,1,3)；F按切削用量确定钻孔进给速度。

e. 选用其他相关指令确定主轴转速(S)、转向(M03)、冷却液开关(M08、M09)、刀补数据(H01)等。

⑥ 数控加工程序：

O2006；	程序号
G54 G17 G80 G90 G21 G49；	程序初始化
G91 G28 Z0；	返回参考点
M06 T01；	换 01 号刀
M03 S800；	主轴正转，转速 800 r/min
G43 G00 Z20.0 H01；	调用 01 号参数，建立刀具长度补偿
G00 X10.0 Y51.963 M08；	XY向快速移动至第一行左起第一孔中心位置，切削液开启
G91 G81 G99 X20.0 Z-20.0 R-3.0 K4 F200；	调用固定循环左起钻第一行孔
X10.0 Y-17.321；	钻第二行右起第 1 孔
X-20.0 L4；	钻第二行余 4 个孔
X-10.0 Y-17.321；	钻第三行左起第 1 孔
X20.0 L5；	钻第三行余 5 个孔
X10.0 Y-17.321；	钻第四行右起第 1 孔
X-20.0 L6；	钻第四行余 6 个孔
X10.0 Y-17.321；	钻第五行左起第 1 孔
X20.0 L5；	钻第五行余 5 个孔
X-10.0 Y-17.321；	钻第六行右起第 1 孔
X-20.0 L4；	钻第六行余 4 个孔
X10.0 Y-17.321；	钻第七行左起第 1 孔
X20.0 L3；	钻第七行余 3 个孔

G80 M09;	取消孔加工固定循环,切削液关闭
G49 G90 G00 Z300.0;	取消刀补,Z向快速抬刀
G28 X0 Y0 M05;	返回参考点,主轴停止
M30;	程序结束,返回程序起始点

（4）数控加工操作要点　本例应注意指令校核和程序运行校核:

① 采用刀具中心轨迹编程,注意孔中心坐标位置移动值为增量值,由模态指令 G91 确定,若错用了 G90,将无法实现重复固定循环的多孔加工。

② 重复固定钻孔循环中的 K(有的机床用 L)值表示重复的次数,但因换行时第 1 孔钻削时 K＝1 可以省略,因此注意除第一行外,以下各行的钻孔由两个程序段指令完成,先加工每行的第一孔,然后加工余下的孔。在某些系统不能识别 K(L)指令时,可按增量的 X 值编制后续孔的加工程序,如程序段 X20.0 K4;用连续四个 X20.0;程序段替代,完成各行孔的固定循环钻孔加工。

③ 使用单程序段运行及其位置显示仔细核对各行首孔坐标值及其正负符号。

④ 使用 CRT 进行运行轨迹检查,注意行数和各行孔数。

⑤ 注意钻孔终点位置 Z 轴坐标和刀补 H01 参数的配合,保证通孔切出距离。

【例 2-7】　用数控铣床加工如图 2-23 所示的按分布圆圆周均布的台阶孔零件,具体操作可参见以下步骤。

（1）图样分析

① 工件是台阶外圆轴套,螺栓过孔的位置在大直径外圆柱部位,轴向长度 30 mm。

② 通孔直径 ϕ11 mm,平底锪孔直径 ϕ16 mm,深度 14 mm,孔口倒角为 C1.5 mm。

③ 6 个螺栓过孔的分布圆直径 ϕ(130±0.10) mm,过孔中心位置按 60°±10′中心角均布。

（2）加工准备

① 预制件完成轴套所有的车加工内容。

② 工件装夹选用三爪自定心卡盘,装夹后找正工件大端面与工作台面平行。

③ 选用 ϕ11 mm 标准麻花钻孔;选用 ϕ16 mm 平底锪钻锪孔;选用锥

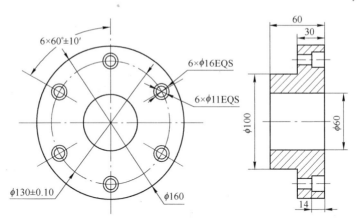

技术要求
1.未注公差按IT14。
2.未注倒角C1.5。

图 2 - 23　多孔套类零件

角 90°直径 $\phi 20$ mm 的锪钻孔口倒角。

（3）数控加工工艺

① 工件坐标系零点设定在工件大端面孔中心，按主视图位置设定 X、Y 轴方向。

② 孔加工路径按分布圆逆时针方向：右上角孔 1→上方孔 2→左上角孔 3→左下角孔 4→下方孔 5→右下方孔 6。

③ 钻、锪、倒角加工选用 G81/G99 指令；加注切削液选用 M08/M09 指令；刀具长度以钻孔为基准，锪孔与倒角选用刀具长度补偿 G43/G49 指令。

④ 程序编制选用主程序调用子程序方式,主程序包括换刀等主要指令,子程序包括孔加工,移位等主要指令。

⑤ 本例图样分布参数标注为极坐标形式,因此最好采用极坐标编制方法,简化程序。对于没有极坐标功能的系统,可将极坐标换算成直角坐标值进行编程加工。由于六等分是常用三角函数,计算比较简单,按分布圆直径,基本移位数据为 65 mm、$65 \times 0.5 = 32.5$ mm、$65 \times 0.866 = 56.29$ mm。

⑥ 数控加工程序(使用直角坐标孔中心移位):

O2007;	程序号
G54 G17 G80 G90 G21 G49;	程序初始化
G91 G28 Z0;	返回参考点
M06 T01;	换 01 号刀
M98 P2107;	调用子程序钻孔
G91 G28 Z0;	返回参考点
M06 T02;	换 02 号刀
G90 G43 H02;	调用 02 号参数刀具长度补偿
M98 P2107;	调用子程序锪孔
G91 G28 Z0;	返回参考点
M06 T03;	换 03 号刀
G90 G43 H03;	调用 03 号参数刀具长度补偿
M98 P2107;	调用子程序倒角
G91 G28 Z0;	返回参考点
M30;	程序结束,返回程序起点
O2107;	子程序号
G90 G00 Z20.0;	Z 向快速移动至工件上方 20 mm
X0 Y0 M08;	XY 向快速移动至工件坐标系零位
M03 S1000;	主轴正转,转速 1 000 r/min
G91 G81 G99 X56.29 Y32.5	调用固定循环钻、锪、倒角孔 1
Z-55.0 R-3.0 F200;	
X-56.29 Y32.5;	钻、锪、倒角孔 2
X-56.29 Y-32.5;	钻、锪、倒角孔 3
X0 Y-65.0;	钻、锪、倒角孔 4
X56.29 Y-32.5;	钻、锪、倒角孔 5
X56.29 Y32.5;	钻、锪、倒角孔 6
G49 G90 G00 Z100.0;	取消刀具长度补偿,Z 向快速移动至上方 200 mm
M05;	主轴停止
M99;	返回主程序

（4）数控加工操作要点

① 孔口倒角的锪钻在输入刀具长度补偿参数时，需要按孔口对刀进行设置。

② 平底锪孔的深度应经过试加工后确定刀具长度补偿参数，试加工时可留有一定的余量，然后按检测深度调整补偿数据，达到规定的深度要求。

③ 加工中需要三种刀具不同转速的可将指令主轴转速的程序段分别设置在主程序换刀后予以确定。

④ 本例的孔位计算也可采用CAD绘图确定。

任务二　在加工中心上加工轴线平行的孔系零件

零件平行轴线孔系包括同轴孔系和多轴平行孔系，加工精度要求比较高。前者是指工件上的孔轴线重合，孔径不同构成的孔系；后者是指孔系中各孔的轴线平行，在同一平面或不同平面分布的孔系。平行轴孔系的分布有按分布圆均布或不同角度分布的孔系，还有按直角坐标系间距分布的平行孔系，任务一中的实例也属于简单的平行孔系。加工平行轴线的孔系零件，应注意孔径尺寸精度的控制和孔距位置精度的控制，运用数控铣床和加工中心加工平行轴孔系，通常采用钻、扩、铰或镗的加工方法，以保证孔径尺寸精度和孔距位置精度。具体操作和参见以下实例。

【例2-8】　数控加工如图2-24所示的泵体钻模板外形和孔系，具体

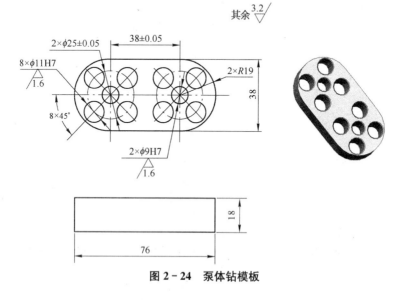

图2-24　泵体钻模板

操作可参照以下步骤。

(1) 图样分析

① 工件是板状零件,厚度 18 mm。

② 外形轮廓由直线和两端圆弧组成,总长 76 mm,宽度 38 mm,两端圆弧 $R19$ mm。

③ 孔系相对外形对称分布,中间基准孔孔径 $\phi9$ mm,均布的四个孔 $\phi11$ mm,中间基准孔间距 38 mm,周边均布孔的分布圆直径 $\phi25$ mm。

(2) 加工准备

① 预制件为 40 mm×80 mm×20 mm 六面体,并在 $\phi9$ mm 孔中心位置预钻孔 $\phi8$ mm,便于工件铣外形时装夹。

② 工件装夹选用平口虎钳,装夹后找正工件顶面与工作台面平行,侧面与 X 向平行。

③ 选用 $\phi8.8$ mm 标准麻花钻钻孔,$\phi9$ mm 铰刀铰孔;选用 $\phi10.8$ mm 麻花钻钻孔,$\phi11$ mm 铰刀铰孔;选用直径 $\phi16$ mm 的立铣刀加工钻模板外形。

(3) 数控加工工艺

① 工件设立两个坐标系 G54、G55,坐标系零点设定在工件顶面基准孔中心,按主视图位置设定 X、Y 轴方向。G54 坐标系设定在右边基准孔端面中心,G55 坐标系设定在左边基准孔端面中心,外形加工使用 G54 坐标系。

② 加工顺序:加工外形轮廓;加工基准孔;加工四角分布孔。均布孔加工路径按分布圆逆时针方向:右上角孔 1→左上角孔 2→左下角孔 3→右下角孔 4。

③ 钻、铰加工选用 G81/G99 指令;加注切削液选用 M08/M09 指令;外形铣削加工采用中心轨迹编程。

④ 程序编制选用主程序调用子程序方式,主程序包括换刀、外形加工和钻中心基准孔等主要指令,子程序包括四角分布孔加工,移位等主要指令。

⑤ 本例图样分布参数标注为极坐标形式,因此最好采用极坐标编制方法,简化程序。对于没有极坐标功能的系统,可将极坐标换算成直角坐标值进行编程加工。由于四等分是常用三角函数,计算比较简单,按分布圆直径,基本移位数据为 $25×0.5÷1.414=8.84$ mm。

⑥ 数控加工程序:

```
O2008;                    主程序号
G54 G17 G80 G90 G21 G49;  程序初始化,建立工件坐标系 G54
```

G91 G28 Z0;	返回参考点
M06 T01;	换 01 号刀
M03 S500;	主轴正转,转速 500 r/min
G90 G00 X27.0 Y27.0 Z10.0;	快速移动至铣外轮廓上侧面右端起刀点工件上方 10 mm 处
Z-20.0;	Z 向快速移动至铣削深度位置
G01 X-38.0 F50;	铣上侧面至左端圆弧面起点
G03 Y-27.0 R27.0;	铣左端圆弧面至下侧面起点
G01 X0;	铣下侧面至右端圆弧面起点
G03 Y27.0 R27.0;	铣右端圆弧面
G02 Y47.0 R10.0;	顺时针圆弧路径切出
G00 Z10.0;	Z 向快速退刀
G91 G28 Z0 M05;	返回参考点,主轴停止
M06 T02;	换 02 号刀
G90 G00 X0 Y0;	XY 向快速移动至坐标系 G54 零点
M03 S800;	主轴正转,转速 800 r/min
G43 Z10.0 H02;	调用 02 号参数刀具长度补偿,快速移动至工件上方 10 mm 处
G81 G99 Z-20.0 R3.0 F50;	钻、铰右端基准孔
G55;	建立坐标系 G55
G90 G00 X0 Y0 Z10.0;	快速移动至左端基准孔上方 10 mm 处
G81 G99 Z-20.0 R3.0 F50;	钻、铰左端基准孔
G91 G28 Z0 M05;	返回参考点,主轴停止
M06 T03;	换 03 号刀
M03 S800;	主轴正转,转速 800 r/min
G90 G00 G43 Z10.0 H03;	调用 03 号参数刀具长度补偿,快速移动至工件上方 10 mm 处
M98 P2108;	调用子程序钻、铰左端均布孔
G54;	建立坐标系 G54
M98 P2108;	调用子程序钻、铰右端均布孔
G91 G28 Z0 M05;	返回参考点
M30;	程序结束,返回程序起点
O2108;	钻、铰均布孔子程序号
G90 G00 Z10.0;	Z 向快速移动至工件上方 10 mm
X0 Y0 M08;	XY 向快速移动至工件坐标系零位
M03 S1000;	主轴正转,转速 1 000 r/min
G81 G99 X8.84 Y8.84 Z-20.0 R-3.0 F30;	调用固定循环钻、铰孔 1
X-8.84;	钻、铰孔 2
Y-8.84;	钻、铰孔 3

X8.84;　　　　　　　　　　　钻、铰孔 4

M99;　　　　　　　　　　　返回主程序

（4）数控加工操作要点

① 外轮廓实际加工中可进行粗精加工，也可选用 G42 或 G41 指令刀具半径补偿按轮廓编程。

② 钻铰孔采用相同的程序，或采用主程序调用子程序进行加工。

③ 铰孔的余量和铰孔切削液选用见表 2-4 和表 2-5。

④ 铰孔加工的常见质量问题及其解决方法见表 2-6。

表 2-4　铰孔余量　　　　　　　　　　（mm）

铰孔直径	<5	5~20	21~32	33~50	51~70
铰孔余量	0.1~0.2	0.2~0.3	0.3	0.5	0.8

表 2-5　各种材料铰孔时使用的切削液

工件材料	切　削　液
钢	1. 体积分数 10%~20%乳化液 2. 铰孔要求较高时，可采用体积分数为 30%菜油加 70%乳化液 3. 高精度铰削时，可用菜油、柴油、猪油
铸铁	1. 不用 2. 煤油，但要引起孔径缩小，（最大缩小量：0.02~0.04mm） 3. 低浓度乳化液
铝	煤油
铜	乳化液

表 2-6　铰孔常见的质量问题及其解决措施

常见缺陷	主　要　原　因	解　决　措　施
孔壁表面有粗糙沟纹	铰刀的切削部分与修光刃部分粗糙度大	粗糙度大的部分加以精磨或研磨等
	铰刀刃口不锋利，已磨损	应全面刃磨铰刀刃口
	切削刃有过大的偏摆	重新磨准切削刃的齿背
	出屑槽内切屑粘积过多	随时拉出，及时清除
	刃口留有强固的积屑瘤	用油石轻轻除去
	刀齿上有崩裂缺口	将缺口磨去或换新铰刀

（续表）

常见缺陷	主 要 原 因	解 决 措 施
孔壁表面有粗糙沟纹	铰刀刃口不等	正确刃磨铰刀刃口
	刃口留有毛刺	用油石磨去
	切削刃与修光刃部分过渡处有尖棱	用油石将尖棱磨成小圆的过渡切削刃
	铰孔余量过大	改变粗加工尺寸,减少余量
	转速过快	降低转速
	夹头制造不当,以致切削不均匀	最好采用浮动夹头
	切削液供应不足或选用不当	采用适当和足够的切削液
	由于材料关系,不适用前角 $\gamma_0 = 0°$ 或负前角铰刀	更换前角 $\gamma_0 = 5° \sim 10°$ 的铰刀
铰孔后孔径扩大	转速太快,铰刀温度上升	降低转速或加足够的切削液
	夹头不灵活或夹得不好	整理夹头或采用浮动夹头
	进给量不当或加工余量太大	适当调整进给量或减少加工余量
	由于没有仔细检查铰刀直径,特别是新铰刀(因为有些新铰刀没有磨过锋口),它的尺寸可能大于要求尺寸	应仔细检查铰刀的直径

【例 2 - 9】 数控加工如图 2 - 25 所示的内螺纹孔板,具体操作可参照以下步骤。

(1) 图样分析

① 工件是六面体板状零件,外形尺寸 154 mm×86 mm×25 mm。

② 孔系由螺孔组成,螺孔均与工件外形中分面对称。

③ 螺孔 2×M8 mm,2×M10 mm 中心位置对称垂直中心线,处于水平中心线上,至对称中心的尺寸为 46 mm、66 mm。

④ 螺孔 4×M6 mm 对称工件中心四角分布,至垂直中心线尺寸 66 mm,至水平中心线尺寸 34 mm。

⑤ 轮廓 2×M16 mm,2×M20 mm 对称工件中心对角分布,M20 mm 螺孔处于左上角和右下角,至垂直中心线尺寸 46 mm,至水平中心线尺寸 21 mm;M16 mm 螺孔处于右上角和左下角,至垂直中心线尺寸 46 mm,至水平中心线尺寸 21 mm。

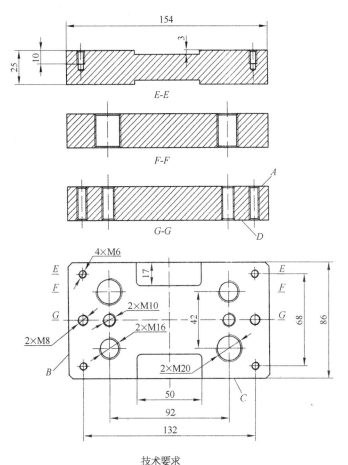

图 2 - 25 内螺纹孔板

技术要求
1. 螺纹不准有明显歪斜。
2. 材料 Q235。

（2）加工准备

① 预制件为 154 mm×86 mm×25 mm 六面体，相邻面垂直，相对面平行，各面表面粗糙度 $Ra\,3.2\ \mu m$。

② 工件装夹选用平口虎钳，装夹后找正工件基准面 A 与工作台面平行，侧面与 X 向平行。

③ 选用底孔钻头钻孔，选用标注螺纹的丝锥攻螺纹。攻普通螺纹钻底孔的直径见表 2 - 7。

表 2-7　攻普通螺纹钻底孔的钻头直径　　　（mm）

螺纹大径	螺距	钻头直径 D	
		铸铁、青铜、黄铜	钢、可锻铸铁、纯铜、层压板
5	0.8	4.1	4.2
	0.5	4.5	4.5
6	1	4.9	5
	0.75	5.2	5.2
8	1.25	6.6	6.7
	1	6.9	7
	0.75	7.1	7.2
10	1.5	8.4	8.5
	1.25	8.6	8.7
	1	8.9	9
	0.75	9.1	9.2
12	1.75	10.1	10.2
	1.5	10.4	10.5
	1.25	10.6	10.7
	1	10.9	11
14	2	11.8	12
	1.5	12.4	12.5
	1	12.9	13
16	2	13.8	14
	1.5	14.4	14.5
	1	14.9	15
18	2.5	15.3	15.5
	2	15.8	16
	1.5	16.4	16.5
	1	16.9	17
20	2.5	17.3	17.5
	2	17.8	18
	1.5	18.4	18.5
	1	18.9	19

（3）数控加工工艺　本例应用 FANUC0i 数控系统编程加工。

① 工件坐标系零点设定在工件顶面外形对称中心。

② 加工顺序：钻、攻 4×M6 mm 螺孔→钻、攻 2×M8 mm 螺孔→钻、攻 2×M10 mm 螺孔→钻、攻 2×M16 mm 螺孔→钻、攻 2×M20 mm 螺孔。

③ 钻、攻螺孔加工选用孔加工固定循环指令 G81、G84/G99。

④ 程序编制选用主程序编制方法。

⑤ 数控加工程序（螺孔孔口倒角内容略）：

O2009；	主程序号
G54 G17 G80 G90 G21 G49；	程序初始化,建立工件坐标系 G54
G91 G28 Z0；	返回参考点
M06 T01；	换 01 号刀
M03 S600；	主轴正转,转速 600 r/min
G90 G00 X66.0 Y34.0 Z10.0；	XY 向快速移动至右上角 M6 mm 螺孔中心位置工件上方 10 mm 处
G81 G99 Z-15.0 R3.0 F30；	调用固定循环钻右上角 M6 mm 螺孔底孔
X-66.0；	调用固定循环钻左上角 M6 mm 螺孔底孔
Y-34.0；	调用固定循环钻左下角 M6 mm 螺孔底孔
X66.0；	调用固定循环钻右下角 M6 mm 螺孔底孔
G91 G28 Z0 M05；	返回参考点,主轴停止
M06 T02；	换 02 号刀
M03 S50；	主轴正转,转速 50 r/min
G90 G00 X66.0 Y34.0；	XY 向快速移动至右上角 M6 mm 螺孔中心位置
G43 Z10.0 H02；	调用 02 号参数刀具长度补偿,快速移动至工件上方 10 mm 处
G84 G99 Z-30.0 R3.0 F50；	调用固定循环攻右上角 M6 mm 螺孔
X-66.0；	调用固定循环攻左上角 M6 mm 螺孔
Y-34.0；	调用固定循环攻左下角 M6 mm 螺孔
X66.0；	调用固定循环攻右下角 M6 mm 螺孔
G91 G28 Z0 M05；	返回参考点,主轴停止
M06 T03；	换 03 号刀
M03 S300 G43 H03；	主轴正转,转速 300 r/min,调用 03 号参数刀具长度补偿
G90 G00 X66.0 Y0 Z10.0；	XY 向快速移动至 M8 mm 螺孔中心位置工件上方 10 mm 处
G81 G99 Z-30.0 R3.0 F50；	调用固定循环钻右边 M8 mm 螺孔底孔
X-66.0；	调用固定循环钻左边 M8 mm 螺孔底孔
G91 G28 Z0 M05；	返回参考点
M06 T04；	换 04 号刀
M03 S100 G43 H04；	主轴正转,转速 100 r/min,调用 04 号参数刀具长度补偿
G90 G00 X66.0 Y0 Z10.0；	XY 向快速移动至 M8 mm 螺孔中心位置工件上方 10 mm 处

G84 G99 Z - 30. 0 R3. 0 F125；　　调用固定循环攻右边 M8 mm 螺孔

X - 66. 0；　　　　　　　　　　　　调用固定循环攻左边 M8 mm 螺孔

G91 G28 Z0 M05；　　　　　　　　返回参考点,主轴停止

M06 T05；　　　　　　　　　　　　换 05 号刀

M03 S300 G43 H05；　　　　　　　主轴正转,转速 300 r/min,调用 05 号参数刀具长度补偿

G90 G00 X46. 0 Y0 Z10. 0；　　　XY 向快速移动至右边 M10 mm 螺孔中心位置工件上方 10 mm 处

G81 G99 Z - 30. 0 R3. 0 F50；　　调用固定循环钻右边 M10 mm 螺孔底孔

X - 46. 0；　　　　　　　　　　　调用固定循环钻左边 M10 mm 螺孔底孔

G91 G28 Z0 M05；　　　　　　　　返回参考点,主轴停止

M06 T06；　　　　　　　　　　　　换 06 号刀

M03 S50 G43 H06；　　　　　　　主轴正转,转速 50 r/min,调用 06 号参数刀具长度补偿

G90 G00 X46. 0 Y0 Z10. 0；　　　XY 向快速移动至右边 M10 mm 螺孔中心位置工件上方 10 mm 处

G84 G99 Z - 30. 0 R3. 0 F75；　　调用固定循环攻右边 M10 mm 螺孔

X - 46. 0；　　　　　　　　　　　调用固定循环攻左边 M10 mm 螺孔

G91 G28 Z0 M05；　　　　　　　　返回参考点,主轴停止

M06 T07；　　　　　　　　　　　　换 07 号刀

M03 S200 G43 H07；　　　　　　　主轴正转,转速 200 r/min,调用 07 号参数刀具长度补偿

G90 G00 X46. 0 Y21. 0 Z10. 0；　XY 向快速移动至右上角 M16 mm 螺孔中心位置工件上方 10 mm 处

G81 G99 Z - 30. 0 R3. 0 F50. 0；　调用固定循环钻右上角 M16 mm 螺孔底孔

X - 46. 0 Y - 21. 0；　　　　　　调用固定循环钻右下角 M16 mm 螺孔底孔

G91 G28 Z0 M05；　　　　　　　　返回参考点,主轴停止

M06 T08；　　　　　　　　　　　　换 08 号刀

M03 S50 G43 H08；　　　　　　　主轴正转,转速 100 r/min,调用 08 号参数刀具长度补偿

G90 G00 X46. 0 Y21. 0 Z10. 0；　XY 向快速移动至右上角 M16 mm 螺孔中心位置工件上方 10 mm 处

G84 G99 Z - 30. 0 R3. 0 F100；　调用固定循环攻右上角 M16 mm 螺孔

X - 46. 0 Y - 21. 0；　　　　　　调用固定循环攻左上角 M16 mm 螺孔

G91 G28 Z0 M05；　　　　　　　　返回参考点,主轴停止

M06 T09；　　　　　　　　　　　　换 09 号刀

M03 S200 G43 H09；　　　　　　　主轴正转,转速 200 r/min,调用 09 号参数刀具长度补偿

G90 G00 X46. 0 Y - 21. 0 Z10. 0；XY 向快速移动至右下角 M20 mm 螺孔中心位置工件上方 10 mm 处

G81 G99 Z - 30. 0 R3. 0 F50. 0；　调用固定循环钻右下角 M20 mm 螺孔底孔

X - 46. 0 Y21. 0；　　　　　　　调用固定循环钻左上角 M20 mm 螺孔底孔

G91 G28 Z0 M05；　　　　　　　　返回参考点,主轴停止

M06 T10；　　　　　　　　　换 10 号刀

M03 S50 G43 H10；　　　　　主轴正转，转速 50 r/min，调用 10 号参数刀具长度补偿

G90 G00 X46.0 Y−21.0 Z10.0；XY 向快速移动至右下角 M20 mm 螺孔中心位置工件上方 10 mm 处

G81 G99 Z−30.0 R3.0 F125；　调用固定循环攻右下角 M20 mm 螺孔

X−46.0 Y21.0；　　　　　　　调用固定循环攻左上角 M20 mm 螺孔

G91 G28 Z0 M05；　　　　　　返回参考点，主轴停止

M30；　　　　　　　　　　　程序结束，返回程序起点

（4）数控加工操作要点

① 本例实际加工中应合理确定切削用量，在攻螺纹的程序段中，应特别注意转速和进给量的取值，每分钟进给量与每分钟转速的比值应等于螺纹的螺距。

② 螺孔加工应注意确定底孔直径，防止丝锥断裂造成质量问题。

③ 攻螺纹加工需要合理选用切削液，见表 2−8。

表 2−8　攻螺纹用的切削液

工件材料及螺纹精度		切削液	工件材料及螺纹精度	切削液
钢	精度要求一般	L−AN32 全损耗系统用油、乳化液	可锻铸铁	乳化油
	精度要求较高	菜油、二硫化钼、豆油	黄铜、青铜	全损耗系统用油
不锈钢		L−AN46 全损耗系统用油、豆油、黑色硫化油	纯铜	浓度较高的乳化油
灰铸铁	精度要求一般	不用	铝及铝合金	机油加适当煤油或浓度较高的乳化油
	精度要求较高	煤油		

④ 螺孔的测量方法通常是使用螺纹塞规，按图样要求的精度选用螺纹塞规，通端能旋入，止端不能旋入，螺孔加工合格。

项目四　直线成形面零件加工

任务一　用数控铣床和加工中心铣削加工零件轮廓

直线成型面是常见的零件轮廓面，其几何特征是轮廓由直线和各种平面曲线构成，型面的母线是直线，轮廓导线是各种平面曲线。例如盘形

凸轮的轮廓导线由圆弧、直线、阿基米德平面螺旋线构成,其型面母线是直线。使用数控铣床和加工中心铣削加工直线成型面,通常使用立式铣刀周铣方式加工,工件与刀具按轮廓曲线相对移动,刀具的圆周刃便在工件侧面铣削加工出直线成型面。直线成型面的加工是综合应用各种指令的数控铣削加工。数控铣削直线成型面需要运用圆弧插补指令 G02、G03,运用时应掌握以下要点。

① 根据下列指令,刀具按圆弧移动。

a. XY 平面圆弧:G17 G02(G03)X __ Y __ R __(I __ J __)F __ ;

b. ZX 平面圆弧:G18 G02(G03)X __ Z __ R __(I __ K __)F __ ;

c. YZ 平面圆弧:G19 G02(G03)Y __ Z __ R __(J __ K __)F __ ;

② 与车削类似,圆弧插补指令分为顺时针圆弧插补指令 G02 和逆时针圆弧插补指令 G03,圆弧的顺时针和逆时针可相对于 $XY(ZX、ZY)$ 平面沿 $Z(Y、X)$ 轴由正向负看(即图 2-26a、b、c 所示位置)予以判断。

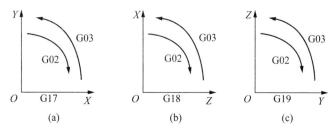

图 2-26 圆弧方向的判断

(a) *XY* 平面;(b) *XZ* 平面;(c) *ZY* 平面

③ 圆弧的终点位置由地址 X、Y、Z 指定,按照 G90 或 G91 可用绝对值或增量值表示,增量值是圆弧的起始点到终点的坐标值。

④ 圆弧的圆心与 X、Y、Z 相对应,分别由 I、J、K 指令,但 I、J、K 后面的数值,是从圆弧的起始点到圆弧中心的矢量分量,始终为增量值(图2-27),而且带有方向。

⑤ 圆弧半径由 R 指令,指令所对应圆心角大于 180°的圆弧时用负值指定圆弧半径,指令所对应圆心角小于 180°的圆弧时用正值指定圆弧半径。

⑥ 圆弧插补的进给速度为 F 代码指定的切削进给速度,并且按沿圆弧移动的切线方向指令进给速度进行控制。

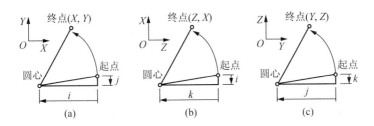

图 2 - 27　圆弧起始点的矢量分量

（a）XY 平面；（b）XZ 平面；（c）ZY 平面

⑦ 注意事项：

a. I0、J0、K0 可以省略；

b. X、Y、Z 均省略，用 I、J、K 指令圆心时（如 G02 I ＿；）指令整圆；

c. 起始点与终点同一位置时，指令整圆；

d. 用 I、J、K 和 R 同时被指令时，R 指令优先，I、J、K 被忽略；

e. 若指令平面内不存在的轴时，系统报警；

直线成型面零件轮廓数控铣削加工具体方法可参见以下实例。

【例 2 - 10】　数控加工如图 2 - 28 所示的扇形板，具体操作可参照以下步骤。

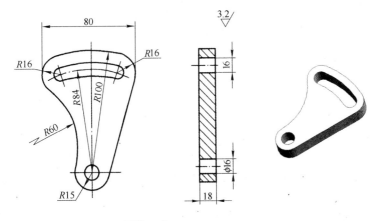

材料：45 钢

图 2 - 28　扇形板

(1) 图样分析

① 工件是六面体板状零件,外形尺寸 120 mm×90 mm×18 mm。

② 下部基准通孔孔径 ϕ16 mm,上部圆弧槽宽度 16 mm,中心连线与横坐标平行,中心之间尺寸 48 mm。

③ 外轮廓由凸圆弧 R100 mm、凹圆弧 R60 mm,连接圆弧 2×R16 mm 和 R15 mm 及直线段构成。

(2) 加工准备

① 预制件为六面体,两大平面采用磨削加工。

② 加工基准孔和圆弧键槽时,工件装夹选用平口虎钳,装夹后找正工件顶面与工作台面平行,侧面与 X 向或 Y 向平行。加工外轮廓时,工件以基准孔定位,利用键槽和基准孔用螺栓压板装夹工件。

③ 选用 ϕ15.8 mm 标准麻花钻钻孔,ϕ16 mm 铰刀铰孔;选用 ϕ14 mm 键槽铣刀粗铣圆弧键槽,ϕ16 mm 键槽铣刀精铣圆弧键槽;选用直径 ϕ10 mm 的键槽铣刀粗铣外轮廓,选用直径 ϕ10 mm 的立铣刀精铣外轮廓。

(3) 数控加工工艺　本例应用 KND1000M 数控系统编程加工。

① 工件坐标系零点设定在工件顶面基准孔中心,按主视图位置设定 X、Y 轴方向。

② 加工顺序:加工基准孔;加工圆弧键槽;加工外轮廓。

③ 外轮廓刀具路径(图 2-29):工件左侧切入点 a 位置 Z 向进给至铣削深度→圆弧切入至 A 点→铣凹圆弧至 B 点→铣左侧连接圆弧至 C 点→铣削凸圆弧至 D 点→铣右侧连接圆弧至 E 点→铣右侧面至 F 点→铣下部连接圆弧至 A 点→圆弧切出至切出段终点 a→Z 向退刀。

④ 钻、铰基准孔加工选用 G81 /G99 指令;加注切削液选用 M08/M09 指令;铣槽加工选用 G02/G03 指令;外轮廓加工选用 G02/G03 和 G01、G41/G40 刀具半径补偿指令。

⑤ 程序编制选用主程序调用子程序方式,主程序包括换刀,钻、铰基准孔和精铣圆弧键槽等主要指令,子程序包括粗铣圆弧键槽、粗精铣外轮廓等指令。

⑥ 本例采用孔加工和键槽加工采用中心轨迹编程,外轮廓按图样数据编程,外轮廓刀具轨迹和基点坐标值如图 2-29 所示。

⑦ 本例外轮廓切入与切出点选定在左下侧圆弧 R60 mm 和连接圆弧 R15 mm 切点,采用圆弧切入和圆弧切出的方式进行加工。

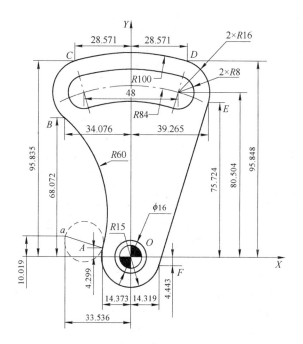

图 2 - 29　扇形板坐标及基点坐标值

⑧ 数控加工程序

O2010；	主程序号
G90G17G98G40G54；	程序初始化,建立工件坐标系 G54
G91G28Z0；	返回参考点
M06T01；	换 01 号刀
M03S400M08；	主轴正转,转速 400 r/min,切削液开启
G90G00X0Y0Z10.0；	快速移动至工件坐标系零点上方 10 mm 处
G81G99Z - 20.0R3.0F30；	调用固定循环钻基准孔
G91G28Z0M05；	返回参考点,主轴停止
M06T02G43H02；	换 02 号刀,调用 2 号参数刀具长度补偿
M03S100；	主轴正转,转速 800 r/min
G90G00X0Y0Z10.0；	调用 02 号参数刀具长度补偿,快速移动至工件上方 10 mm 处
G81G99Z - 20.0R3.0F40；	铰基准孔
G91G28Z0M05；	返回参考点,主轴停止
M06T03G43H03；	换 03 号刀,调用 03 号参数刀具长度补偿
M03S500；	主轴正转,转速 500 r/min

G90G00X24. 0Y80. 51Z10. 0；	快速移动至圆弧键槽右端中心位置上方 10 mm 处
Z2. 0；	快速移动至圆弧键槽右端中心位置上方 2 mm 处
G01Z0；	移动至圆弧键槽右端中心位置上方零位处
M98P052110；	调用子程序粗铣圆弧键槽
G90G00Z10. 0；	快速移动至圆弧键槽右端中心位置上方 10 mm 处
G91G28Z0M05；	返回参考点，主轴停止
M06T04G43H04；	换 04 号刀，调用 4 号参数刀具长度补偿
M03S400；	主轴正转，转速 400 r/min
G90G00X024. 0Y80. 51Z10. 0；	快速移动至圆弧键槽右端中心位置上方 10 mm 处
Z2. 0；	快速移动至圆弧键槽右端中心位置上方 2 mm 处
G01Z‐20. 0；	移动至圆弧键槽铣削深度位置
G03X‐24. 0R84. 0；	逆时针圆弧插补精铣圆弧键槽
G00Z10. 0；	快速移动至工件上方 10 mm 处
G91G28Z0M05；	返回参考点，主轴停止
M00；	程序暂停，工件调换装夹方式
M06T05G43H05；	换 05 号刀，调用 5 号参数刀具长度补偿
M03S800；	主轴正转，转速 800 r/min
G90G00Z10. 0；	快速移动至工件上方 10 mm 处
M98P2210；	调用子程序粗铣外轮廓
G91G28Z0M05；	返回参考点，主轴停止
M06T06G43H06；	换 06 号刀，调用 06 号参数刀具长度补偿
M03S800；	主轴正转，转速 800 r/min
G90G00Z10. 0；	快速移动至工件上方 10 mm 处
M98P2210；	调用子程序精铣外轮廓
G91G28Z0M05M09；	返回参考点，主轴停止，切削液关闭
M30；	程序结束，返回程序起点
O2110；	铣圆弧键槽子程序号
G91G01Z‐1. 8；	增量值编程，Z 向移动至‐1. 8 mm 铣削深度位置
G90G03X‐24. 0R84. 0；	绝对值编程，逆时针圆弧插补铣圆弧键槽
G91G01Z‐2. 0；	增量值编程，Z 向移动至‐2. 0 mm 铣削深度位置
G90G02X24. 0R84. 0；	绝对值编程，顺时针圆弧插补铣圆弧键槽
M99；	返回主程序
O2210；	铣外轮廓子程序号
G00X‐50. 0Y10. 02；	XY 向快速移动至左侧起刀点预备位置
G01G41Z‐20. 0D05；	Z 向移动至铣削深度位置，调用 02 号参数刀具半径左补偿

X - 33.54F20；	X 向移动至左侧起刀点位置 *a*
G03X - 14.37Y4.30R10.0F20；	逆时针圆弧插补切入至 *A* 点
G03X - 34.08Y68.07R60.0；	逆时针圆弧插补铣削凹圆弧至 *B* 点
G02X - 28.57Y95.84R16.0；	顺时针圆弧插补铣削连接圆弧至 *C* 点
G02X28.57Y95.85R100.0；	顺时针圆弧插补铣削大圆弧至 *D* 点
G02X39.27Y75.72R16.0；	顺时针圆弧插补铣削连接圆弧至 *E* 点
G01X14.32Y - 4.44；	直线插补铣右侧面至 *F* 点
G02X - 14.37Y4.3R15.0；	逆时针圆弧插补铣削连接圆弧至 *A* 点
G03X - 33.54Y10.02R10.0；	逆时针圆弧插补切出至 *a* 点
G00Z10.0；	Z 向快速退刀至工件在上方 10 mm 处
G40；	取消刀具半径补偿
M99；	返回主程序

（4）数控加工操作要点

①　基准孔实际加工中可进行钻、镗、铰加工，以保证基准孔的加工精度。外形的厚度尺寸比较大，粗铣加工可分层加工，此时只需在主程序中编制程序段将外轮廓深度分成几次加工，加工过程采用调用子程序方式。

②　铣削圆弧键槽应注意粗精铣刀具直径的尺寸精度和安装精度，以保证槽宽尺寸达到图样精度要求。

③　铣削外轮廓应注意刀具轨迹坐标位置的正确性，采用刀具半径补偿进行加工应注意圆弧的尺寸误差控制。

④　外轮廓的加工应采用圆弧切入和切出的路径，避免在切点处留有刀痕。

⑤　本例圆弧连接的加工比较多，圆弧的精度可用样板检测。

⑥　工件翻身装夹前，将刀具处于工件坐标零点的上方，工件铣外轮廓调换装夹方法后，移动工件，找正基准孔与机床主轴的同轴度，以使两次装夹后的坐标系零点重合。

任务二　用数控铣床和加工中心铣削加工样板轮廓

样板是直线成型面的常见测量零件，除了用数控线切割机床进行加工外，大多采用数控铣床和加工中心进行加工。铣削各种样板应仔细分析轮廓曲线的构成特点，各种凹凸圆弧面的处理应灵活选用刀具成型加工和轨迹加工的基本方法，以简化程序编制，保证加工精度和加工速度。具体加工可参见以下实例。

【例 2 - 11】　数控加工如图 2 - 30 所示的三球手柄样板，具体操作可参照以下步骤。

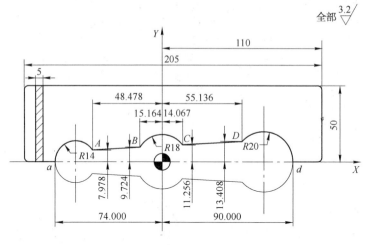

图 2 - 30 三球手柄样板

(1) 图样分析

① 工件是板状零件,外形尺寸 205 mm×50 mm×5 mm。

② 样板工作面轮廓由圆弧和直线构成,如图 2 - 30 所示,左端圆弧 R14 mm,中间圆弧 R18 mm,右端圆弧 R20 mm;左端圆弧中心与中间圆弧中心的尺寸为 60 mm,右端圆弧中心与中间圆弧中心的尺寸为 90 mm;样板周边四个顶角的连接圆弧 R3 mm。

③ 工作面圆弧和直线的交点包括 a、A、B、C、D、d。

(2) 加工准备

① 预制件为板状六面体 210 mm×55 mm×5 mm,两大平面采用磨削加工。两端面与工作面轮廓一侧面留有加工余量 0.5 mm。

② 加工样板轮廓连接圆弧和工作面轮廓时,工件装夹选用螺栓压板,装夹后找正工件顶面与工作台面平行,侧面与 X 向平行。加工外轮廓时,工件用螺栓压板装夹工件,不得干涉加工部位。

③ 选用 ϕ10 mm 标准键槽铣刀粗精铣样板工作面轮廓和四角连接圆弧。

(3) 数控加工工艺

① 工件坐标系零点设定在工件顶面中间圆弧的中心,按主视图位置设定 X、Y 轴方向。

② 加工顺序:加工四角圆弧;加工样板工作面轮廓。

③ 轮廓加工刀具路径:工件左上角连接圆弧切入点位置 Z 向进给至铣削深度→圆弧切入至左上角圆弧始点→铣左上角连接圆弧→铣左端面→铣左下角连接圆弧→铣左下方底面至 a 点→铣左端圆弧至 A 点→铣直线段至 B 点→铣中间圆弧至 C 点→铣直线段至 D 点→铣右端圆弧至 d 点→铣右下方底面→铣右下角连接圆弧→铣右端面→铣右上角连接圆弧→圆弧切出至切出段终点→Z 向退刀。

④ 铣外轮廓四角圆弧和工作面轮廓圆弧加工选用 G02/G03 指令;G01 直线插补、G43/G42 刀具长度和半径补偿指令。

⑤ 程序编制选用主程序调用子程序方式,主程序包括换刀,调用子程序等主要指令,子程序包括粗精铣工作面轮廓和四角圆弧等指令。

⑥ 本例采用轮廓轨迹编程,工作面轮廓按图样数据编程,轮廓刀具轨迹和基点坐标值如图 2-30 所示。

⑦ 本例外轮廓切入与切出点选定在左右上角连接圆弧 R3 mm 和上方侧面切点,采用圆弧切入和圆弧切出的方式进行加工。

⑧ 数控加工程序:

O2011;	主程序号
G90 G17 G98 G40 G54;	程序初始化,建立工件坐标系 G54
G91 G28 Z0;	返回参考点
M06 T01;	换 01 号刀
M03 S800 M08;	主轴正转,转速 800 r/min,切削液开启
G90 G00 X-50.0 Y90.0 Z10.0;	快速移动至工件左上角切入段起点工件上方 10 mm 处
M98 P2111;	调用子程序加工外轮廓和工作面轮廓
G91 G28 Z0 M05;	返回参考点,主轴停止
M06 T02 G43 H02;	换 02 号刀,调用 2 号参数刀具长度补偿
M03 S800;	主轴正转,转速 800 r/min
G90 G00 X-50.0 Y90.0 Z10.0;	快速移动至工件左上角切入段起点工件上方 10 mm 处
M98 P2111;	调用子程序加工外轮廓和工作面轮廓
G91 G28 Z0 M05 M09;	返回参考点,主轴停止,切削液关闭
M30;	程序结束,返回程序起点
O2111;	铣轮廓子程序号
G00 Z-7.0;	Z 向快速移动至铣削深度位置
G01 G42 X-92.0 Y70.0 D01 F20;	调用 01 号参数刀具半径右补偿,移动至切入段起点预备位置,进给量 20 r/min

G02 Y50.0 R10.0；	顺时针圆弧插补切入
G03 X-95.0 Y47.0 R3.0；	铣左上角连接圆弧
G01 Y3.0；	铣左端面
G03 X-92.0 Y0 R3.0；	铣右下角连接圆弧
G01 X-74.0；	铣右下角底面至点 a
G02 X-48.48 Y7.98 R14.0；	铣左端圆弧至点 A
G01 X-15.16 Y9.72；	铣斜面至点 B
G02 X14.07 Y11.26 R18.0；	铣中间圆弧至点 C
G01 X55.14 Y13.41；	铣斜面至点 D
G02 X90.0 Y0 R20.0；	铣右端圆弧至 d
G01 X107.0；	铣右下角底面
G03 X110.0 Y3.0 R3.0；	铣右下角连接圆弧
G01 Y47.0；	铣右端面
G03 X107.0 Y50.0 R3.0；	铣右上角连接圆弧
G02 Y70.0 R10.0；	顺时针圆弧插补切出
G00 Z10.0；	Z 向快速退刀
G40；	取消刀具半径补偿
M99；	返回主程序

（4）数控加工操作要点

① 本例是加工三球手柄的检测样板,精度要求主要是圆弧尺寸、位置和形状精度,注意刀具半径补偿后对圆弧形状和尺寸精度的影响,可参见图 1-26。

② 本例的外形要求比较低,主要是两端面的总长控制和四角连接圆弧加工,切入切出位置的设置确定在上部的两个连接圆弧与顶面的切点位置。

③ 铣削工作面轮廓时,应注意各基点的坐标值的准确性。

④ 外轮廓的加工应采用圆弧切入和切出的路径,避免在切点处留有刀痕。

⑤ 本例工作面圆弧的加工精度可用样板或相同直径的圆柱零件检测,检测方法如图 2-31 所示。用最小极限尺寸的圆弧样板检测,应在两端有间隙;用最大极限尺寸的圆弧样板检测,应在底部有间隙。

任务三　铣削加工工量具的直线成型面轮廓

各种工量具的外形轮廓和工作面轮廓常采用数控铣床和加工中心进行铣削加工,加工此类零件,应注意外形轮廓和工作面轮廓的不同精度要求,通常工作面轮廓是留有磨削和研磨等精加工余量的,在加工中应注意

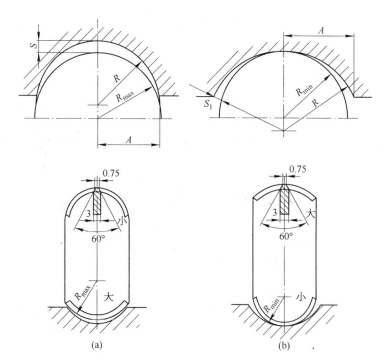

图 2 - 31 三球手柄工作轮廓圆弧检验方法
（a）用样板大端检验；（b）用样板小端检验

留有精细加工余量。具体加工可参见以下实例。

【**例 2 - 12**】 数控加工如图 2 - 32 所示的卡规形轮廓，具体操作可参照以下步骤。

（1）图样分析

① 工件是六面体板状零件，外形尺寸 70 mm×70 mm×10 mm。

② 工艺通孔孔径 $2\times\phi 8$ mm，处于工件水平对称线上，中心之间尺寸 36 mm。

③ 直键槽水平设置，中分线与工件水平对称中心线距离 16 mm，槽宽 $16^{+0.043}_{0}$ mm，两端圆弧中心距离 24 mm，深度 2 mm。

④ 外轮廓由凸圆弧 $2\times R24$ mm、内框连接圆弧 $2\times R6$ mm，直线型侧面和斜面构成。外形尺寸 $64^{0}_{-0.05}$ mm×$64^{0}_{-0.05}$ mm 和内框宽度 $24^{+0.05}_{0}$ mm 的精度要求比较高。

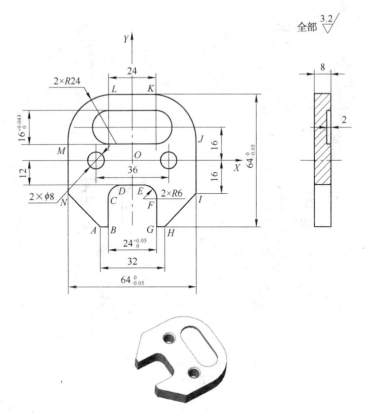

图 2-32　卡规形轮廓

（2）加工准备

① 预制件为板状六面体，两大平面采用磨削加工。

② 加工工艺孔和封闭键槽时，工件装夹选用平口虎钳，装夹后找正工件顶面与工作台面平行，侧面与 X 向或 Y 向平行。加工外轮廓时，工件以工艺孔穿装螺栓夹紧。

③ 选用 φ8 mm 标准麻花钻钻工艺通孔，φ16 mm 键槽铣刀铣封闭键槽；选用直径 φ10 mm 的键槽铣刀粗铣外轮廓，选用直径 φ10 mm 的立铣刀精铣外轮廓。

（3）数控加工工艺　本例应用 KND1000M 数控系统编程加工。

① 工件坐标系零点设定在工件外形对称中心，按主视图位置设定 X、

Y 轴方向。

② 加工顺序:加工工艺孔;加工封闭键槽;加工外轮廓。

③ 外轮廓刀具路径:工件左侧切入点(BA 延伸段)位置 Z 向进给至铣削深度→直线延伸段经 A 点铣底面至 B 点→铣内框左侧面至 C 点→铣内框左上角连接圆弧至 D 点→铣内框顶面至 E 点→铣内柱右上角连接圆弧至 F 点→铣内框右侧面至 G 点→铣右边底面至 H 点→铣右下角斜面至 I 点→铣右侧面至 J 点→铣右上角圆弧至 K 点→铣顶面至 L 点→铣左上角圆弧至 M 点→铣左侧面至 N 点→铣左下角斜面至 A 点→沿 AB 延伸段直线切出至内框宽度中点→沿 Y 负向退出至轮廓外部→Z 向退刀。

④ 钻工艺孔加工选用 G81/G99 指令;加注切削液选用 M08/M09 指令;铣槽加工选用 G01 指令;外轮廓加工选用 G02/G03 和 G01、G42/G40 刀具半径补偿指令。

⑤ 程序编制选用主程序调用子程序方式,主程序包括换刀,钻、工艺孔和铣封闭键槽等主要指令,子程序包括粗精铣外轮廓等指令。

⑥ 本例孔和键槽加工采用中心轨迹编程,外轮廓按图样数据编程,外轮廓刀具轨迹和基点坐标值如图 2-32 所示。

⑦ 本例外轮廓切入与切出路径选定在左下侧底面 AB 段,采用直线切入和切出的方式进行加工。

⑧ 数控加工程序:

O2012;	主程序号
G90 G17.G98 G40 G54;	程序初始化,建立工件坐标系 G54
G91 G28 Z0;	返回参考点
M06 T01;	换 01 号刀
M03 S800 M08;	主轴正转,转速 800 r/min,切削液开启
G90 G00 X18.0 Y0 Z10.0;	快速移动至右边孔中心上方 10 mm 处
G81 G99Z-10.0 R3.0 F30;	调用固定循环钻右边工艺孔
X-18.0;	调用固定循环钻左边工艺孔
G91 G28 Z0 M05;	返回参考点,主轴停止
M06 T02 G43 H02;	换 02 号刀,调用 2 号参数刀具长度补偿
M03 S400;	主轴正转,转速 400 r/min
G90 G00 X12.0 Y16.0 Z10.0;	调用 02 号参数刀具长度补偿,快速移动至键槽右端圆弧中心上方 10 mm 处
G01 Z-2.0 F30;	Z 向进给至铣削键槽深度
X-12.0;	沿 X 负向铣键槽
G00 Z10.0;	Z 向快速退刀

G91 G28 Z0 M05；	返回参考点，主轴停止
M06 T03 G43 H03；	换 03 号刀，调用 03 号参数刀具长度补偿
M03 S500；	主轴正转，转速 500 r/min
G90 G00 X-40.0 Y-32.0 Z10.0；	快速移动至外轮廓左侧切入段起点位置上方 10 mm 处
M98 P2112；	调用子程序粗铣外轮廓
G90 G00 Z10.0；	快速移动至外轮廓切出段终点位置上方 10 mm 处
G91 G28 Z0 M05；	返回参考点，主轴停止
M06 T04 G43 H04；	换 04 号刀，调用 4 号参数刀具长度补偿
M03 S400；	主轴正转，转速 400 r/min
G90 G00 X-40.0 Y-32.0 Z10.0；	快速移动至外轮廓左侧切入段起点位置上方 10 mm 处
M98 P2112；	调用子程序精铣外轮廓
G91 G28 Z0 M05 M09；	返回参考点，主轴停止，切削液关闭
M30；	程序结束，返回程序起始点
O2112；	铣外轮廓子程序号
G01 G42 Z-10.0 D03 F30；	Z 向移动至铣削深度位置，调用 03 号参数刀具半径右补偿
X-20.0；	X 向移动至左侧切入段起点位置
X-12.0；	铣下部 AB 侧面
Y-18.0；	铣内框 BC 侧面
G02 X-6.0 Y-12.0 R6.0；	顺时针圆弧插补铣削连接圆弧至 D 点
G01 X6.0；	铣内框顶部 DE 侧面
G02 X12.0 Y-18.0 R6.0；	顺时针圆弧插补铣削连接圆弧至 F 点
G01 Y-32.0；	铣内框右 FG 侧面
X16.0；	铣下部 GH 侧面
X32.0 Y-16.0；	铣右下角 HI 斜侧面
Y8.0；	铣右边 IJ 侧面
G03 X8.0 Y32.0 R24.0；	铣右上角连接圆弧 JK
G01 X-8.0；	铣上部 KL 侧面
G03 X-32.0 Y8.0 R24.0；	铣左上角连接圆弧 LM
G01 Y-16.0；	铣左边 MN 侧面
X-16.0 Y-32.0；	铣左下角 HI 斜侧面
X0；	X 向移动至切出段终点
Y-40.0；	Y 向移动至安全位置
G00 Z10.0；	Z 向快速退刀至工件在上方 10 mm 处
G40；	取消刀具半径补偿
M99；	返回主程序

（4）数控加工操作要点

① 基准孔实际加工注意控制粗精加工的余量和切削用量。

② 铣削键槽应注意刀具直径的尺寸精度和安装精度,以保证槽宽尺寸达到图样精度要求。

③ 铣削外轮廓应注意刀具轨迹坐标位置的正确性,采用刀具半径补偿进行加工应注意圆弧的尺寸误差控制。

④ 本例外轮廓的加工应采用直线延伸段切入和切出的路径,避免在切点处留有刀痕。

⑤ 本例尺寸精度较高的部位应注意坐标值或刀具半径补偿值的设置,粗铣后应进行预检,以确定刀具的补偿值,通常按中间公差值确定。

⑥ 因工件是两次装夹完成加工,因此,钻孔、铣键槽加工和外轮廓加工的工件位置找正应选定同一基准,如以预制件的底面为基准进行找正。

项目五　模具型腔型面加工

任务一　用数控铣床和加工中心铣削凹模的型腔型面

模具的种类比较多,有锻模、冲模、塑料模等,如图 2-33 所示。模具有凸模和凹模,或组合成凹凸模或凸凹模等。通常凸模的成型轮廓面常称为型面,而凹模的成型轮廓面常称为型腔。本书介绍的模具型面和型腔基本单元都属于应用手工编程的直线成型面凸台和凹腔,立体曲面须采用 CAD/CAM 软件进行自动编程。加工模具型面和型腔是数控铣床和加工中心常见的加工零件,编程和加工综合了各种数控指令。具体操作可参见以下实例。

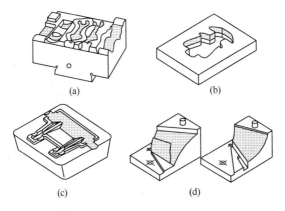

(a)　　　　　　　　　(b)

(c)　　　　(d)

图 2-33　模具种类示例

【例 2 - 13】 数控加工如图 2 - 34 所示的双面凹模,具体操作可参照以下步骤。

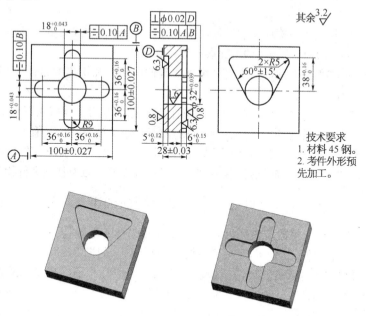

图 2 - 34 双面凹模

（1）图样分析

① 工件是立方体零件,外形尺寸 100 mm×100 mm×28 mm,端面表面粗糙度 $Ra0.8\ \mu m$,侧面表面粗糙度 $Ra3.2\ \mu m$。

② 中间基准通孔孔径 $\phi32^{+0.039}_{0}$ mm,与端面基准 D 垂直度 0.02 mm,与外形基准 A、B 对称度 0.10 mm,孔壁表面粗糙度 $Ra1.6\ \mu m$。

③ 十字槽宽度 $18^{+0.043}_{0}$ mm,端部圆弧 $R9$ mm,深度 $6^{+0.15}_{0}$ mm,相对基准 A 或 B 对称度 0.10 mm,槽侧表面粗糙度 $Ra3.2\ \mu m$,槽底表面粗糙度 $Ra3.2\ \mu m$。

④ 三角形凹腔深度 $5^{+0.12}_{0}$ mm,斜侧面与基准内孔相切;顶部侧面与基准孔中心位置尺寸 $38^{+0.16}_{0}$ mm,两顶角圆弧 $R5$ mm,斜侧面夹角 $60°\pm15'$,侧表面粗糙度 $Ra3.2\ \mu m$,底表面粗糙度 $Ra3.2\ \mu m$。

（2）加工准备

① 预制件为六面体,端面采用磨削加工。

② 工件装夹选用平口虎钳,装夹后找正工件顶面与工作台面平行,侧面与 X 向或 Y 向平行。

③ 选用 ϕ28 mm 标准麻花钻钻孔,镗杆直径 ϕ25 mm 镗刀镗孔;选用 ϕ16 mm 键槽铣刀粗铣十字槽,ϕ18 mm 键槽铣刀精铣十字槽;选用直径 ϕ8 mm 的键槽铣刀粗铣三角形凹腔,选用直径 ϕ10 mm 的键槽铣刀精铣三角形凹腔。

(3) 数控加工工艺

① 工件坐标系零点设定在工件顶面基准孔中心,按主视图位置设定 X、Y 轴方向。两面的凹腔翻身加工,可使用同一坐标系。

② 加工顺序:加工基准孔;加工十字槽;加工三角形凹腔。

③ 三角形凹腔加工路径:坐标零点 Z 向进给至凹腔底部→铣中间部分左边→铣中间部分上边→铣中间部分左边→圆弧切入至 A→铣右侧面至 B→铣上侧面至 b→铣左侧面至 a→圆弧切出至坐标零点→Z 向退刀。

④ 钻、镗加工选用 G81、G76/G99 指令;加注切削液选用 M08/M09 指令;铣槽加工选用 G01 指令。

⑤ 程序编制选用主程序调用子程序方式,主程序包括换刀,钻、镗基准孔等主要指令,子程序包括铣十字槽、铣三角形凹腔等指令。

本例采用中心轨迹编程,十字槽按图样数据编程,三角形凹腔的中心轨迹和基点坐标值如图 2-35 所示。

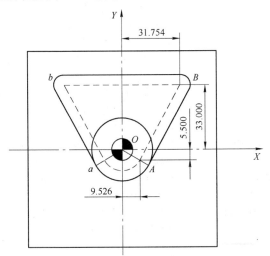

图 2-35 三角形凹腔坐标及基点坐标值

⑥ 数控加工程序：

O2013；	主程序号
G90 G17 G98 G40 G54；	程序初始化，建立工件坐标系 G54
G91 G28 Z0；	返回参考点
M06 T01；	换 01 号刀
M03 S400 M08；	主轴正转，转速 400 r/min，切削液开启
G90 G00 X0 Y0 Z10.0；	快速移动至工件坐标系零点上方 10 mm 处
G81 G99 Z－30.0 R3.0 F30；	调用固定循环钻基准孔
G91 G28 Z0 M05；	返回参考点，主轴停止
M06 T02 G43 H02；	换 02 号刀，调用 2 号参数刀具长度补偿
M03 S800；	主轴正转，转速 800 r/min
G90 G00 X0 Y0 Z10.0；	调用 02 号参数刀具长度补偿，快速移动至工件上方 10 mm 处
G76 G99 Z－20.0 R3.0 F50；	精镗基准孔
G91 G28 Z0 M05；	返回参考点，主轴停止
M06 T03 G43 H03；	换 03 号刀，调用 03 号参数刀具长度补偿
M03 S500；	主轴正转，转速 500 r/min
G90 G00 X0 Y0 Z10.0；	快速移动至工件坐标系零点上方 10 mm 处
M98 P2113；	调用子程序粗铣十字槽
G91 G28 Z0 M05；	返回参考点，主轴停止
M06 T04 G43 H04；	换 04 号刀，调用 4 号参数刀具长度补偿
M03 S400；	主轴正转，转速 400 r/min
G90 G00 X0 Y0 Z10.0；	快速移动至工件坐标系零点上方 10 mm 处
M98 P2113；	调用子程序精铣十字槽
M00；	程序暂停，工件翻身装夹
G91 G28 Z0 M05；	返回参考点，主轴停止
M06 T05 G43 H05；	换 05 号刀，调用 5 号参数刀具长度补偿
M03 S800；	主轴正转，转速 800 r/min
G90 G00 Z10.0；	快速移动至工件上方 10 mm 处
M98 P2213；	调用子程序粗铣三角形凹腔
G91 G28 Z0 M05；	返回参考点，主轴停止
M06 T06 G43 H06；	换 06 号刀，调用 06 号参数刀具长度补偿
M03 S800；	主轴正转，转速 800 r/min
G90 G00 Z10.0；	快速移动至工件上方 10 mm 处
M98 P2213；	调用子程序精铣三角形凹腔
G91 G28 Z0 M05 M09；	返回参考点，主轴停止，切削液关闭
M30；	程序结束，返回程序起点
O2113；	铣十字槽子程序号

G00 Z-6.0；	Z向快速移动至铣削深度位置
G01 X36.0 F20；	沿 X 正向铣右边槽
G00 Z2.0；	Z向退刀
X0 Y0；	XY向快速返回坐标零点
Z-6.0；	Z向快速移动至铣削深度位置
G01 Y36.0；	沿 Y 正向铣上边槽
G00 Z2.0；	Z向退刀
X0 Y0；	XY向快速返回坐标零点
Z-6.0；	Z向快速移动至铣削深度位置
G01 X-36.0；	沿 X 负向铣左边槽
G00 Z2.0；	Z向退刀
X0 Y0；	XY向快速返回坐标零点
Z-6.0；	Z向快速移动至铣削深度位置
G01 Y-36.0；	沿 Y 负向铣下边槽
G00 Z10.0；	快速移动至工件上方 10 mm 处
M99；	返回主程序
O2213；	铣三角形凹腔子程序号
G00 X0 Y0；	XY向快速移动至工件坐标系零点
Z-5.0；	Z向快速移动至铣削深度位置
G01 X19.0 Y28.0 F20；	铣三角型腔中部右侧
X-19.0；	铣三角型腔中部上侧
X0 Y0；	铣三角型腔中部左侧
G03 X9.53 Y-5.5 R5.5 F20；	圆弧切入方式至 A 点
G01 X31.76 Y33.0；	铣右侧面
X-31.76；	铣上侧面
X-9.53 Y-5.5；	铣左侧面
G03 X0 Y0 R5.5；	圆弧切出方式至零点
G00 Z10.0；	Z向快速退刀至工件在上方 10 mm 处
M99；	返回主程序

（4）数控加工操作要点

① 基准孔实际加工中可进行钻、镗、铰加工。

② 铣削精铣十字槽应注意刀具直径的尺寸精度和安装精度，以保证槽宽尺寸达到图样精度要求。

③ 铣削三角形凹腔应注意中心轨迹的坐标位置的正确性，实际加工中也可采用轮廓编程，此时需采用刀具半径补偿进行加工。

④ 三角形凹腔的加工应采用圆弧切入和切出的路径，避免在切点处

留有刀痕。

⑤ 本例的尺寸和形位公差精度要求比较高,需要使用内径千分尺和百分表等量具进行过程测量和检验。十字槽槽宽尺寸可采用塞规进行检验测量。

⑥ 工件翻身装夹前,将刀具处于工件坐标零点上方,工件翻身后,移动工件,找正基准孔与机床主轴的同轴度,以使两端坐标系零点重合。

任务二　用数控铣床和加工中心铣削凸模的型腔型面

在用手工编程的模具型面型腔时,经常会有精度要求较高的零件,此时应采用粗精加工的方法,粗加工后应进行仔细的预检,通常内外轮廓都应采用刀具半径补偿的方法进行加工,以便通过换刀和调整刀具的半径补偿值进行加工尺寸的精度控制。对于对称度等技术要求,需要通过仔细对刀操作和工件的装夹位置找正操作来达到精度要求。对于需要翻身或转位装夹的零件,应注意坐标位置的找正精度,使用同一坐标系的,需要采用同一基准进行装夹位置的找正。具体操作可参见以下实例。

【例 2-14】　数控加工如图 2-36 所示的六角凸台型腔,具体操作可参照以下步骤。

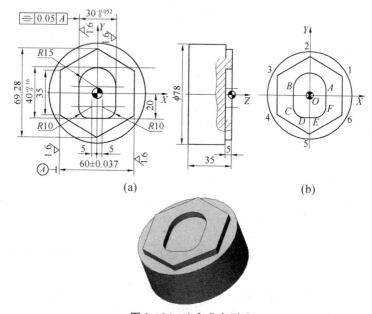

图 2-36　六角凸台型腔

(a) 零件图；(b) 坐标系及其基点

（1）图样分析

① 本例工件外形为圆柱体 $\phi 78$ mm×35 mm。

② 本例凸台外轮廓为正六边形，边长 35 mm，对边宽度(60±0.037) mm，对角尺寸 69.28 mm，深度 5 mm。轮廓对称中心与圆柱体端面中心重合。

③ 凹腔内轮廓由圆弧和直线构成，顶部圆弧面 $R15$ mm，下部两角连接圆弧 $R10$ mm，底面至工件对称中心尺寸为 20 mm，内轮廓对垂直坐标轴左右对称，轮廓高度 $40^{+0.16}_{0}$ mm，宽度尺寸 $30^{+0.052}_{0}$ mm，深度 5 mm，宽度尺寸与六角对边基准 A 对称度公差为 0.05 mm。

④ 内外轮廓侧面的表面粗糙度为 $Ra1.6$ μm。

（2）加工准备

① 预制件为圆柱体 $\phi 78$ mm×35 mm，由车削加工完成，端面与圆柱面轴线垂直，两端面平行。

② 选用三爪自定心卡盘装夹工件，工件装夹后找正端面与工作台面平行。

③ 选用两把 $\phi 10$ mm 键槽铣刀粗精加工内外轮廓。

（3）数控加工工艺

① 工件坐标系零点设定在工件端面中心，如图 2-36 所示。

② 加工步骤：粗加工内外轮廓；精加工内外轮廓。

③ 按轮廓形状编程，选用刀具半径补偿指令 G42/G40 加工；其他指令按常规选用。

④ 如图 2-36b 所示，外轮廓刀具路径：沿 1-6 线段延伸段切入起点 Z 向进给至铣削深度→铣侧面 6-1，1-2，2-3…（依次加工）→铣侧面 6-1 并沿延伸段切出；内轮廓刀具路径：O 点 Z 向进给切入，按 $O→A→B→C→D→O$，加工内轮廓，由坐标零点 O 退刀切出。

⑤ 数控加工程序：

O2014；	主程序号
G54 G40 G17 G98 G21；	程序初始化，建立工件坐标系 G54
G91 G28 Z0；	返回参考点
M06 T01；	换 01 号刀
M03 S600 M08；	主轴正转，转速 600 r/min，切削液开启
G90 G00 Z10.0；	快速移动至工件上方 10 mm 处
M98 P2114；	调用子程序粗铣内外轮廓
G91 G28 Z0 M05；	返回参考点，主轴停止
M06 T02 G43 H02；	换 02 号刀，调用 02 号参数刀具长度补偿

M03 S800；	主轴正转,转速 800 r/min
G90 G00 Z10.0；	快速移动至工件上方 10 mm 处
M98 P2114；	调用子程序精铣内外轮廓
G91 G28 Z0 M05 M09；	返回参考点,主轴停止,切削液关闭
M30；	程序结束,返回程序起始点
O2114；	粗精铣轮廓子程序号
G90 G00 X50.0 Y0；	XY 向快速移动至铣外轮廓周边余量预备位置
Z-5.0；	Z 向快速移动至铣削深度位置
G01 X41.0 F30；	X 向移动至铣外轮廓周边余量始点,进给量 30 r/min
G02 X41.0 R-41.0；	顺时针圆弧插补铣外轮廓周边余量
G42 G01 X30.0 Y-30.0 D01；	调用 01 号参数刀具半径右补偿,XY 向移动至 1-6 侧面切入延伸段始点
Y17.32；	铣六角右侧面至点 1
X0 Y34.64；	铣六角右上侧面至点 2
X-30.0 Y17.32；	铣六角左上侧面至点 3
Y-17.32；	铣六角左侧面至点 4
X0 Y-34.64；	铣六角左下侧面至点 5
X30.0 Y-17.32；	铣六角右下侧面至点 6
Y30.0；	沿 6-1 侧面至切出段终点位置
G00 Z2.0；	Z 向快速退刀至工件上方 2 mm 处
G40；	取消刀具半径补偿
G41 G01 X0 Y-12.0 D01；	调用 01 号参数刀具半径左补偿,XY 向移动至内轮廓切入点
Z-5.0；	Z 向进给切入至内轮廓铣削深度位置
X0 Y5.0；	XY 向移动至轮廓切入始点位置
G03 X15.0 R7.5；	逆时针插补圆弧切入至点 A
G03 X-15.0 Y5.0 R15.0；	逆时针插补铣内轮廓顶部圆弧面至点 B
G01 Y-10.0；	直线插补铣内轮廓左侧面至点 C
G03 X-5.0 Y-20.0 R10.0；	逆时针插补铣内轮廓左下角连接圆弧至点 D
G01 X5.0；	直线插补铣底面至点 E
G03 X15.0 Y-10.0 R10.0；	逆时针插补铣内轮廓右下角连接圆弧至点 F
G01 Y5.0；	直线插补铣内轮廓右侧面至点 A
G03 X0 R7.5；	逆时针插补铣圆弧切出段终点
G40；	取消刀具半径补偿
G01 X0 Y-10.0；	铣中间残留部分
G00 Z10.0；	Z 向快速移动至工件上方 10 mm 处
M99；	返回主程序

（4）数控加工操作和检验要点

① 本例在实际加工中也可使用刀具中心轨迹编程，以简化程序编制，外轮廓向外偏移刀具半径，内轮廓向内偏移刀具半径，各基点坐标可通过 CAD 绘图获得。

② 内轮廓使用刀具半径补偿时，应注意在工件上方进行半径补偿的动作，避免损坏内轮廓表面。

③ 在铣外轮廓时，可在右下侧面 5 - 6 设置切出延伸段，延伸段终点的坐标值可通过 CAD 绘图获得，以免重复铣削右侧面 6 - 1 影响对边尺寸精度。

④ 本例的对边宽度检验选用内外径千分尺测量，对称度也可通过测量内外轮廓侧面之间的尺寸进行检验，若左右侧面之间的尺寸一致性误差在 0.05 mm 之内，则对称度符合图样技术要求。轮廓侧面的表面粗糙度检测，可用周铣纹理的 $Ra1.6\ \mu m$ 的表面粗糙度样板进行比照检测。

【例 2 - 15】 数控加工如图 2 - 37 所示的方形凸台型腔，具体操作可参照以下步骤。

（1）图样分析

① 本例外形为正方形凸台零件，主要结构要素包括圆角方形底座、圆角方形凸台、对称敞开式直角槽、对称封闭式键槽。

② 圆角方形底座对边尺寸（75±0.037）mm×（75±0.037）mm，高度 12 mm，四圆角 $R10$ mm，四圆角轮廓度要求 0.06 mm。

③ 圆角方形凸台对边尺寸（55±0.023）mm×（55±0.023）mm，高度 $10^{+0.09}_{0}$ mm，四圆角 $R5$ mm。

④ 敞开式直角槽宽度 $16^{+0.043}_{0}$ mm，与外形对边基准 A 对称度 0.03 mm，深度 $8^{+0.09}_{0}$ mm。

⑤ 封闭式键槽宽度 $16^{+0.043}_{0}$ mm，与外形对边基准 B 对称度 0.03 mm，深度 $8^{+0.09}_{0}$ mm，端面长度 $50^{+0.10}_{0}$。

⑥ 侧面表面粗糙度要求 $Ra3.2\ \mu m$，凸台底面表面粗糙度要求 $Ra6.3\ \mu m$。

（2）加工准备

① 预制件为六面体 76 mm×76 mm×（22±0.065）mm，尺寸（22±0.065）mm 两平面应达到图样要求，可采用磨削加工，以保证尺寸精度和平行度、平面度要求。侧面应与底面垂直、相互平行，保证精加工余量。

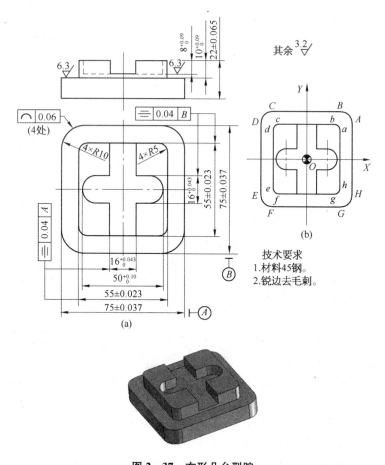

图 2 - 37   方形凸台型腔

（a）零件图；（b）工件坐标及其基点

② 工件选用机用平口虎钳装夹，加工方形圆角底座部分，工件装夹以顶面和侧面为基准；加工凸台和键槽等，工件装夹以底面和侧面为基准。工件装夹后，应找正顶面或底面基准与工作台面平行，侧面基准与 X 向平行。

③ 选用直径 $\phi12$ mm 的立铣刀粗精铣方形底座和凸台周边和圆角；选用 $\phi14$ mm 键槽铣刀和 $\phi16$ mm 键槽铣刀粗精铣敞开式键槽和封闭式键槽。

（3）**数控加工工艺**

①　工件坐标系零点设置在工件顶面(或底面)对称中心,型腔轮廓对称布置,如图 2-37b 中用字母标注的各基点位置。

②　加工顺序:加工方形圆角底座部分。工件翻身装夹后,加工方形圆角凸台;加工敞开式直角槽;加工封闭式键槽。

③　方形轮廓加工路径:点 $A(a)$ 右侧切入始点上方→Z 向进给至铣削深度→圆弧插补切入至点 $A(a)$→铣右上圆角至点 $B(b)$→铣上侧面至点 $C(c)$→铣左上圆角至点 $D(d)$→铣左侧面至点 $E(e)$→铣右下圆角至点 $F(f)$→铣下侧面至点 $G(g)$→铣右下圆角至点 $H(h)$→铣右侧面至 $A(a)$→圆弧插补切出至点 $A(a)$ 右侧终点→Z 向退刀。

④　选用圆弧插补 G02/G03 指令加工圆弧面;选用直线插补 G00/G01 指令加工平面和快速移动;选用刀具半径补偿加工轮廓并控制加工精度。

⑤　采用主程序和子程序的方式,换刀进行轮廓粗精加工。槽加工比较简单,换刀粗精加工在主程序中完成。

⑥　数控加工程序:

O2015;	主程序号
G54 G40 G17 G98 G21;	程序初始化,建立工件坐标系 G54
G91 G28 Z0;	返回参考点
M06 T01;	换 01 号刀
M03 S600;	主轴正转,转速 600 r/min
G90 G00 Z10.0;	快速移动至工件上方 10 mm 处
M98 P2115;	调用子程序粗铣方形圆角底座轮廓
G91 G28 Z0 M05;	返回参考点,主轴停止
M06 T02 G43 H02;	换 02 号刀,调用 02 号参数刀具长度补偿
M03 S800;	主轴正转,转速 800 r/min
G90 G00 Z10.0;	快速移动至工件上方 10 mm 处
M98 P2115;	调用子程序精铣方形圆角底座轮廓
G91 G28 Z0 M05;	返回参考点,主轴停止
M00;	程序暂停,工件翻身装夹
G91 G28 Z0;	返回参考点
M06 T01;	换 01 号刀
M03 S600;	主轴正转,转速 600 r/min
G90 G00 Z10.0;	快速移动至工件上方 10 mm 处
M98 P2215;	调用子程序粗铣凸台方形圆角轮廓
G91 G28 Z0 M05;	返回参考点,主轴停止
M06 T02 G43 H02;	换 02 号刀,调用 02 号参数刀具长度补偿
M03 S800;	主轴正转,转速 800 r/min

G90 G00 Z10. 0；	快速移动至工件上方 10 mm 处
M98 P2215；	调用子程序精铣凸台方形圆角轮廓
G91 G28 Z0 M05；	返回参考点,主轴停止
M06 T03 G43 H03；	换 03 号刀,调用 03 号参数刀具长度补偿
M03 S400；	主轴正转,转速 400 r/min
G90 G00 X0 Y40. 0 Z10. 0；	快速移动至粗铣敞开式直角槽起点,工件上方 10 mm 处
Z-8. 0；	Z 向快速移动至凸台铣削深度位置
G01 Y-40. 0 F30；	沿 Y 负向粗铣敞开式直角槽,进给量 30 mm/min
Y0 F100；	Y 向移动至工件零点位置,进给量 100 mm/min
X17. 0 F30；	粗铣右侧封闭键槽
X0 F100；	X 向移动至工件零点位置,进给量 100 mm/min
X-17. 0 F30；	粗铣左侧封闭键槽
G00 Z10. 0；	快速移动至工件上方 10 mm 处
G91 G28 Z0 M05；	返回参考点,主轴停止
M06 T04 G43 H04；	换 04 号刀,调用 04 号参数刀具长度补偿
M03 S600；	主轴正转,转速 600 r/min
G90 G00 X0 Y40. 0 Z10. 0；	快速移动至敞开式直角槽起点,工件上方 10 mm 处
Z-8. 0；	Z 向快速移动至铣槽深度位置
G01 Y-40. 0 F30；	精铣敞开式直角槽
G00 Z10. 0；	快速移动至工件上方 10 mm 处
X17. 0 Y0；	XY 向快速移动至封闭键槽右端圆弧中心位置
G01 Z-8. 0；	Z 向进给至键槽铣削深度位置
X-17. 0 F30；	沿 X 负向精铣封闭键槽
G00 Z10. 0；	快速移动至工件上方 10 mm 处
G91 G28 Z0 M05；	返回参考点,主轴停止
M30；	程序结束,返回程序起始点
O2115；	粗精铣方形圆角底座轮廓子程序号
G90 G00 X77. 5 Y27. 5；	XY 向快速移动至铣外轮廓预备位置
Z-23. 0；	Z 向移动至铣削深度位置
G42 G01 X57. 5 D01 F20；	调用 01 号参数刀具半径右补偿,XY 向移动至圆弧插补至点 A 切入段始点
G02 X37. 5 R10. 0；	圆弧插补切入至点 A
G03 X27. 5 Y37. 5 R10. 0；	铣右上角圆弧面至点 B
G01 X-27. 5；	铣上侧面至点 C
G03 X-37. 5 Y27. 5 R10. 0；	铣左上角圆弧面至点 D
G01 Y-27. 5；	铣左侧面至点 E
G03 X-27. 5 Y-37. 5 R10. 0；	铣六角左下角圆弧面至点 F

G01 X27.5；	铣下侧面至点 *G*
G03 X37.5 Y－27.5 R10.0；	铣右角圆弧面至 *H*
G01 Y27.5；	铣右侧面至 *A*
G02 X57.5 Y27.5 R10.0；	圆弧插补至 *A* 点右侧切出段终点
G40；	取消刀具半径补偿
G00 Z10.0；	*Z* 向快速移动至工件上方 10 mm 处
M99；	返回主程序

O2215；	粗精铣方形圆角凸台轮廓子程序号
G90 G00 X67.5 Y22.5；	*XY* 向快速移动至铣凸台轮廓预备位置
Z－10.0；	*Z* 向快速移动至铣削深度位置
G42 G01 X47.5 D01 F20；	调用 01 号参数刀具半径右补偿，*XY* 向移动至圆弧插补至点 *A* 切入段始点
G02 X27.5 R10.0；	圆弧插补切入至点 *a*
G03 X22.5 Y27.5 R5.0；	铣右上角圆弧面至点 *b*
G01 X－22.5；	铣上侧面至点 *c*
G03 X－27.5 Y22.5 R5.0；	铣上左角圆弧面至点 *d*
G01 Y－22.5；	铣左侧面至点 *e*
G03 X－22.5 Y－27.5 R5.0；	铣六角左下角圆弧面至点 *f*
G01 X22.5；	铣下侧面至点 *g*
G03 X27.5 Y－22.5 R5.0；	铣下角圆弧面至 *h*
G01 Y22.5；	铣右侧面至 *a*
G02 X47.5 R10.0；	圆弧插补至 *a* 点右侧切出段终点
G40；	取消刀具半径补偿
G00 Z10.0；	*Z* 向快速移动至工件上方 10 mm 处
M99；	返回主程序

（4）**数控加工操作和检验要点**

① 本例方形圆角的对边尺寸精度要求比较高，因此需要仔细预检调整刀具半径补偿的参数值，保证加工达到图样技术要求。工件翻身装夹需要采用同一侧面作为装夹基准，以保证工件坐标系零点重合。

② 方形凸台和底座的切入和切出点选定在 *A*(*a*)点，切入始点和切出终点是同一位置，设定在 *A*(*a*)点右侧 *X* 轴增量值 20 mm 处，因轮廓加工选用 G42 刀具半径右补偿，因此圆弧插补指令应注意选用 G03 指令。

③ 本例凸台和槽的深度尺寸精度要求比较高，可在 *Z* 向对刀后，合理设置刀具长度补偿参数，以保证型腔的深度尺寸精度要求。

④ 本例的轮廓检验选用外径千分尺，若测量位置比较小，可选用公法

线百分尺进行检验,公法线百分尺如图 2-38 所示。槽宽的检验采用内径千分尺或塞规,深度检验选用深度千分尺。

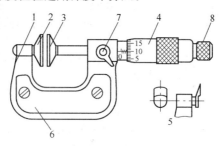

图 2-38 公法线百分尺

1—尺架；2—测砧；3—活动测砧；4—微分筒；5—半
圆测砧；6—隔热装置；7—锁紧装置；8—测力装置

模块三　数控车床批量生产零件和特殊零件加工

内 容 导 读

批量生产零件和特殊零件大多是综合性的零件，前者举例主要是为了帮助读者适应数控车床岗位工作的需要，后者举例主要是为了帮助读者解决生产难题，适应应试应考的需要。批量生产的基本要求是保质保量，特殊加工的基本要求是解决生产和技能考核的难点。学会数控车床多件加工和组合加工，综合应用数控车削基本加工技能进行常见生产零件的加工，能应用各种夹具解决难装夹零件的加工，是数控车工岗位的基本技能要求；掌握各种单件零件的数控车削加工，是生产和考核的双重技能要求；特殊螺纹零件的加工和配合零件的数控车削加工是技能鉴定考核的提高性要求。本模块以GSK980TDb系统为主进行数控车削生产和特殊零件手工编程实例介绍。

项目一　批量生产零件加工

任务一　批量轴类零件的数控车削加工

传动轴是常见的批量生产零件，传动轴的数控车削加工包括外圆柱面、外圆锥面、端面和倒角、环形端面和连接圆弧、外圆沟槽、外螺纹、中心孔等结构要素。传动轴的工艺规程通常包括粗车、热处理调质、半精车和精车、磨削、铣削等。零件上外轮廓的加工精度大多由数控车削的半精加工和精加工完成。在加工批量传动轴时，可根据该零件的结构特点，灵活应用G01、G02、G03、G90、G94、G71、G72、G73等各种准备功能指令。在GSK980TDb系统中，还可以应用倒角的特殊功能，以简化程序的编制内容。

【例3-1】 数控车削加工如图3-1所示的转子轴,具体方法和步骤如下。

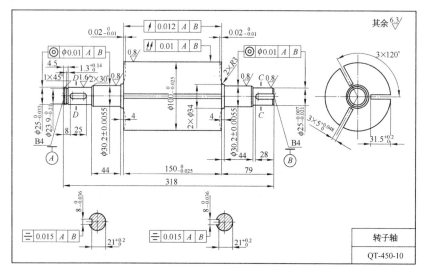

图3-1 转子轴

(1) 图样分析

① 本例为真空泵转子轴,主要结构包括端面、台阶外圆柱面和环形端面、倒角、挡圈槽、连接圆弧、两端中心孔等。

② 左端:台阶外圆 $\phi 25_{-0.033}^{0}$ mm×41 mm,$\phi(30.2\pm0.005\,5)$ mm×44 mm,$\phi34$ mm×4 mm,连接圆弧 $R3$ mm,端面倒角 $C1$ mm,$2\times30°$;中部 $\phi100_{-0.025}^{0}$ mm×150 mm。右端:台阶外圆 $\phi25_{-0.033}^{0}$ mm×31 mm,$\phi(30.2\pm0.005\,5)$ mm×44 mm、$\phi34$ mm×4 mm,连接圆弧 $R3$ mm,端面倒角 $C1$ mm,$2\times30°$;工件总长 318 mm;工件两端面中心孔 $2\times B4$;支承轴颈与中心孔

基准同轴度公差 $\phi 0.01$ mm；中间圆柱环形端面与基准中心孔跳动允差小于 0.012 mm；外圆与基准中心孔轴线跳动允差小于 0.01 mm。

③ 本例支承和中间外圆表面粗糙度为 $Ra0.8$ μm 因此车削加工中应留有磨削余量。

（2）加工准备

① 铸件，各面加工余量 3～5 mm。

② 工件选用自定心卡盘装夹；在加工两端面中心孔后，采用两顶尖装夹工件进行加工。

③ 选用 $\phi 4$ mm B 型中心钻加工两端中心孔；外圆车刀加工台阶外圆、中间圆柱面、端面和倒角。

④ 外圆柱面和轴向长度等采用游标卡尺、外径千分尺和百分表进行测量和检验。

（3）数控加工工艺　本例选用 KND1000T 数控系统编程加工。

① 选用 G01、G02 等基本指令加工台阶外圆、台阶端面、倒角、连接圆弧等。修整中心孔可采用底部停顿 1.5 ms 的方法提高中心孔的加工精度。

② 数控加工过程。两端加工中心孔；左端：车端面→车倒角→车台阶外圆 $\phi 25$ mm→车环形端面→车导向倒角→车台阶外圆 $\phi 30.2$ mm→车台阶端面→车外圆 $\phi 34$ mm 及连接圆弧 $R3$ mm→车中间外圆左侧环形端面→车中间圆柱面→车挡圈槽；右端：车端面→车倒角→车台阶外圆 $\phi 25$ mm→车台阶端面→车导向倒角→车台阶外圆 $\phi 30.2$ mm→车台阶端面→车台阶外圆 $\phi 34$ mm 及连接圆弧 $R3$ mm→车中间外圆右侧环形端面。

③ 工件坐标系零点设置在两端面中心；向上、向右为 X、Z 轴正方向。

④ 本例采用相同程序换刀进行粗精加工，批量生产中在两端粗加工后修正中心孔，然后进行精加工，磨削加工部位留有余量。粗精加工可应用同一个加工程序，但使用的刀具应按工序余量进行位置补偿，保证外圆和端面的精加工余量。

⑤ 数控加工程序：

O3001；	左端加工程序号
G98 G90 G21；	程序初始化
T0202 M3 S800；	换 02 号刀具，主轴正转，转速 800 r/min
G0 X0 Z5；	快速移动至钻中心孔起点
G1 Z - 5 F20；	钻中心孔
G0 Z5；	Z 向快速退刀

G28 U0 W0;	返回参考点
T0101 M3 S500;	换 01 号刀具,选择 01 号刀补,主轴正转,转速 500 r/min
G0 X50 Z0;	快速移动至车端面起点
G1 X0 F30;	车端面
W1;	Z 向退刀
G0 X21;	快速移动至倒角起点
G1 X25 Z-1;	车倒角 C1 mm
Z-41;	车外圆 ϕ25 mm 至尺寸
X29.7;	车环形端面
X30.5 W-2.5;	车导向倒角
Z-85;	车外圆 ϕ30.2 mm 至 ϕ30.5 mm,留磨削余量 0.3 mm
X34;	车台阶面
W-1;	车外圆 ϕ34 mm 至连接圆弧起点
G2 X40 W-3 R3;	车连接圆弧 R3 mm
G1 X100.4;	车中间外圆左侧环形端面
W-155;	车中间外圆,留磨削余量 0.4 mm
G28 U0 W0;	返回参考点
T0303 S300;	换 03 号刀具,转速 300 mm/min
G0 X30 Z-4.5;	快速移动至左端挡圈槽切槽起点
G1 X23.9;	挡圈槽切槽加工
U30;	X 向快速退刀
G28 U0 W0;	返回参考点
M5;	主轴停止
M30;	程序结束,返回程序起始点

右端的加工程序与左端类似,可调整 ϕ25 mm 的加工尺寸为 ϕ25.4 mm,因右端 ϕ25 mm 表面粗糙度为 Ra0.8 μm;同时调整该外圆的车削轴向长度为 31 mm。删除车中间外圆和挡圈槽的程序段。

(4) 数控加工操作要点

① 车削批量转子轴应注意按工艺要求在规定的部位留磨削精加工余量 0.3~0.8 mm。按零件图加工的可按表面粗糙度要求高于 Ra1.6 μm 的部位留磨削余量。

② 精加工修整两端中心孔应以中间外圆为装夹定位基准,保证中心孔轴线同轴。

③ 本例批量生产必须先粗后精,即两端粗加工后修整中心孔,然后进行两端精加工。精加工的余量一般为 0.8~1.2 mm。

④ 粗精加工的切削用量可参见表 3-1。

表 3-1　车削速度的参考值

工件材料	热处理状态	$a_p=0.3\sim2$ mm $f=0.08\sim0.3$ mm/r	$a_p=2\sim6$ mm $f=0.3\sim0.6$ mm/r	$a_p=6\sim10$ mm $f=0.6\sim1$ mm/r
		v_c(m/min)		
低碳钢 易切削钢	热轧	140～180	100～120	70～90
中碳钢	热轧	130～160	90～110	60～80
	调质	100～130	70～90	50～70
合金结构钢	热轧	100～130	70～90	50～70
	调质	80～110	50～70	40～60
工具钢	退火	90～120	60～80	50～70
灰铸铁	＜190 HBW	90～120	60～80	50～70
	90～225 HBW	80～110	50～70	40～60
高锰钢 ($\omega_{MN}=13\%$)			10～20	
铜及铜合金		200～250	120～180	90～120
铝及铝合金		300～600	200～400	150～200
铸铝合金 ($\omega_{Si}=13\%$)		100～180	80～150	60～100

注：易切削钢及灰铸铁时刀具使用寿命约为 60 min。

【例 3-2】　数控车削加工如图 3-2 所示的油泵传动轴,具体方法和步骤如下。

（1）图样分析

① 本例为油泵传动轴,主要结构包括端面、台阶外圆柱面和圆锥面、倒角、退刀槽、外螺纹等。

② 左端:外螺纹 M20×1.5,特形退刀槽 $\phi18$ mm×4 mm;1：5 外圆锥面;台阶外圆 $\phi(35\pm0.008)$ mm×19 mm,$\phi40$ mm×32 mm;端面倒角 C1 mm。右端:台阶外圆直径 $\phi29_{-0.027}^{0}$ mm×45 mm,$\phi31_{-0.195}^{-0.065}$ mm×18 mm、$\phi(35\pm0.008)$ mm×19 mm、总长 193_{-2}^{0} mm;工件两端面中心孔 2×B2.5/8;外圆锥面与支承基准 AB 同轴度公差 $\phi0.04$ mm;右端台阶外圆 $\phi29$ mm 与支承基准同轴度公差 $\phi0.04$ mm。螺纹端倒角 C1.5 mm,另六处倒角 C1 mm。

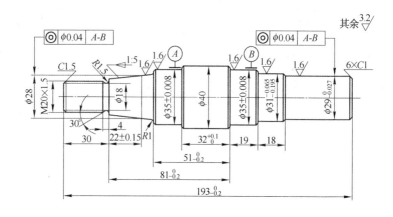

图 3-2 传动轴

③ 本例表面粗糙度为 $Ra1.6\ \mu m$ 部位进行磨削加工,因此车削加工中应留有磨削余量。

(2) 加工准备

① 锻件或调质圆钢,本例用圆钢 $\phi45\ mm \times 198\ mm$。

② 工件选用自定心卡盘装夹;在加工两端面中心孔后,可采用两顶尖装夹工件进行加工。

③ 按左端螺纹外径,选用 $\phi2.5\ mm$ B 型中心钻加工两端中心孔;外圆车刀加工台阶外圆、外圆锥面和中间外圆、端面和倒角;成形刀加工螺纹退刀槽;外螺纹车刀加工外螺纹。

④ 外圆柱面和端面尺寸等采用游标卡尺、外径千分尺和百分表进行测量和检验;外螺纹采用螺纹环规检测;圆锥面采用专用套规检测。

(3) 数控加工工艺 本例应用 FANUC 0iT 数控系统编程加工。

① 选用 G71/G70 指令加工台阶外圆、外圆锥、台阶端面、倒角等。选用 G92 指令加工外螺纹。

② 数控加工过程。两端加工中心孔;左端:车端面→车倒角→车外螺

纹外圆 ϕ20 mm→车环形端面→车 1∶5 外圆锥面→车环形端面→车倒角→车台阶外圆 ϕ35 mm→车台阶端面→车倒角→车退刀槽→车外螺纹；右端：车端面→车倒角→车台阶外圆 ϕ29 mm→车台阶端面→车倒角→车台阶外圆 ϕ31 mm→车台阶端面→车倒角→车台阶外圆 ϕ35 mm→车台阶端面→车倒角→车中间外圆柱面。

③ 工件坐标系零点设置在两端面中心；向上、向右为 X、Z 轴正方向。

④ 数控加工程序：

O3002；	右端加工程序号
G98 G40 G21；	程序初始化
T0202 M03 S800；	换 02 号刀具，主轴正转，转速 800 r/min
G00 X0 Z5.0；	快速移动至钻中心孔起点
G01 Z - 10.0 F20；	钻中心孔
G00 Z5.0；	Z 向快速退刀
G28 U0 W0；	返回参考点
T0101 M03 S500；	换 01 号刀具，选择 01 号刀补，主轴正转，转速 500 r/min
G00 X50.0 Z0；	快速移动至车端面起点
G01 X0 F30；	车端面
W1.0；	Z 向退刀
G00 X45.0 Z5.0；	快速移动至外圆循环起点
G71 U2.0 R0.5；	调用外圆循环车右端四级外圆
G71 P10 Q100 U05 W.05 F30；	调用程序段 N10～N100，精加工余量 0.5 mm，进给速度 30 mm/min
N10 G00 X25.0 Z1.0；	快速移动至倒角起点
G01 X29.5 Z - 1.25；	车倒角
Z - 45.0；	车外圆 ϕ29 mm 至 ϕ29.5 mm，留磨削余量 0.5 mm
X31.5 W - 1.25；	车倒角
W - 18.0；	车外圆 ϕ31 mm 至 ϕ31.5 mm，留磨削余量 0.5 mm
X33.0；	车台阶面
X35.6 W - 1.25；	车倒角
W - 19.0；	车外圆 ϕ35 mm 至 ϕ35.6 mm，留磨削余量 0.6 mm
X38.0；	车中间外圆右侧端面
X42.0 W - 2.0；	车倒角
N100 W - 35.0；	车中间外圆 ϕ40 mm
G70 P10 Q100；	精车四级外圆
G28 U0 W0；	返回参考点
G28 U0 W0；	返回参考点
M05；	主轴停止

M30；	程序结束,返回程序起始点
O3102；	左端加工程序号
G98 G40 G21；	程序初始化
G28 U0 W0；	返回参考点
T0202 M03 S1000；	换 02 号刀具,主轴正转,转速 1 000 r/min
G00 X0 Z5.0；	快速移动至钻中心孔起点
G01 Z - 10.0 F20；	钻中心孔
G00 Z5.0；	Z 向快速退刀
G28 U0 W0；	返回参考点
T0101 S800；	换 01 号刀具,选择 01 号刀补,主轴正转,转速 800 r/min
G00 X50.0 Z0；	快速移动至车端面起点
G01 X0 F30；	车端面
W1.0；	Z 向退刀
G00 X45.0 Z2.0；	快速移动至车外圆循环起点
G71 U2.0 R0.5；	调用外圆粗车循环
G71 P10 Q100 U0.5 W0.5 F30；	调用程序段 N10～N100,精加工余量 0.5 mm,进给量 30 mm/min
N10 G00 X16.0 Z1.0；	快速移动至端面倒角起点
G01 X20.0 Z - 1.0；	车倒角
Z - 30.0；	车 M20 mm 外圆 ϕ20 mm
X23.9；	车台阶端面,圆锥面小端留 0.3 mm 余量
X29.9 Z - 60.0；	车圆锥面,大端留磨削余量 0.3 mm
X33.0；	车端面
X35.6 W - 1.3；	车倒角
W - 19.0；	车外圆 ϕ35 mm 至 ϕ35.6 mm,留磨削余量 0.6 mm
X38.0；	车中间外圆左侧端面
N100 X42.0 W - 2.0；	车倒角
G70 P10 Q100；	精车左端外轮廓
G28 U0 W0 ；	返回参考点
T0404 S300；	换 04 号刀具,转速 300 mm/min
G00 X30.0 Z - 30.0；	快速移动至退刀槽切槽起点
G01 X18.0 F30；	退刀槽切槽加工
G00 X50.0；	X 向快速退刀
G28 U0 W0；	返回参考点
T0303 S500；	换 03 号刀具,转速 500 mm/min
G00 X20.0 Z5.0；	快速移动至车螺纹起点
G92 X19.5 Z - 29.5 F1.5；	车螺纹第一刀

X19.2;

X18.9;

X18.7;

X18.4;

G28 U0 W0;　　　　　　返回参考点

M05;　　　　　　　　主轴停止

M30;　　　　　　　　程序结束,返回程序起始点

（4）数控加工操作要点

① 车削批量油泵传动轴应注意按工艺要求在规定的部位留磨削精加工余量 $0.3 \sim 0.8$ mm。按零件图加工的可按表面粗糙度要求 $Ra 1.6 \ \mu m$ 的部位留磨削余量。

② 加工两端中心孔应保证中心孔轴线同轴,检测中注意支承基准与顶尖孔的同轴度。

③ 本例加工退刀槽注意槽的廓形。

④ 圆锥面的小端与大端直径可按理论尺寸 $\phi 28$ mm 和轴向尺寸 22 mm 进行计算,本例小端直径 $28 - (22 \div 5) = 23.6$ mm,大端直径 $28 + (8 \div 5) = 29.6$ mm。

【例 3-3】 数控车削加工如图 3-3 所示的齿轮轴,具体方法和步骤如下。

（1）图样分析

① 本例为齿轮传动轴,主要结构包括端面、台阶外圆柱面、倒角、退刀槽等。

② 左端:台阶外圆 $\phi 30_{-0.021}^{0}$ mm×21 mm, $\phi 24_{-0.021}^{0}$ mm×30 mm,端面倒角 C1 mm;齿部齿顶圆直径 $\phi 55_{-0.074}^{0}$ mm×24 mm。右端:台阶外圆直径 $\phi 28_{-0.021}^{0}$ mm×25 mm、$\phi 25_{-0.021}^{0}$ mm×40 mm、$\phi 22_{-0.021}^{0}$ mm×40 mm,总长 180 mm;工件两端面中心孔 2×B2.5/8;齿顶圆与中心孔基准同轴度公差 0.028 mm;各台阶外圆与中心孔基准同轴度公差 0.03 mm。四条退刀槽 3 mm×1 mm,槽侧轴向位置紧靠环形端面。

③ 本例台阶外圆表面粗糙度为 $Ra 0.8 \ \mu m$ 因此车削加工中应留有磨削余量。

（2）加工准备

① 锻件或圆钢,本例用圆钢 $\phi 60$ mm×190 mm。

② 工件选用自定心卡盘装夹;在加工两端面中心孔后,可采用两顶尖装夹工件进行加工。

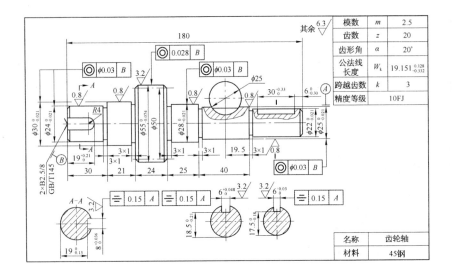

图 3-3 齿轮轴

③ 选用 φ2.5 mm B 型中心钻加工两端中心孔;外圆车刀加工台阶外圆、齿顶圆、端面和倒角。

④ 外圆柱面和内孔等采用游标卡尺、外径千分尺和百分表进行测量和检验。

(3) 数控加工工艺　本例应用 KND1000T 数控系统编程加工。

① 选用 G71/G70 指令加工台阶外圆、台阶端面、倒角等。

② 数控加工过程。两端加工中心孔;左端:车端面→车倒角→车台阶外圆 φ24 mm→车环形端面→车台阶外圆 φ30 mm→车台阶端面→车齿部

倒角→车齿顶圆圆柱面→车退刀槽;右端:车端面→车倒角→车台阶外圆$\phi 22$ mm→车台阶端面→车台阶外圆$\phi 25$ mm→车台阶端面→车台阶外圆$\phi 28$ mm→车台阶端面→车齿部倒角→车退刀槽。

③ 工件坐标系零点设置在两端面中心;向上、向右为 X、Z 轴正方向。

④ 数控加工程序:

O3003;	右端加工程序号
G98 G90 G21;	程序初始化
G28 U0 W0;	返回参考点
T0202 M3 S800;	换 02 号刀具,主轴正转,转速 800 r/min
G0 X0 Z5;	快速移动至钻中心孔起点
G1 Z-10 F20;	钻中心孔
G0 Z5;	Z 向快速退刀
G28 U0 W0;	返回参考点
T0101 M3 S500;	换 01 号刀具,选择 01 号刀补,主轴正转,转速 500 r/min
G0 X60 Z0;	快速移动至车端面起点
G1 X0 F30;	车端面
W1;	Z 向退刀
G0 X60 Z5;	快速移动至外圆循环起点
G71 U2 R0.5;	调用外圆循环车右端四级外圆
G71 P10 Q100 U0.5 W0.5 F30;	调用程序段 N10～N100,精加工余量 0.5 mm,进给速度 30 mm/min
N10 G0 X18 Z1;	快速移动至倒角起点
G1 X22.5 Z-1.25;	车倒角
Z-40;	车外圆 $\phi 22$ mm 至 $\phi 22.5$ mm,留磨削余量 0.5 mm
X25.6;	车台阶面
Z-80;	车外圆 $\phi 25$ mm 至 $\phi 25.6$ mm,留磨削余量 0.6 mm
X28.7;	车台阶面
Z-105;	车外圆 $\phi 28$ mm 至 $\phi 28.7$ mm,留磨削余量 0.7 mm
X53;	车齿轮齿廓端面
X55 W-1;	车倒角
N100 W-25;	车齿轮齿顶圆外圆
G70 P10 Q100;	精车四级外圆
G28 U0 W0;	返回参考点
T0404 S300;	换 04 号刀具,转速 300 mm/min
G0 X30 Z-40;	快速移动至右端第一条槽切槽起点
G1 X20;	右端第一条槽切槽加工
G0 X30;	X 向快速退刀

Z-80；	快速移动至右端第二条槽切槽起点
G1 X23；	右端第二条槽切槽加工
G0 X50；	X 向快速退刀
Z-105；	快速移动至右端第三条槽切槽起点
G1 X26；	右端第三条槽切槽加工
G0 X50；	X 向快速退刀
G28 U0 W0；	返回参考点
M5；	主轴停止
M30；	程序结束,返回程序起始点
O3103；	左端加工程序号
G98 G90 G21；	程序初始化
G28 U0 W0；	返回参考点
T0202 M3 S1000；	换 02 号刀具,主轴正转,转速 1 000 r/min
G0 X0 Z5；	快速移动至钻中心孔起点
G1 Z-10 F20；	钻中心孔
G0 Z5；	Z 向快速退刀
G28 U0 W0；	返回参考点
T0101 S800；	换 01 号刀具,选择 01 号刀补,主轴正转,转速 800 r/min
G0 X60 Z0；	快速移动至车端面起点
G1 X0 F30；	车端面
W1；	Z 向退刀
G0 X60 Z2；	快速移动至车外圆循环起点
G71 U2 R0.5；	调用外圆粗车循环
G71 P10 Q80 U0.5 W0.5 F30；	调用程序段 N10~N80,精加工余量 0.5 mm,进给量 30 mm/min
N10 G0 X22 Z1；	快速移动至端面倒角起点
G1 X24.5 Z-1.25；	车倒角
Z-30；	车外圆 ϕ24 mm 至 ϕ24.5 mm,留磨削余量 0.5 mm
X30.6；	车台阶端面
Z-51；	车外圆 ϕ30 mm 至 ϕ30.6 mm,留磨削余量 0.6 mm
X53；	车齿轮齿部端面
X55 W-1；	车倒角
N80 W-25；	车齿轮齿顶圆外圆
G70 P10 Q80；	精车左端三级外圆
G28 U0 W0 ；	返回参考点
T0404 S300；	换 04 号刀具,转速 300 mm/min
G0 X35 Z-30；	快速移动至左端第一条槽切槽起点

G1 X22 F30；	左端第一条槽切槽加工
G0 X60；	X 向快速退刀
Z−51；	快速移动至左端第二条槽切槽起点
G1 X28；	左端第二条槽切槽加工
G0 X60；	X 向快速退刀
G28 U0 W0；	返回参考点
M5；	主轴停止
M30；	程序结束,返回程序起始点

（4）数控加工操作要点

① 车削批量齿轮传动轴应注意按工艺要求在规定的部位留磨削精加工余量 0.3～0.8 mm。按零件图加工的可按表面粗糙度要求高于 $Ra1.6\ \mu m$ 的部位留磨削余量。

② 加工两端中心孔应保证中心孔轴线同轴。

③ 本例加工退刀槽注意槽底圆角（$R0.3$ mm～$R0.5$ mm）,以防止热处理变形。

任务二　批量螺纹类零件的数控车削加工

批量加工的螺纹类零件主要是具有普通螺纹连接部位的零件,如单双头螺栓、内螺纹套盖和接头等。数控车床加工批量螺纹类零件,应注意螺纹的精度等级和种类,按图样规定的螺纹参数和精度要求进行编程加工。实际生产中可按螺纹的特点灵活应用 G32、G92、G76 等准备功能加工指令。在检测中可按技术要求应用螺纹百分尺、螺纹塞规和环规等进行测量,也可应用三针测量法进行测量。

【例 3－4】　如图 3－4 所示为双头螺栓普通螺纹加工实例,实际加工可参考以下步骤。

（1）图样分析　本例为双头螺纹类零件,主要加工部位是两端螺纹,表面粗糙度为 $Ra3.2\ \mu m$。本例采用六角钢（对边尺寸为 36 mm）为坯件,是常见典型的六角头双头螺纹零件。

（2）加工准备　工件坯件为 35 六角钢,车削加工选用外圆车刀加工螺纹部大径外圆端面;60° 螺纹车刀加工 M24 mm、M20 mm 普通粗牙外螺纹。刀具材料 YT5。本例采用调头加工的方法,在一端螺纹加工后,需要采用螺纹套装夹。

（3）数控加工工艺

① 本例外轮廓为端面、外圆、环形端面和倒角,选用外圆车削复合循环指令 G71 进行粗车加工,G70 进行精车加工。

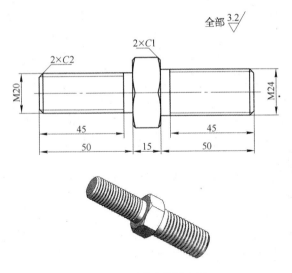

图 3-4   双头螺栓实例

② 本例螺纹加工选用单行程螺纹切削指令 G32,指令格式为:

G32 X(U)＿ F ＿;加工端面螺纹

G32 Z(W)＿ F ＿;加工圆柱螺纹

G32 X(U)＿ Z(W)＿ F ＿;加工圆锥螺纹

参数含义:X、Z 为指定螺纹终点的坐标值;U、W 为螺纹终点相对于螺纹起点的增量值;F 为螺纹导程。用 G32 加工圆柱外螺纹的路径如图 3-5 所示。

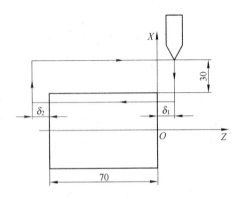

图 3-5   G32 指令车外圆柱螺纹刀具路径

③ 本例普通粗牙螺纹按有关参数表查阅,螺纹加工尺寸:M20 mm 大径为 19.68 mm,小径约为 17.29 mm(实际加工按中径公差确定),螺距为 2.5 mm;M24 mm 大径为 23.61 mm,小径约为 20.75(实际按中径公差确定),螺距为 3 mm。

④ 本例为普通粗牙螺纹,螺纹背吃刀量的分配可参考表 1 - 2。

⑤ 数控加工程序:

O3004;	右端加工程序号
G98 G40 G21;	程序初始化
T0101 M03 S1000;	调用 1 号刀具,主轴正转,转速 1 000 r/min
G00 X35.0 Z5.0;	快速移动至车外圆起点
G01 Z - 49.5 F100;	车外圆
G00 U1.0;	X 向快速退刀
Z0;	Z 向快速退刀
G01 X - 1.0 F100.0;	车端面
W1.0;	Z 向退刀
G00 X45.0 Z5.0;	快速移动至粗车右端外轮廓复合循环起点
G71 U2.0 R0.5;	调用外圆复合循环粗车右端外轮廓
G71 P10 Q50 U0.2 W0.2 F80;	
N10 G00 X18.61 Z1.0;	快速移动车右端面倒角起点
G01 X23.61 Z - 1.8;	车端面倒角
Z - 50.0;	车外圆
X36.0;	车台阶端面
N50 X42.0 W - 3.0;	车大外圆倒角
G70 P10 Q50;	精车右端外轮廓
G00 X100.0 Z50.0;	快速移动至换刀点
T0202 S500;	调用 2 号刀具,主轴正转,转速 500 r/min
G00 X30.0 Z5.0;	快速移动至车螺纹起点
X23.0;	第一刀 X 向位置
G32 W - 45.0 F3.0;	车螺纹第一刀
G00 X30.0;	快速 X 向退刀
W45.0;	快速 Z 向退刀
X21.0;	第二刀 X 向位置
G32 W - 45.0 F3.0;	车螺纹第二刀
G00 X30.0;	快速 X 向退刀
W45.0;	快速 Z 向退刀
X20.85;	第三刀 X 向位置
G32 W - 45.0 F3.0;	车螺纹第三刀

G00 X30.0;	快速 X 向退刀
W45.0;	快速 Z 向退刀
X20.75;	第四刀 X 向位置
G32 W-45.0 F3.0;	车螺纹第四刀
G00 X30.0;	快速 X 向退刀
W45.0;	快速 Z 向退刀
X100.0 Z50.0;	快速移动至换刀位置
M05;	主轴停止
M30;	暂停,工件调头装夹
O3104;	左端加工程序号
G98 G40 G21;	程序初始化
T0101 M03 S1000;	调用 1 号刀具,选用 1 号刀补,转速 1 000 r/min
G00 X35.0 Z5.0;	快速移动车外圆起点
G01 Z-49.5 F100;	车外圆
G00 U1.0;	快速 X 向退刀
Z0;	快速 Z 向退刀,至车端面起点
G01 X-1.0 F80;	车端面
W1.0;	Z 向退刀
G00 X100.0 Z50.0;	快速移动至换刀位置
X42.0 Z5.0;	快速移动至复合循环车左端轮廓起点
G71 U2.0 R0.5;	调用复合循环粗车右端外轮廓
G71 P10 Q50 U0.2 W0.2 F80;	
N10 G00 X13.68 Z1.0;	快速移动至车左端倒角起点
G01 X19.68 Z-2.0;	车左端倒角
Z-50.0;	车螺纹部位外圆
X36.0;	车环形端面
N50 X42.0 W-3.0;	车大外圆倒角
G70 P10 Q50;	调用复合循环精车左端外轮廓
G00 X100.0 Z50.0;	快速移动至换刀点
T0202 S500;	调用 2 号刀具,选用 2 号刀补,转速 500 r/min
G00 X22.0 Z5.0;	快速移动至车螺纹起点
X19.0;	X 向快速移动至车螺纹第一刀位置
G32 W-50.0 F2.5;	车螺纹第一刀
G00 X22.0;	X 向快速退刀
Z5.0;	Z 向快速退刀
X18.0;	X 向快速移动至车螺纹第二刀位置
G32 Z-45.0 F2.5;	车螺纹第二刀

G00 X22.0；	X 向快速退刀
Z5.0；	Z 向快速退刀
X17.5；	X 向快速移动至车螺纹第三刀位置
G32 W−50.0 F2.5；	车螺纹第三刀
G00 X22.0；	X 向快速退刀
Z5.0；	Z 向快速退刀
X17.0；	X 向快速移动至车螺纹第四刀位置
G32 W−50.0 F2.5；	车螺纹第四刀
G00 X22.0；	X 向快速退刀
Z5.0；	Z 向快速退刀
X16.9；	X 向快速移动至车螺纹第五刀位置
G32 W−50.0 F2.5；	车螺纹第五刀
G00 X22.0；	X 向快速退刀
Z5.0；	Z 向快速退刀
X100.0 Z50.0；	快速移动至换刀点
M05；	主轴停止
M30；	程序结束,返回程序起始点

（4）加工操作要点与注意事项

① 较小尺寸和中径精度要求较高的外螺纹的检验可使用螺纹千分尺进行检测,如图 3−6 所示为用螺纹百分尺测量螺纹示意。使用螺纹百分尺时,应首先选用与螺纹牙型角相同的量头,并使用校准规进行校准,测量的螺距范围为 0.4～6 mm,测量时应在螺纹长度和圆周范围内的多个部位进行测量。

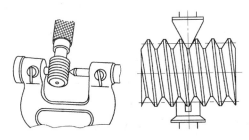

图 3−6　螺纹百分尺的应用示例

② 车削不设置退刀槽的螺纹时,除了沿工件的轴向进给方向应增加 2～5 个螺距 p 的引入距离外,应注意控制螺纹有效长度 l_2,或控制螺纹至环形端面的距离 l_1。检测时,可使用内螺纹没有倒角的螺母或环规用手旋入外螺纹,直至拧不动的位置,然后用游标卡尺检测螺纹的有效长度,如

图 3-7 所示,根据检测结果和技术要求的偏差,在程序中调整螺纹加工时的 Z 向坐标值。例如图样要求有效长度为 $l_2=45$ mm,编程中按图样数据设定螺纹车削终点位置 Z 坐标为 Z-45.0,经过检测,实际有效长度为 42.5 mm,有效长度差为 2.5 mm,因此程序中螺纹车削终点位置 Z 坐标应调整为 Z-47.5。

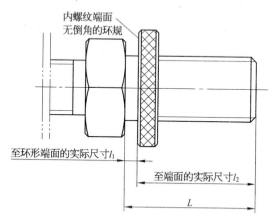

图 3-7 无退刀槽外螺纹的有效长度检测位置示意

③ 对于螺距比较大的螺纹,如需要进行螺纹单侧精车的,可以适当调整螺纹起点坐标值,如原起点坐标为 Z5.0,可调整为 Z5.1 或 Z4.9,以使刀具在螺纹的单侧进行精车加工,以提高螺纹表面的加工精度。

【例 3-5】 如图 3-8 所示为连接螺母加工实例,实际加工可参考以下步骤。

(1)图样分析

① 本例为内、外螺纹套式连接零件,主要加工部位是左端外圆、端面和倒角;台阶内孔和端面、内螺纹、倒角;右端端面、外螺纹、退刀槽和倒角等。

② 本例两端内外螺纹分别为 M14 mm×1.5 mm-7H、M30 mm× 1.5 mm-6 g。

③ 表面粗糙度为 $Ra6.3$ μm,外六角部分为毛坯。

(2)加工准备

① 工件坯件为 35 冷拉六角钢,单件毛坯尺寸为 S36 mm×38 mm。

② 车削加工选用外圆车刀加工外圆、端面和倒角;标准麻花钻加工内孔;内孔车刀加工内孔及内端面;60°内外螺纹车刀加工 M14 mm×1.5 mm

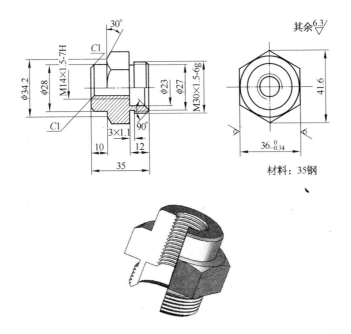

图 3-8 连接螺母

内螺纹和 M30 mm×1.5 mm 外螺纹。刀具材料 YT5。内螺纹也可使用丝锥进行加工。

③ 本例一料两件,调头加工另一件后切断,加工各件左端面。

（3）数控加工工艺

① 本例左端端面余量较少,选用 G01 加工;倒角、外圆选用外圆车削复合循环指令 G71 进行粗车加工,G70 进行精车加工;

② 右端台阶内孔选用复合循环指令 G71 进行粗车加工,G70 进行精车加工。使用螺纹底孔直径 12.5 mm 的钻头钻通孔。

③ 本例螺纹选用 G92 加工,车螺纹程序段中的螺距参数 F 应为 1.5 mm。

④ 本例外螺纹为普通细齿螺纹 M30 mm×1.5 mm,根据参数计算,中径为 29.026 mm,小径为 28.38,总切削深度为 $0.65p=0.974$ mm,分 4 次切削,背吃刀量分别为 0.8 mm、0.6 mm、0.4 mm、0.16 mm。螺纹背吃刀量的分配可参考表 1-4。

⑤ 加工路线。左端:钻孔→车端面→车螺纹底孔孔口倒角→车外圆倒角→粗精车外圆 ϕ28 mm→车台阶端面→车环形端面倒角;右端:车螺纹

底孔孔口倒角→粗精车台阶内孔及内端面→车内螺纹→车倒角→车外圆→车端面→车退刀槽→车外螺纹。

⑥ 数控加工程序（切断程序略）：

O3005；	左端加工程序号
G98 G40 G21；	程序初始化
T0202 M03 S500；	调用 02 号刀具，主轴正转，转速 500 r/min
G00 X0 Z5.0；	快速移动至钻孔起点
G01 Z−40.0 F50；	钻孔
G00 Z5.0；	钻头快速退刀
G00 X100.0 Z50.0；	快速移动至换刀点
T0303 S800；	调用 03 号刀具，转速 800 r/min
G00 X16.5 Z1.0；	快速移动至车左端倒角起点
G01 X10.5 Z−2.0；	车左端倒角
G00 Z5.0；	Z 向快速退刀
X100.0 Z50.0；	快速移动至换刀位置
T0101 S1000；	调用 01 号刀具，转速 1 000 r/min
G00 X50.0 Z0；	快速移动至车左端面起点
G01 X12.0 F100；	车左端面
G00 Z1.0；	Z 向快速退刀
X50.0；	快速移动至粗车左端外轮廓复合循环起点
G71 U2.0 R0.5；	调用外圆复合循环粗车左端外轮廓
G71 P10 Q50 U0.2 W0.2 F80；	
N10 G00 X24.0 Z1.0；	快速移动车左端面倒角起点
G01 X28.0 Z−1.0；	车端面倒角
Z−10.0；	车外圆 ϕ28 mm
X34.2；	车环形端面
N50 X42.2 W−3.46；	车 30°倒角
G70 P10 Q50；	精车左端外轮廓
G00 X100.0 Z50.0；	快速移动至换刀点
M00；	工件切断后装夹
T0303 S500；	调用 03 号刀具，转速 500 r/min
G00 X12.0 Z2.0；	快速移动至循环车台阶内孔起点
G71 U2.0 R0.5；	调用复合循环粗车台阶内孔
G71 P60 Q100 U−0.2 W0.2 F80；	
N60 G00 X29.0 Z1.0；	快速移动至车孔内倒角起点
G01 X23.0 Z−2.0；	车内孔倒角
Z−10.0；	车台阶内孔
X12.5；	车内台阶端面

N100 Z - 40. 0;	车内螺纹底孔
G70 P60 Q100;	精车台阶内孔
G00 X100. 0 Z50. 0;	快速移动至换刀点
T0404 S300;	调用 3 号刀具,转速 300 r/min
G00 X12. 5 Z5. 0;	快速移动至内螺纹循环切削始点位置
G92 Z - 40. 0 F1. 5;	车内螺纹第一刀
X13. 3;	
X13. 9;	
X14. 2;	
X14. 3;	
G00 X100. 0 Z50. 0;	快速移动至换刀点
T0101 S1000;	调用 1 号刀具,转速 1 000 r/min
G00 X50. 0 Z0;	快速移动至车右端面起点
G01 X20. 0 F100;	车右端面
G00 Z1. 0;	Z 向快速退刀
X50. 0;	快速移动至粗车右端外轮廓复合循环起点
G71 U2. 0 R0. 5;	调用外圆复合循环粗车右端外轮廓
G71 P110 Q140 U0. 2 W0. 2 F80;	
N110 G00 X25. 0 Z1. 0;	快速移动车右端面倒角起点
G01 X30. 0 Z - 1. 5;	车右端面倒角
Z - 12. 0;	车右端螺纹外圆
N140 X45. 0;	车右侧台阶端面
G70 P110 Q140;	精车右端外轮廓
G00 X100. 0 Z50. 0;	快速移动至换刀点
T0505 S300;	换 05 号刀具,转速 300 r/min
G00 X45. 0 Z - 12. 0;	快速移动至车退刀槽起点
G01 X27. 8;	车退刀槽
X45. 0;	X 向退刀
G00 X100. 0 Z50. 0;	快速移动至换刀点
T0606 S500;	换 06 号刀具,转速 500 r/min
G00 X30. 0 Z5. 0;	快速移动至外螺纹循环切削始点位置
G92 Z - 10. 0 F1. 5;	车外螺纹第一刀
X29. 2;	
X28. 8;	
X28. 4;	
X28. 24;	
G00 X100. 0 Z50. 0;	快速移动至换刀点
M05;	主轴停止

M30;　　　　　　　　　　程序结束,返回程序起始点

（4）加工操作要点与注意事项

① 钻孔采用 ϕ12.2 mm 麻花钻,留有螺纹底孔精车余量。

② 因六角外形面是毛坯面,因此调头装夹应以外圆为基准装夹,以保证工件的两端同轴度。

【例 3-6】 如图 3-9 所示为罩盖双线普通螺纹加工实例,实际加工可参考以下步骤。

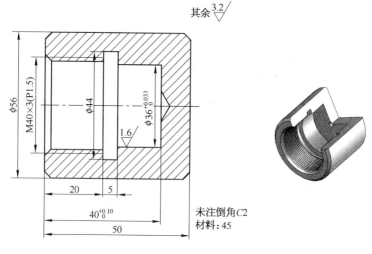

其余 $\sqrt{\dfrac{3.2}{}}$

ϕ56　　M40×3(P1.5)　　ϕ44　　ϕ36$_{0}^{+0.033}$　　1.6

20　　5　　40$_{0}^{+0.10}$　　50

未注倒角C2
材料:45

图 3-9　罩盖

（1）图样分析　本例为盲孔内螺纹套类零件,主要加工部位是左端外圆、端面和倒角、台阶内孔和端面、内螺纹退刀槽;右端端面、倒角等。根据尺寸精度,盲孔和内端面尺寸精度较高,表面粗糙度为 Ra 1.6 μm,其余表面粗糙度为 Ra 3.2 μm。本例内螺纹为双头螺纹,导程 3 mm,螺距 1.5 mm。本例是常见的典型盲孔内螺纹套盖类零件。

（2）加工准备　工件坯件为 45 圆钢(ϕ65 mm×112 mm),车削加工选用外圆车刀加工外圆、端面和倒角;切槽刀加工内孔退刀槽;60°内螺纹车刀加工 M40 mm×3 mm(p=1.5 mm)双头内螺纹。刀具材料 YT5。本例一料两件,调头加工另一件后切断,加工各件左端面。

（3）数控加工工艺　本例应用 FAUNC 0T 数控系统编程加工。

① 本例左端端面余量较少,选用 G01 加工;倒角、外圆选用外圆车削复合循环指令 G71 进行粗车加工,G70 进行精车加工;台阶内孔选用复合

循环指令 G71 进行粗车加工, G70 进行精车加工。使用小于内孔的钻头钻不通孔。

② 本例双头螺纹选用单行程螺纹加工指令 G32 加工, 螺纹分头使用改变螺纹起始点的方法加工, 起点 Z 坐标位置差值为 1.5 mm。注意车螺纹程序段中的导程参数应为 3.0 mm(即 F3.0)。

③ 本例为普通细齿螺纹 M40 mm×1.5 mm, 根据参数计算, 中径为 39.03 mm, 小径为 38.38 mm, 总切削深度为 $0.65p=0.974$ mm, 分 4 次切削, 背吃刀量分别为 0.8 mm、0.6 mm、0.4 mm、0.16 mm。螺纹背吃刀量的分配可参考表 1-4。

④ 加工路线。左端: 钻孔→车端面→车倒角→粗精车大外圆→车螺纹底孔孔口倒角→粗精车台阶内孔及内端面→车双头内螺纹; 工件调头装夹, 加工另一件后切断; 右端: 车端面→车倒角。

⑤ 数控加工程序(右端加工程序略):

O3006;	左端加工程序号
G98 G40 G21;	程序初始化
T0202 M03 S500;	调用 2 号刀具, 主轴正转, 转速 500 r/min
G00 X0 Z5.0;	快速移动至钻孔起点
G01 Z-42.5 F50;	钻孔
G00 Z5.0;	钻头快速退刀
G00 X100.0 Z50.0;	快速移动至换刀点
T0101 S1000;	调用 1 号刀具, 转速 1 000 r/min
G00 X66.0 Z0;	快速移动至车左端面起点
G01 X30.0 F100;	车端面
G00 Z1.0;	Z 向快速退刀
X66.0;	快速移动至粗车左端外轮廓复合循环起点
G71 U2.0 R0.5;	调用外圆复合循环粗车左端外轮廓
G71 P10 Q30 U0.2 W0.2 F80;	
N10 G00 X50.0 Z1.0;	快速移动车左端面倒角起点
G01 X56.0 Z-2.0;	车端面倒角
N30 Z-55.0;	车外圆
G70 P10 Q30;	精车左端外轮廓
G00 X100.0 Z50.0;	快速移动至换刀点
T0303 S500;	调用 3 号刀具, 转速 500 r/min
G00 X8.0 Z2.0;	快速移动至循环车台阶内孔起点
G71 U2.0 R0.5;	调用复合循环粗车台阶内孔
G71 P40 Q90 U-0.2 W0.2 F80;	

N40 G00 X44.38 Z1.0;	快速移动至车孔内倒角起点
G01 X38.38 Z-2.0;	车内孔倒角
Z-25.0;	车螺纹小径孔
X36.0;	车内台阶端面
Z-40.05;	车盲孔
N90 X8.0;	车盲孔端面
G70 P40 Q90;	精车台阶内孔
G00 X100.0 Z50.0;	快速移动至换刀点
T0404 S300;	调用 3 号刀具,转速 300 r/min
G00 X35.0 Z5.0;	快速移动至切槽加工预备位置
Z-25.0;	Z 向快速移动至切槽位置
G01 X44.0;	车内螺纹退刀槽
X35.0;	X 向退刀
G00 Z5.0;	Z 向快速退刀
G00 X100.0 Z50.0;	快速移动至换刀点
T0505 S300;	调用 5 号刀具,转速 300 r/min
G00 X36.0 Z3.0;	快速移动至内螺纹加工起点
X39.18;	快速移动至车 0°位置螺旋线第一刀 X 向位置
G32 Z-21.0 F3.0;	车 0°位置螺旋线第一刀
G00 X26.0;	快速 X 向退刀
Z3.0;	快速 Z 向退刀
X39.78;	快速移动至车 0°位置螺旋线第二刀 X 向位置
G32 Z-21.0 F3.0;	车 0°位置螺旋线第二刀
G00 X26.0;	快速 X 向退刀
Z3.0;	快速 Z 向退刀
X40.18;	快速移动至车 0°位置螺旋线第三刀 X 向位置
G32 Z-21.0 F3.0;	车 0°位置螺旋线第三刀
G00 X26.0;	快速 X 向退刀
Z3.0;	快速 Z 向退刀
X40.34;	快速移动至车 0°位置螺旋线第四刀 X 向位置
G32 Z-21.0 F3.0;	车 0°位置螺旋线第四刀
G00 X26.0;	快速 X 向退刀
Z4.5;	快速 Z 向退刀至 180°位置螺旋线起点
X39.18;	快速移动至车 180°位置螺旋线第一刀 X 向位置
G32 Z-21.0 F3.0;	车 180°位置螺旋线第一刀
G00 X26.0;	快速 X 向退刀
Z4.5;	快速 Z 向退刀
X39.78;	快速移动至车 180°位置螺旋线第二刀 X 向位置

G32 Z-21.0 F3.0;	车 180°位置螺旋线第二刀
G00 X26.0;	快速 X 向退刀
Z4.5;	快速 Z 向退刀
X40.18;	快速移动至车 180°位置螺旋线第三刀 X 向位置
G32 Z-21.0 F3.0;	车 180°位置螺旋线第三刀
G00 X26.0;	快速 X 向退刀
Z4.5;	快速 Z 向退刀
X40.34;	快速移动至车 180°位置螺旋线第四刀 X 向位置
G32 Z-21.0 F3.0;	车 180°位置螺旋线第四刀
G00 X26.0;	快速 X 向退刀
Z4.5;	快速 Z 向退刀
G00 X100.0 Z50.0;	快速移动至换刀点
M05;	主轴停止
M30;	程序结束,返回程序起始点

(4) 加工操作要点与注意事项

① 本例内螺纹是双螺旋线的螺纹,按螺纹有关参数定义,螺距(p)是相邻两牙在中径线上对应两点间的轴向距离。导程(P_h)是指一条螺旋线上相邻两牙在中径线上对应两点间的轴向距离。本例 $n=\dfrac{P_h}{p}=\dfrac{3}{1.5}=2$,注意在程序中车第一条螺旋线时的 Z 向位置坐标值与车第二条螺旋线时的 Z 向位置坐标值相差 1.5 mm,本例程序中分别为 Z3.0 和 Z4.5。

② 本例内螺纹设有退刀槽,在车螺纹时应注意避免因刀具升降速影响螺纹车削精度,并注意超越距离设定应避免刀具对盲孔的干涉。

③ 本例选用的螺纹加工指令是固定循环指令 G32,背吃刀量分别为 0.8 mm、0.6 mm、0.4 mm、0.16 mm。为了保证螺纹的加工精度,在实际加工中可先按大径 40 mm 加工,然后根据塞规测量的情况,适当加大牙深尺寸。

④ 本例因采用轴向位移的方法进行螺旋线位差控制,因此加工时不能在中途进行螺纹刀具换刀,以免螺旋线错位造成废品。

【例 3-7】 如图 3-10 所示为螺杆加工实例,实际加工可参考以下步骤。

(1) 图样分析

① 本例为外螺纹杆类零件,主要加工部位是右端台阶外圆、端面和倒角、缩颈、连接圆弧 R5 mm 和外螺纹等。

② 螺纹精度等级 6 h,螺纹与基准外圆同轴度为 $\phi0.1$ mm。

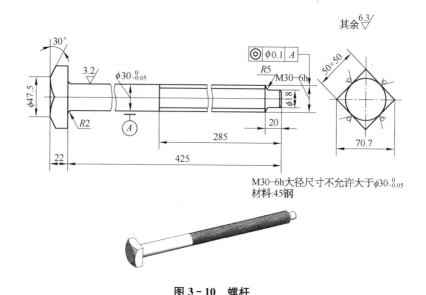

图 3 - 10　螺杆

③ 螺纹大径尺寸不得大于外圆 $\phi 30_{-0.05}^{0}$ mm，螺距 3.5 mm，螺纹大径尺寸为 $\phi 30_{-0.425}^{0}$ mm，中径尺寸为 $\phi 27.727_{-0.637}^{-0.212}$ mm。

（2）加工准备　工件坯件为 45 圆钢锻件，车削加工选用外圆车刀加工外圆、端面、连接圆弧和倒角；60°螺纹车刀加工 M30 mm 螺纹。刀具材料 YT5。本例采用四爪单动卡盘装夹左端方头，顶尖支承定位右端中心孔。

（3）数控加工工艺

① 本例锻件余量不均匀，选用 G01 加工；倒角、外圆选用外圆车削复合循环指令 G71 进行粗车加工，G70 进行精车加工。

② 本例螺纹选用 G92 加工，余量分配见表 1 - 4。

③ 加工路线。左端：车端面→车倒角；右端：车端面→（打中心孔 $\phi 3$ mm）→粗精车 $\phi 18$ mm 外圆→车连接圆弧→车台阶端面→粗精车螺纹外圆及杆身外圆→车螺纹。

④ 数控加工程序（左端加工程序略）：

O3007；	右端加工程序号
G90 G98 G40 G21；	程序初始化
T0101 M03 S1000；	调用 1 号刀具，主轴正转，转速 1 000 r/min
G00 X35.0 Z5.0；	快速移动至粗车右端外轮廓复合循环起点

G71 U1. 0 R0. 5;	调用外圆复合循环粗车右端外轮廓
G71 P10 Q90 U0. 2 W0. 2 F80;	
N10 G00 X16. 0 Z1. 0;	快速移动车右端面倒角起点
G01 X18. 0 Z - 1. 0;	车端面倒角
Z - 15. 0;	车外圆
G02 X29. 9 W - 5. 0 R5. 0;	车连接圆弧 $R5$ mm
G01 Z - 285. 0;	车螺纹大径外圆
X29. 98;	X 向调整外圆尺寸
Z - 423. 0;	车光杆外圆
G02 X34. 0 W - 2. 0 R2. 0;	车连接圆弧
N90 G01 X72. 0;	车方头端面
G70 P10 Q90;	精车右端外轮廓
G00 X100. 0 Z50. 0;	快速移动至换刀点
M00;	工件采用软卡爪夹左侧 $\phi 30$ mm 圆柱面
T0202 M03 S500;	调用 2 号刀具,主轴正转,转速 500 r/min
G00 X31. 0 Z5. 0;	快速移动至车螺纹起点
G92 X28. 5 Z - 285. 0 F3. 5;	车螺纹第一刀
X27. 8;	
X27. 2;	
X26. 6;	
X26. 2;	
X25. 8;	
X25. 6;	
X25. 5;	
G00 X100. 0 Z50. 0;	快速移动至换刀位置
M05;	主轴停止
M30;	程序结束,返回程序起始点

（4）加工操作要点与注意事项

① 本例在工件加工外轮廓后采用软爪装夹,可缩短中间悬空的部分,减少车螺纹时工件的振动。

② 按中径和有效长度的检验结果,适当调整螺纹的切削深度和 Z 向坐标位置。

③ 为保证螺纹部分与光杆外圆的同轴度,注意保证右端中心孔与光杆外圆的同轴度,保证软卡爪的自定心精度。

任务三　批量套盖类零件的数控车削加工

批量加工的套盖零件主要是具有内外轮廓、沟槽和端面的零件,如衬套、环套、过渡套;泵盖、缸盖、箱盖;各种连接法兰等。数控车床加工批量套盖类零件,应注意主要结合或配合部位和连接螺纹的加工精度,按图样规定的精度要求、螺纹参数等进行编程加工。实际生产中可按零件的结构特点灵活应用直线插补、圆弧插补、轮廓循环和螺纹加工等准备功能指令。对于端面加工面积比较大,内外半径变化大的端面,宜选用恒线速指令加工,以便提高端面车削加工精度。

【例3-8】 数控车削加工如图3-11所示的密封套,具体方法和步骤如下。

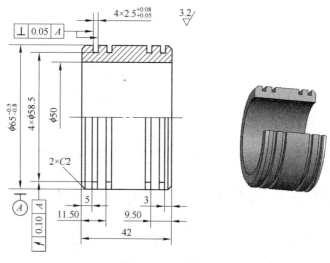

图 3-11 密封套

(1) 图样分析

① 工件是圆柱套零件,轴向长度42 mm。

② 密封的外轮廓由圆柱面和密封槽组成,内孔为圆柱通孔。

③ 外圆柱面直径 $\phi 65_{-0.8}^{-0.5}$ mm;内孔直径 $\phi 50$ mm,两端倒角 $C2$ mm。

④ 外圆四条密封槽宽度 $2.5_{+0.05}^{+0.08}$ mm $\times \phi 58.5$ mm。

⑤ 槽底圆柱面 $\phi 58.5$ mm 对基准 A 跳动公差 0.1 mm;槽侧对基准 A 的垂直度公差 0.05 mm。

⑥ 表面粗糙度均为 $Ra 3.2\ \mu m$。

(2) 加工准备

① 本例毛坯为45钢无缝钢管 $\phi 70$ mm $\times \phi 45$ mm $\times 42$ mm,本例可一料两件,坯件长度93 mm。

②　工件装夹选用三爪自定心卡盘,装夹后长度可加工至零件右端包括内孔、外圆、外圆密封槽、倒角等;调头装夹部位为外圆柱面,加工另一件切断后加工左端面、倒角。

③　选用外圆车刀加工外轮廓;外圆割槽刀加工密封槽;内孔车刀加工内圆柱面。

④　选用带深度尺的多功能游标卡尺测量零件尺寸。

(3)　数控加工工艺

①　工件坐标系零点设定在工件两端面中心,按上、右方向设定 X、Z 轴正方向。

②　工件加工步骤。右端:车端面→车倒角→车外圆柱面→车内孔→车密封槽;工件调头车另一件右端;切断后工件调头装夹:车端面→车端面倒角。

③　本例工件密封槽精度要求较高,采用 G01 加工。

④　数控加工程序(切断和左端程序略):

O3008;	右端加工程序号
G98 G40 G21;	程序初始化
G28 U0 W0;	返回参考点
T0101 M03 S800;	换 01 号刀具,主轴正转,转速 800 r/min
G00 X75.0 Z0;	X 向快速移动至车端面起点
G01 X40.0 F30;	车端面,进给量 30 mm/min
G00 X72.0 Z2.0;	快速移动至车外轮廓循环起点
G71 U2.0 R0.5;	调用外轮廓粗车循环
G71 P10 Q30 U0.2 W0.2 F50;	车外轮廓循环程序段 N10~N30,精加工余量 0.2 mm,进给量 50 mm/min
N10 G00 X59.0 Z1.0;	快速移动至车右端面倒角起点
G01 X64.4 Z−1.7;	车右端面倒角
N30 Z−45.0;	车外圆 ϕ65 mm
G70 P10 Q30;	精车外轮廓
G28 U0 W0;	返回参考点
T0202 S500;	换 02 号刀具,转速 500 r/min
G00 X43.0 Z5.0;	快速移动至车内孔起点
G71 U0.2 R0.2;	调用内圆粗车循环
G71 P100 Q120 U−0.3 W0 F30;	调用程序段 N100~N110,精加工余量 X 向 0.3 mm 进给量 30 mm/min
N100 G00 X50.0 Z1.0;	快速移动至车内孔起点
G01 Z−45.0;	车内孔
N120 X43.0;	

G70 P100 Q120；	精车内孔
G28 U0 W0；	返回参考点
T0303 S300；	换 03 号刀具，转速 300 r/min
G00 X70.0 Z-5.5；	快速移动至车右端第一条槽起点
G01 X58.5 F30；	车第一条槽
X70.0；	X 向退刀
G00 Z-12.0；	快速移动至车右端第二条槽起点
G01 X58.5；	车第二条槽
X70.0；	X 向退刀
G00 Z-32.5；	快速移动至车右端第三条槽起点
G01 X58.5；	车第三条槽
X70.0；	X 向退刀
G00 Z-39.0；	快速移动至车右端第四条槽起点
G01 X58.5；	车第四条槽
X70.0；	X 向退刀
G28 U0 W0；	返回参考点
M05；	主轴停止
M30；	程序结束，返回程序起始点

（4）数控加工操作要点

① 本例是常见的套类零件，为了保证密封槽的加工精度，预先可对刀具进行试加工检测。

② 本例车槽的程序段退刀应采用 G01 指令，注意退刀进给速度对槽侧精度的影响。

③ 为了保证槽底直径的加工精度，车槽刀刀尖圆弧要控制适当，必要时可按误差进行槽底停留时间处理。

④ 本例选用无缝钢管坯件加工，装夹工件注意控制夹紧力，以免工件变形影响加工精度。

【例 3-9】 数控车削加工如图 3-12 所示的轴承套，具体方法和步骤如下。

（1）图样分析

① 工件是典型套类零件，轴向长度 60 mm。

② 轴承套的外轮廓由台阶圆柱面和越程槽组成，内轮廓由三段式台阶内孔构成。

③ 外轮廓台阶外圆直径 ϕ58 mm，长度 10 mm；台阶圆柱面 ϕ45js6 mm×（60-12）mm；两端倒角 C2 mm、C1 mm。

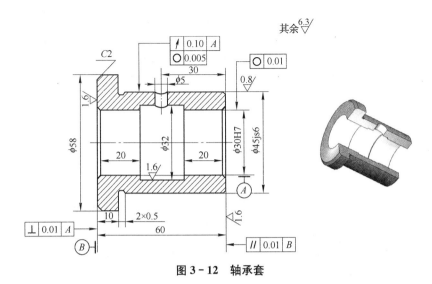

图 3-12　轴承套

④ 基准内孔 A 直径 $\phi30H7$ mm，中间内宽槽 $\phi32$ mm $\times20$ mm，两端倒角 C1 mm。

⑤ $\phi45js6$ mm 外圆圆度公差 0.005 mm；内孔 $\phi30H7$ mm 圆度公差 0.01 mm。左端面与基准内孔 A 的垂直度公差 0.01 mm；右端面与左端面平行度公差 0.01 mm；$\phi45js6$ mm 外圆与基准内孔的跳动公差 0.01 mm。

⑥ 外圆柱面 $\phi45js6$ mm 表面粗糙度 $Ra0.8$ μm、内孔和两端面表面粗糙度 $Ra1.6$ μm，其余为 $Ra6.3$ μm。

（2）加工准备

① 本例单件毛坯为 45 钢棒料 $\phi65$ mm $\times65$ mm，本例可一料两件。

② 工件装夹选用三爪自定心卡盘，装夹后长度可加工至零件左端；调头装夹部位为圆柱面，加工另一件切断后加工左端面、倒角。

③ 选用 $\phi25$ mm 标准麻花钻钻孔；选用外圆车刀加工外轮廓，外圆车槽刀加工越程槽；内孔车刀和内槽车刀加工内孔及内槽。

④ 选用带深度尺的多功能游标卡尺和百分尺测量零件加工精度和坯件装夹位置尺寸。

（3）数控加工工艺

① 工件坐标系零点设定在工件两端面中心，按上、右方向设定 X、Z 轴正方向。

② 工件加工步骤。右端：钻孔→车端面→车倒角→车台阶圆柱面→

车环形端面→车外圆→车内孔→倒角→车中间内宽槽；工件调头车另一件右端；切断后工件调头装夹：车端面→车端面倒角→车内孔倒角。

③ 外轮廓精度较高，选用 G71/G70 指令加工；内孔精度要求较高，选用 G71/G70 指令加工。

④ 中间宽槽选用 G94 指令加工。

⑤ 数控加工程序

⑥ 数控加工程序（切断和左端程序略）：

O3009；	右端加工程序号
G98 G40 G21；	程序初始化
G28 U0 W0；	返回参考点
T0202 M03 S200；	换 02 号刀具，转速 200 r/min
G00 X0 Z5.0；	快速移动至钻孔起点
G01 Z-70.0 F30；	钻孔
G00 Z5.0；	快速退刀
G28 U0 W0；	返回参考点
T0101 S800；	换 01 号刀具，转速 800 r/min
G00 X67.0 Z0；	X 向快速移动至车端面起点
G01 X23.0 F30；	车端面，进给量 30 mm/min
G00 X70.0 Z2.0；	快速移动至车外轮廓循环起点
G71 U2.0 R0.5；	调用外轮廓粗车循环
G71 P10 Q50 U0.2 W0.2 F50；	车外轮廓循环程序段 N10～N50，精加工余量 0.2 mm，进给量 50 mm/min
N10 G00 X41.0 Z1.0；	快速移动至车右端面倒角起点
G01 X45.4 Z-1.2；	车右端面倒角
Z-48.0；	
X44.0；	
Z-50.0；	车外圆 $\phi45$ mm
X58.0；	车环形端面
N50 W-15.0；	车外圆 $\phi58$ mm
G70 P10 Q50；	精车外轮廓
G28 U0 W0；	返回参考点
T0303 S500；	换 03 号刀具，转速 500 r/min
G00 X20.0 Z5.0；	快速移动至车内孔起点
G71 U1.0 R0.2；	调用内圆粗车循环
G71 P100 Q130 U-0.3 W0 F30；	调用程序段 N100～N120，精加工余量 X 向 0.3 mm 进给量 30 mm/min
N100 G00 X34.0 Z1.0；	快速移动至车内孔倒角起点

G01 X30. 0 Z - 1. 0;	车内孔倒角
Z - 65. 0;	车内孔
N130 X20. 0;	
G70 P100 Q130;	精车内孔
G28 U0 W0;	返回参考点
T0404 S300;	换 04 号刀具, 转速 300 r/min
G00 X28. 0 Z5. 0;	快速移动至内孔口
Z - 24. 0;	快速移动至车内宽槽起点
G01 X32. 0 F30;	径向车内宽槽
Z - 40. 0;	轴向车内宽槽
G00 X28. 0;	X 向退刀
Z5. 0;	Z 向快速退刀
G28 U0 W0;	返回参考点
M05;	主轴停止
M30;	程序结束, 返回程序起始点

【**例 3 - 10**】 数控车削加工如图 3 - 13 所示的球体锥套,具体方法和步骤如下。

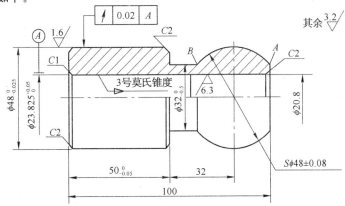

技术要求

1. 3号莫氏圆锥孔锥度用涂色检验接触面在全长上大于70%。
2. 未注倒角C0.5。
3. 材料:45钢。

图 3 - 13 球体锥套

（1）图样分析

① 工件是圆锥连接套零件，轴向长度 100 mm。

② 锥套的外轮廓由球面和台阶圆柱面组成，内孔为莫氏 3 号圆锥孔。

③ 外轮廓球面直径 $S\phi(48\pm0.08)$ mm，长度 36 mm；台阶圆柱面 $\phi32_{-0.5}^{\ 0}$ mm×（32－18）mm；圆柱面 $\phi48_{-0.025}^{\ 0}$ mm×$50_{-0.05}^{\ 0}$ mm，两端倒角 C2 mm。

④ 基准内锥孔 A 莫氏 3 号，小端直径 $\phi20.8$ mm，大端直径 $\phi23.825_{\ 0}^{+0.05}$ mm，大端倒角 C1 mm，小端倒角 C2 mm。圆锥孔用标准圆锥棒着色检验，接触面在全长上大于 70%。

⑤ 外圆柱面 $\phi48_{-0.025}^{\ 0}$ mm×$50_{-0.05}^{\ 0}$ mm 对基准 A 跳动公差0.02 mm。

⑥ 外圆柱面、内圆锥面表面粗糙度 $Ra1.6\ \mu m$，其余为 $Ra3.2\ \mu m$。

（2）加工准备

① 本例毛坯为 45 钢棒料 $\phi50$ mm×205 mm，本例可一料两件。

② 工件装夹选用三爪自定心卡盘，装夹后长度可加工至零件右端包括球面、台阶圆柱面外轮廓及内锥孔；调头装夹部位为圆柱面，加工另一件切断后加工左端面、倒角。

③ 选用 $\phi18$ mm 标准麻花钻钻孔；选用外圆车刀加工外轮廓；内孔车刀加工内圆锥面。

④ 选用带深度尺的多功能游标卡尺测量零件加工精度和坯件装夹位置尺寸；选用标准莫氏 3 号检验棒检验内锥孔。

（3）数控加工工艺

① 工件坐标系零点设定在工件两端面中心，按上、右方向设定 X、Z 轴正方向。

② 工件加工步骤。右端：车端面→车球面→车台阶圆柱面→车环形端面→车倒角→车外圆→钻孔→车内圆锥面→倒角；工件调头车另一件右端；切断后工件调头装夹：车端面→车端面倒角→车内孔倒角。

③ 外轮廓精度较高，选用 G73/G70 指令加工；内孔精度要求较高，选用 G71/G70 指令加工。

④ 程序编制中注意计算或通过 CAD 绘图获得球面与端面，球面与台阶外圆交点的坐标值，根据台阶圆柱面直径公差，两交点对称球心，交点位置坐标为 $A(31.75,0)$，$B(31.75,-36.0)$。

⑤ 数控加工程序：

O3010；　　　　　　　　　　　　右端加工程序号

G98 G40 G21;	程序初始化
G28 U0 W0;	返回参考点
T0101 M03 S800;	换 01 号刀具,主轴正转,转速 800 r/min
G00 X52.0 Z0;	X 向快速移动至车端面起点
G01 X-1.0 F30;	车端面,进给量 30 mm/min
G00 X52.0 Z2.0;	快速移动至车外轮廓循环起点
G73 U5.0 W1.0 R5;	调用外轮廓粗车循环,分五次加工
G73 P10 Q60 U0.5 W0.5 F20;	车外轮廓循环程序段 N10～N60,精加工余量 0.5 mm, 进给量 20 mm/min
N10 G00 X31.75 Z0;	快速移动至车球面起点
G03 X31.75 Z-36.0 R24.0;	车球面
G01 Z-50.0;	车台阶外圆
X44.0;	车环形端面
X48.0 Z-52.0;	车倒角 C2 mm
Z-105.0;	车外圆
N60 X52.0;	X 向退刀
G70 P10 Q60;	精车外轮廓
G28 U0 W0;	返回参考点
T0202 S300;	换 02 号刀具,转速 300 r/min
G00 X0 Z5.0;	快速移动至钻孔起点
G01 Z-108.0 F30;	钻孔,进给量 30 mm/min
G00 Z5.0;	Z 向快速退刀
G28 U0 W0;	返回参考点
T0303 S800;	换 03 号刀具,转速 800 r/min
G00 X16.0 Z5.0;	快速移动至内孔粗车循环起点
G71 U0.5 R0.5;	调用内圆粗车循环
G71 P70 Q90 U-0.3 W0.5 F30;	调用程序段 N70～N90,精加工余量 X 向 0.3 mm,Z 向 0.5 mm,进给量 30 mm/min
N70 G00 X26.8 Z0;	快速移动至车内圆锥面倒角起点
G01 X20.8 Z-2.0;	车内圆锥孔口倒角
N90 X23.885 Z-101.0;	车内圆锥面
G70 P70 Q90;	精车倒角与内圆锥面,程序段 N70～N90
G28 U0 W0;	返回参考点
M05;	主轴停止
M30;	程序结束,返回程序起始点
O3110;	左端加工程序号
G21 G98 G40;	程序初始化

G28 U0 W0；	返回参考点
T0101 M03 S800；	调用 01 号刀具,主轴正转,转速 800 r/min
G00 X52.0 Z−4.0；	X 向快速移动至车倒角起点
G01 X46.0 Z0 F30；	车倒角,进给量 30 mm/min
X20.0；	车端面
Z1.0；	Z 向退刀
G28 U0 W0；	返回参考点
T0303；	调用 03 号刀具
G00 X25.825 Z1.0；	快速移动至车内孔倒角起点
G01 X21.825 Z−2.0；	车内孔倒角
G00 Z2.0；	Z 向退刀
G28 U0 W0；	返回参考点
M05；	主轴停止
M30；	程序结束,返回程序起始点

（4）数控加工操作要点

① 本例是常见的套式接头类零件,为了保证锥面的大端尺寸精度和圆锥面的接触面积大于 70%,应仔细调节两端的直径尺寸精度和刀尖的圆弧补偿参数。

② 本例圆锥孔比较深,注意控制转速和进给量,避免钻头偏斜和切屑堵塞,车削中应注意控制吃刀量和切削振动。

③ 为了保证球面的直径加工精度,刀尖圆弧要控制适当,必要时可按误差进行圆弧半径补偿。

④ 本例加工精度较高的尺寸,均采用百分尺测量;外圆柱面与基准 A 的跳动误差采用偏摆仪和百分表进行测量;表面粗糙度采用粗糙度测量仪测量。

【例 3−11】 如图 3−14 所示为泵体盖板实例,实际加工中可参考以下步骤。

（1）图样分析 本例为泵体盖板盘类零件,主要加工部位是左端定位外圆柱面、轴承装配内台阶圆柱面和密封件装配台阶圆柱面;右端与泵体贴合的端面和密封槽等。主要配合面的表面粗糙度为 $Ra1.6\ \mu m$,其余表面粗糙度为 $Ra3.2\ \mu m$。本例的长径比比较小,端面面积较大,属于典型的盘类零件。

（2）加工准备 工件坯件为 CrMoCu250 铸件,外形余量单边 5 mm,车削加工选用外圆车刀加工外轮廓及端面;内轮廓加工选 $\phi 18$ mm 标准麻花钻钻孔,内孔车刀加工内轮廓,刀具材料 YG6;密封槽选用端面切槽刀。

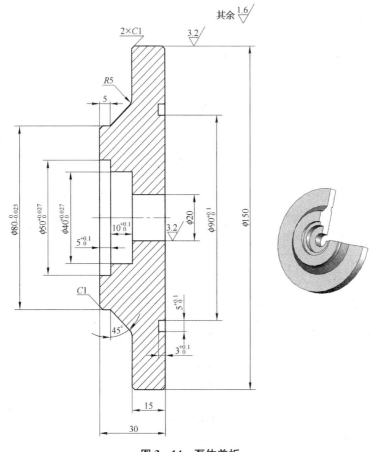

图3-14　泵体盖板

工件加工顺序宜先左后右,以保证加工余量和左端内外圆的同轴位置精度。

（3）数控加工工艺

① 本例外轮廓具有外圆、端面和外圆锥面,且长径比比较小,因此选用端面切削复合循环指令G72、固定循环指令G90、G01等指令加工外轮廓、端面和内轮廓。

② 选用G94端面切削循环粗车右端端面,便于控制加工余量分配和精车余量控制。

③ 在加工左端内轮廓时,使用固定循环粗车应注意控制精加工余量,以保证内孔的尺寸精度和位置精度。

④ 加工路线。左端:车端面→粗车定位圆柱面 $\phi 80$ mm→粗车圆锥面→粗车连接圆弧面→粗车端面→端面倒角→精车端面→精车定位圆柱面 $\phi 80$ mm→精车圆锥面→精车连接圆弧面→精车端面→精车端面倒角;工件调头装夹,左端:车外圆→粗车端面→车倒角→精车端面→端面车槽。

⑤ 数控加工程序:

O3011;	程序号
G98 G40 G21;	程序初始化
T0101;	调用 1 号刀具,选择 1 号刀补
M03 S1000;	主轴正转,转速 1 000 r/min
G00 X156.0 Z1.0;	快速移动至端面粗车复合循环起点
G72 W2.0 R0.5;	调用端面粗车复合循环,每次 Z 向切削量 2.0 mm,退刀 0.5 mm
G72 P10 Q80 U0.5 W0.2 F80;	按精加工程序段 N10～N70 加工,精加工余量 X 向 0.5 mm,Z 向 0.2 mm
N10 G00 X156.0 Z-19.0;	快速移动至左端外圆倒角起点
G01 X148.0 Z-15.0;	车外圆倒角
X104.62;	车端面
G03 X97.01 Z-13.45 R4.9;	车圆弧面
G01 X80.0 Z-5.0;	车圆锥面
Z-1.0;	车定位外圆柱面
X74.0 Z0.0;	车倒角
N80 X-1.0;	车端面
G70 P10 Q80;	调用精车复合循环精车左端外轮廓
G00 X155.0 Z50.0;	快速移动至换刀点
T0202 S500;	调用 2 号刀具,选择 2 号刀补
G00 Z50.0;	Z 向快速退刀
X0 Z2.0;	快速移动至钻孔加工起点
G01 Z-40.0 F50;	钻孔,进给量 50 r/min
G00 Z2.0;	钻头 Z 向快速退刀
X155.0 Z50.0;	快速移动至换刀点
T0303 S800;	调用 3 号刀具,选择 3 号刀补,转速 800 r/min
G00 X18.0 Z2.0;	快速移动至内轮廓固定循环起点
G90 X20.0 Z-32.0 F80;	调用固定循环粗车内孔
G90 X24.0 Z-15.0;	调用固定循环粗车轴承档台阶孔
X28.0;	
X32.0;	
X36.0;	

X39.5；

G90 X44.0 Z-5.0；　　　　　　　调用固定循环粗车骨架密封挡台阶孔

X48.0；

X49.5；

G00 X56.0；　　　　　　　　　　快速移动至左端面内轮廓倒角起点

G01 X50.0 Z-1.0；　　　　　　　车倒角

Z-5.0；　　　　　　　　　　　　精车骨架密封台阶孔圆柱面

X40.0；　　　　　　　　　　　　精车骨架密封台阶孔端面

Z-15.0；　　　　　　　　　　　 精车轴承台阶孔圆柱面

X20.0；　　　　　　　　　　　　精车轴承台阶孔端面

Z-32.0；　　　　　　　　　　　 精车内孔

U-1.0；　　　　　　　　　　　　X 向退刀

G00 Z2.0；　　　　　　　　　　Z 向快速退刀

X155.0 Z50.0；　　　　　　　　快速移动至换刀点

M05；　　　　　　　　　　　　 主轴停止

M30；　　　　　　　　　　　　 程序结束，返回起始点

O3111；　　　　　　　　　　　 调头加工程序号

G98 G40 G21；　　　　　　　　 程序初始化

T0101 M03 S1000；　　　　　　 调用 1 号刀具，选择 1 号刀补，主轴正转，转速 1 000

　　　　　　　　　　　　　　　 r/min

G00 X150.0 Z6.0；　　　　　　 快速移动至车外圆起点

G01 Z-26.0 F80；　　　　　　　车外圆

U1.0；　　　　　　　　　　　　X 向退刀

G00 X152.0 Z6.0；　　　　　　 快速移动至端面粗车固定循环起点

G94 X10.0 Z3.0 F80；　　　　　调用端面粗车固定循环

Z1.0；

G00 Z-2.0；　　　　　　　　　快速移动至外圆倒角起点

G01 X148.0 Z0 F80；　　　　　车外圆倒角

X10.0；　　　　　　　　　　　精车端面

G00 W3.0；　　　　　　　　　Z 向快速退刀

X152.0；　　　　　　　　　　X 向快速退刀

X156.0 Z50.0；　　　　　　　快速移动至换刀点

T0404 S500；　　　　　　　　调用 4 号刀具，选择 4 号刀补

G00 X90.0 Z2.0；　　　　　　快速移动至端面槽加工起点

G01 Z-3.0；　　　　　　　　车端面密封槽

W5.0；　　　　　　　　　　Z 向退刀

G00 X155.0 Z50.0；　　　　 快速移动至换刀点

M05;	主轴停止
M30;	程序结束,返回程序起始点

（4）加工操作要点与注意事项

① 本例左端定位圆柱面和内轮廓台阶孔的精度要求比较高,因此应在一次装夹中完成所有加工内容,并应注意精车余量的控制和切削用量的合理选用。

② 本例车削右端端面时,因端面回转直径变化比较大,当表面粗糙度要求较高时,应在端面精车程序段前插入恒线速指令 G96,在端面精车结束后插入恒转速指令 G97。

③ 右端面的密封槽应注意刀位点的设定,通常按图样标注的尺寸设定刀位点,本例应按 $\phi90$ mm 设定端面切槽刀的内侧刀尖为刀位点。加工中应按图 1－35 所示的要求控制刀具的几何角度,防止刀具后面与端面槽侧面的干涉。

④ 左端外轮廓加工的刀具宜选用菱形刀片,避免圆锥面和圆弧面的切削干涉。

【例 3－12】 如图 3－15 所示为螺纹联接端面槽密封法兰实例,实际加工中可参考以下步骤。

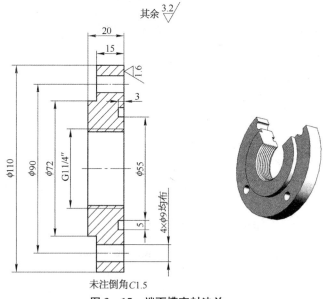

图 3－15 端面槽密封法兰

（1）图样分析　本例为端面槽密封的法兰盘类零件，主要加工部位是左端外轮廓、内螺纹底孔；右端与配对法兰贴合的平面、端面矩形密封槽等。主要密封面的表面粗糙度为 $Ra1.6\ \mu m$，其余表面粗糙度为 $Ra3.2\ \mu m$。本例长径比比较小，端面回转直径较大，属于典型的盘类零件。

（2）加工准备　工件坯件为 45 圆钢，左端外形余量较大，车削加工选用外圆车刀加工外轮廓及端面；螺纹底孔选 $\phi35\ mm$ 标准麻花钻钻孔，$\phi39\ mm$ 孔钻扩孔；55°内螺纹车刀车内螺纹；端面密封槽选用端面矩形槽车刀，宽度 5 mm，车刀相应形式选用如图 1-35 所示。刀具材料 YT5。非密封管螺纹的有关参数见表 3-2。

表 3-2　非密封管螺纹的基本尺寸和公差　　　　（mm）

螺纹的尺寸代号	每 25.4 mm 内的牙数 n	螺距 p	牙型高度 h	圆弧半径 $r\approx$	基本尺寸		
					大径 $d=D$	中径 $d_2=D_2$	小径 $d_1=D_1$
1/16	28	0.907	0.581	0.125	7.723	7.142	6.561
1/8	28	0.907	0.581	0.125	9.728	9.147	8.566
1/4	19	1.337	0.856	0.184	13.157	12.301	11.445
3/8	19	1.337	0.856	0.184	16.662	15.806	14.950
1/2	14	1.814	1.162	0.249	20.955	19.793	18.631
5/8	14	1.814	1.162	0.249	22.911	21.749	20.587
3/4	14	1.814	1.162	0.249	26.441	25.279	24.117
7/8	14	1.814	1.162	0.249	30.201	29.039	27.877
1	11	2.309	1.479	0.317	33.249	31.770	30.291
1⅛	11	2.309	1.479	0.317	37.897	36.418	34.939
1¼	11	2.309	1.479	0.317	41.910	40.431	38.952
1½	11	2.309	1.479	0.317	47.803	46.324	44.845
1¾	11	2.309	1.479	0.317	53.746	52.267	50.788
2	11	2.309	1.479	0.317	59.614	58.135	56.656
2¼	11	2.309	1.479	0.317	65.710	64.231	62.752
2½	11	2.309	1.479	0.317	75.184	73.705	72.226
2¾	11	2.309	1.479	0.317	81.534	80.055	78.576
3	11	2.309	1.479	0.317	87.884	86.405	84.926
3½	11	2.309	1.479	0.317	100.330	98.851	97.372
4	11	2.309	1.479	0.317	113.030	111.551	110.072
4½	11	2.309	1.479	0.317	125.730	124.251	122.772
5	11	2.309	1.479	0.317	138.430	136.951	135.472
5½	11	2.309	1.479	0.317	151.130	149.651	148.172
6	11	2.309	1.479	0.317	163.830	162.351	160.872

（3）数控加工工艺

① 本例左端外轮廓具有外圆、端面和连接圆弧面，圆柱面半径差大于台阶轴线距离，因此选用端面切削复合循环指令 G72 进行粗车加工，G70 进行精车加工。

② 本例的右端端面比较大，选用 G94 进行端面粗精车加工，端面。端面槽刀宽度与槽宽相等，选用 G01 指令加工。

③ 加工路线。左端：钻孔→扩孔→车螺纹→粗车环形端面→粗车外圆柱面 $\phi72$ mm→车外圆倒角→精车环形端面→精车外圆柱面 $\phi72$ mm→车端面倒角→车端面；工件调头装夹，右端：车外圆→粗精车端面→车倒角。

④ 数控加工程序：

O3012；	程序号
G98 G40 G21；	程序初始化
T0202 M03 S500；	调用 2 号刀具，选用 2 号刀补，主轴正转，转速 500 r/min
G00 Z5.0；	快速移动至钻孔起点
X0；	
G01 Z - 30.0 F50；	钻孔，进给速度 50 mm/min
G00 Z5.0；	Z 向钻头快速退刀
X160.0 Z50.0；	快速移动至换刀点
T0303 S500；	调用 3 号刀具，选用 3 号刀补，主轴正转，转速 500 r/min
G00 Z5.0；	快速移动至钻孔起点
X0；	
G01 Z - 30.0 F30；	扩孔，进给速度 30 mm/min
Z0.0；	Z 向钻头退刀
G00 Z5.0；	快速移动至起始点
Z100.0 Z50.0；	快速移动至换刀点
T0404 S300；	调用 4 号刀具，选用 4 号刀补，主轴正转，转速 300 r/min
G00 X37.0 Z5.0；	快速移动至车螺纹循环起点
G92 X40.0 Z - 30.0 F2.31；	车螺纹第一刀
X40.8；	
X41.4；	
X41.8；	
X42.0；	
X42.15；	
G00 X100 Z50.0；	快速移动至换刀点
T0101 S1000；	调用 1 号刀具，转速 1 000 r/min

G00 X116.0 Z5.0;	快速移动至端面复合循环起点
G72 W2.0 R0.5;	调用端面复合循环粗车外轮廓
G72 P10 Q60 U0.5 W0.2 F50;	
N10 G00 X112.0 Z-7.5;	快速移动至倒角起点
G01 X107.0 Z-5.0;	车倒角
X72.0;	车环形端面
Z-1.5;	车台阶外圆
X69.0 Z0;	车端面倒角
N60 X34.0;	车端面
G70 P10 Q60;	精车外轮廓
G00 X160.0 Z50.0;	快速移动至换刀点
M00;	暂停,工件调头装夹
T0101 M03 S1000;	调用1号刀具,选用1号刀补,转速1 000 mm/min
G00 X110.0 Z2.0;	快速移动至车外圆起点
G01 Z-14.0;	车外圆
U1.0;	X向退刀
G00 X112.0 Z5.0;	快速移动至端面车削固定循环
G94 X34.0 Z2.0 F80;	调用固定循环车端面
Z0.5;	
Z0;	
G00 X112.0;	快速移动至外圆倒角起点
Z-2.5;	
G01 X105.0 Z1.0;	车外圆倒角
G00 X160.0 Z50.0;	快速移动至换刀点
T0505 S300;	调用3号刀具,选用3号刀补
G00 X55.0 Z2.0;	快速移动至端面密封槽起点
G01 Z-3.0;	车端面密封槽
Z2.0;	Z向退刀
G00 X150.0 Z50.0;	快速移动至换刀点
M05;	主轴停止
M30;	程序结束,返回程序起始点

（4）加工操作要点与注意事项

①　车管螺纹应注意刀具的角度为55°,车削次数及背切刀量分配可参见表1-4。

②　管螺纹有密封管螺纹和非密封管螺纹之分,螺距F值应按参数的精确数确定,本例螺距精确至2.31 mm。

任务四　批量小型零件的多件数控车削加工

小型零件的多件加工是批量生产数控车床常见的加工方式,多件加工通常是一料多件，或毛坯装夹一次可以加工数个零件。多件加工主要是应用主程序和调用子程序的方法，同时还应掌握工件坐标系平移(应用G50 指令)、建立多个工件坐标系(应用 G54～G59 指令)以及应用同一把刀具调用不同偏置参数(如 T0101、T0102；T0203、T0204…)等方法，实现多件加工的要求。具体操作可参见以下实例。

【例 3 - 13】 数控车削多件加工如图 3 - 16 所示的排气阀板，具体方法和步骤如下。

其余

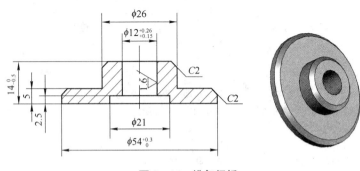

图 3 - 16 排气阀板

(1) 图样分析

① 工件是台阶外圆、内孔盖板类零件，轴向长度 $\phi 14_{-0.5}^{0}$ mm。

② 台阶内孔直径 $\phi 21$ mm $\times 2.5$ mm，通孔直径 $\phi 12_{+0.15}^{+0.26}$ mm。

③ 台阶外圆 $\phi 26$ mm，大外圆 $\phi 54_{0}^{+0.3}$ mm $\times 5$ mm。

④ 台阶外圆倒角 $C2$ mm。

(2) 加工准备

① 本例毛坯为铝合金棒料 $\phi 55$ mm。

② 工件装夹选用三爪自定心卡盘，装夹后长度可加工三件产品。

③ 选用 $\phi 10$ mm 标准麻花钻孔；选用外圆车刀加工台阶外圆、端面和倒角；选用内圆车刀加工台阶内孔。

④ 选用带深度尺的多功能游标卡尺测量零件加工精度和坯件装夹位置尺寸。

(3) 数控加工工艺

① 工件坐标系零点设定在工件两端面孔中心，按上、右方向设定 X、

Z 轴正方向。选用 G50 建立工件坐标系,三件零件的加工选用 G50 进行坐标轴平移,本例平移距离为 20 mm。

②　工件加工步骤:钻孔→车上端面→车倒角 $C2$ mm→车台阶外圆 $\phi26$ mm→车环形端面→车倒角 $C2$ mm→车外圆 $\phi54$ mm→切断,按以上工序循环加工第二件、第三件;工件调头装夹:车端面→车台阶内孔 $\phi21$ mm。

③　通孔精度较高,选用 G90 指令加工;加注切削液选用 M08/M09 指令;台阶外圆、端面选用 G71/G70 指令加工。

④　程序编制选用主程序调用子程序方式,主程序包括坐标系建立与平移、调用子程序等主要指令,子程序包括台阶外圆和台阶内孔加工等指令。

⑤　数控加工程序:

O3013;	程序号
G21 G40 G98;	程序初始化
G28 U0 W0;	返回参考点
G50 X0 Z0;	建立工件坐标系
M98 P3113;	调用子程序加工第一件
G28 U0 W0;	返回参考点
G50 X0 Z20;	工件坐标系平移
M98 P3113;	调用子程序加工第二件
G28 U0 W0;	返回参考点
G50 X0 Z40;	工件坐标系平移
M98 P3113;	调用子程序加工第二件
G28 U0 W0;	返回参考点
M05;	主轴停止
M30;	返回主程序

O3113;	子程序号
T0101 M03 S100;	调用 01 号刀具,01 号参数偏置,主轴正转,转速 100 r/min
G00 X0;	X 向快速移动至钻孔起点
Z5.0;	Z 向快速移动至钻孔起点
G01 Z−20.0;	钻孔
G00 Z5.0;	Z 向快速退刀
X80.0 Z20.0;	快速移动至换刀点
T0303;	调用 03 号刀具,03 号参数偏置
G00 X9.5 Z5.0;	快速移动至车内孔起点
G90 X11.0 Z−18.0 F30;	调用固定循环车内孔第一刀
X11.7;	车内孔第二刀

X12. 0；	车内孔第三刀
G00 X80. 0 Z20. 0；	快速移动至换刀点
T0202 M03 S800；	调用 02 号刀具，02 号参数偏置，主轴正转，转速 800 r/min
G00 X65. 0 Z2. 0；	快速移动至车台阶外圆起点
G71 U2. 0 R0. 5；	调用外圆粗车循环
G71 P10 Q60 U0. 5 W0. 5 F30；	调用程序段 N10～N60，精加工余量 0. 5 mm，进给量 30 mm/min
N10 G00 X20. 0 Z1. 0；	快速移动至车倒角起点
G01 X26. 0 Z - 2. 0；	车倒角 C2 mm
Z - 9. 0；	车外圆 $\phi26$ mm
X50. 0；	车环形端面
X54. 0 Z - 11. 0；	车环形端面倒角 C2 mm
N60 Z - 15. 0；	车大外圆 $\phi54$ mm
G70 P10 Q60；	调用精车循环
G00 X80. 0 Z20. 0；	快速移动至换刀点
T0404 M03 S200；	调用 04 号刀具，04 号参数偏置，主轴正转，转速 200 r/min
G00 X60. 0 Z - 18. 0；	快速移动至切断加工起点
G01 X11. 0；	切断加工
W0. 5；	Z 向退刀
G00 Z20. 0；	Z 向快速移动至换刀点
X80. 0；	X 向快速移动至换刀点
M99；	返回主程序
O3213；	
G21 G40 G98；	程序初始化
G28 U0 W0；	返回参考点
T0202 M03 S500；	换 02 号刀具，调用 02 号参数偏置，主轴正转，转速 500 r/min
G00 X56. 0 Z0；	快速移动至车端面起点
G01 X11. 0 F30；	车端面，进给量 30 mm/min
W0. 5；	Z 向退刀
G28 U0 W0；	返回参考点
T0303 S800；	换 03 号刀具，调用 03 号参数偏置，转速 800 r/min
G00 X11. 0 Z2. 0；	快速移动至车台阶内孔起点
G90 X14. 0 Z - 2. 5；	调用粗车循环车台阶内孔第一刀
X16. 0；	车台阶内孔第二刀
X18. 0；	车台阶内孔第三刀
X20. 0；	车台阶内孔第四刀
X21. 0；	车台阶内孔第五刀
G28 U0 W0；	返回参考点

M05；　　　　　　　　主轴停止

M30；　　　　　　　　程序结束，返回程序起始点

（4）数控加工操作要点

① 使用 G50 建立工件坐标系，操作中需要注意坐标平移的距离，本例偏移距离包括工件轴向长度、端面加工余量和切断刀的宽度。

② 各刀具的对刀操作注意参数的计算和输入数值。

③ 调头加工注意保护已加工表面，应采用软爪装夹，注意加工的端面与内孔的垂直度。

④ 本例不宜超过三件以上的多件加工，主要原因是根据工件材料的特点以及直径的尺寸，超过三件以上会使加工部位产生振动。

【例 3 - 14】 数控车削多件加工如图 3 - 17 所示的阀座，具体方法和步骤如下。

（1）图样分析

① 工件是三级台阶外圆、内孔盖板类零件，轴向长度 15 mm。

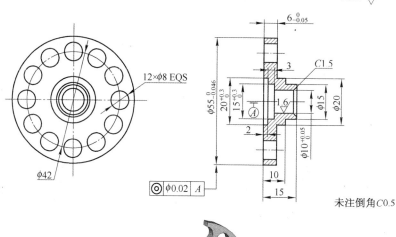

图 3 - 17　阀座

② 台阶内孔直径 $\phi 20^{+0.30}_{0}$ mm×2 mm、$\phi 15^{+0.30}_{0}$ mm×3 mm,通孔直径 $\phi 10^{+0.05}_{0}$ mm。

③ 台阶外圆 $\phi 55^{0}_{-0.046}$ mm×6$^{0}_{-0.05}$ mm、$\phi 20$ mm×4 mm、$\phi 15$ mm×5 mm。

④ 通孔孔口倒角 $C1.5$ mm。

⑤ 外圆 $\phi 55^{0}_{-0.046}$ mm 与基准内孔轴线 A 的同轴度公差为 $\phi 0.02$ mm

（2）加工准备

① 本例毛坯为铝合金棒料 $\phi 65$ mm。

② 工件装夹选用三爪自定心卡盘,装夹后长度可加工三件产品。

③ 选用 $\phi 8$ mm 标准麻花钻孔;选用外圆车刀加工台阶外圆、端面;选用内圆车刀加工台阶内孔。

④ 选用带深度尺的多功能游标卡尺测量零件加工精度和坯件装夹位置尺寸。

（3）数控加工工艺　本例选用 FANUC 0i 系统加工。

① 工件坐标系零点设定在工件两端面孔中心,按上、右方向设定 X、Z 轴正方向。选用 G54、G55、G56 建立工件坐标系,三件零件的加工实质上是在 Z 向参数上差值为 20 mm。例如 G54 零点偏置 Z 坐标偏置参数为 210.0,G55 零点偏置 Z 坐标偏置参数为 190.0,G56 零点偏置 Z 坐标偏置参数为 170.0。由此实现坐标系的平移。

② 工件加工步骤:钻孔→车内孔→车孔口倒角 $C1.5$ mm→车台阶外圆 $\phi 55$ mm→车环形端面→车外圆 $\phi 20$ mm→车环形端面→车外圆 $\phi 15$ mm→车右端面→切断,按以上工序循环加工第二件、第三件;工件调头装夹:车端面→车台阶内孔 $\phi 20$ mm→车台阶内孔 $\phi 15$ mm。

③ 通孔精度较高,选用 G90 指令加工;加注切削液选用 M08/M09 指令;台阶外圆、端面选用 G72/G70 指令加工。调头选用 G71/G70 车台阶内孔。

④ 程序编制选用主程序调用子程序方式,主程序包括坐标系建立与平移、调用子程序等主要指令,子程序包括台阶外圆和台阶内孔加工等指令。

⑤ 数控加工程序:

O3014;	右端面加工主程序号
G21 G40 G98;	程序初始化
G28 U0 W0;	返回参考点

G54；	建立工件坐标系
M98 P3114；	调用子程序加工第一件
G28 U0 W0；	返回参考点
G55；	工件坐标系沿 Z 轴负向平移
M98 P3114；	调用子程序加工第二件
G28 U0 W0；	返回参考点
G56；	工件坐标系沿 Z 轴负向平移
M98 P3114；	调用子程序加工第三件
M05；	主轴停止
M30；	返回主程序
O3114；	右端面加工子程序号
T0101 M03 S100；	调用 01 号刀具，01 号参数偏置，主轴正转，转速 100 r/min
G00 X0；	X 向快速移动至钻孔起点
Z5. 0；	Z 向快速移动至钻孔起点
G01 Z - 20. 0；	钻孔
G00 Z5. 0；	Z 向快速退刀
X80. 0 Z20. 0；	快速移动至换刀点
T0303；	调用 03 号刀具，03 号参数偏置
G00 X7. 5 Z5. 0；	快速移动至车内孔起点
G90 X8. 5 Z - 18. 0 F30；	调用固定循环车内孔第一刀
X9. 5；	车内孔第二刀
X10. 0；	车内孔第三刀
G01 X13. 0 Z0. 5 F30；	移动至车倒角起点，进给量 30 mm/min
X9. 0 Z - 1. 5；	车内孔倒角
G00 Z5. 0；	Z 向快速退刀
X80. 0 Z20. 0；	快速移动至换刀点
T0202 M03 S800；	调用 02 号刀具，02 号参数偏置，主轴正转，转速 800 r/min
G00 X55. 0 Z2. 0；	快速移动至车外圆起点
G01 Z - 20. 0 F30；	车外圆，进给量 30 mm/min
U1. 0；	X 向退刀
G00 X56. 0 Z2. 0；	快速移动至车台阶外圆起点
G72 W1. 0 R0. 5；	调用端面粗车循环
G72 P10 Q60 U0. 5 W0. 5 F30；	调用程序段 N10～N60，精加工余量 0. 5 mm，进给量 30 mm/min
N10 G00 X56. 0 Z - 9. 0；	快速移动至车环形端面起点
G01 X20. 0；	车环形端面
Z - 5. 0；	车外圆 ϕ20 mm

X15.0；	车环形端面
Z0；	车外圆 ϕ15 mm
N60 X8.0；	车端面
G70 P10 Q60；	调用精车循环
G00 X80.0 Z20.0；	快速移动至换刀点
T0404 M03 S200；	调用 04 号刀具,04 号参数偏置,主轴正转,转速 200 r/min
G00 X60.0 ；	X 向快速移动至切断加工起点
Z-19.0；	Z 向快速移动至切断加工起点
G01 X9.0；	切断加工
W0.5；	Z 向退刀
G00 Z20.0；	Z 向快速移动至换刀点
X80.0；	X 向快速移动至换刀点
M99；	返回主程序
O3214；	左端面加工程序号
G21 G40 G98；	程序初始化
G28 U0 W0；	返回参考点
T0606 S500；	换 06 号刀具,调用 06 号参数偏置,转速 500 r/min
G00 X65.0 Z0；	快速移动至车端面起点
G01 X10.0；	车左端面
W1.0；	Z 向退刀
G00 X100.0 Z50.0；	快速移动至换刀点
T0707 S800；	换 07 号刀具,调用 07 号参数偏置,转速 800 r/min
G00 X8.0 Z2.0；	快速移动至车台阶内孔循环起点
G71 U2.0 R0.5；	调用粗车循环车台阶内孔第一刀
G71 P10 Q50 U-0.5 W0.5 F30；	车台阶内孔第二刀
N10 G01 X20.0 Z0；	移动至车台阶内孔起点
Z-2.0；	车台阶内孔 ϕ20 mm
X15.0；	车台阶内孔 ϕ20 mm 端面
Z-5.0；	车台阶内孔 ϕ15 mm
N50 X9.0；	车台阶内孔 ϕ15 mm 端面
G70 P10 Q50；	调用精车循环车左端台阶内孔
G00 X100.0 Z50.0；	快速移动至换刀点
M05；	主轴停止
M30；	程序结束,返回程序起始点

（4）数控加工操作要点

① 本例长径比比较小,因此在加工右端台阶外圆采用 G72 端面粗车循环。坐标系 G54～G56 对刀的参数直接使用机床坐标值。

② 本例外圆比较大,切断加工中需要注意刀具的切削性能,必要时应采用加宽切割槽宽度的方法,以减少切断刀侧面与工件和坯件端面的摩擦。

③ 内孔和大外圆应一次装夹完成加工,以保证同轴度要求。

④ 本例不宜超过 4 件以上的多件加工,主要原因是根据工件材料的特点以及直径的尺寸,超过 4 件以上会使加工部位产生振动。

【例 3 - 15】 数控车削多件加工如图 3 - 18 所示的封油螺母,具体方法和步骤如下。

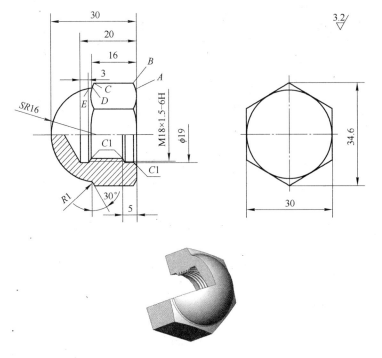

图 3 - 18 封油螺母

（1）图样分析

① 工件是外六角球头盲孔内螺纹零件,轴向长度 30 mm。

② 封油螺母的外轮廓由球面、连接圆弧和圆锥倒角、外六角构成,内轮廓由台阶内孔及倒角、内螺纹、内矩形槽构成。

③ 外轮廓六角对边 30 mm;对角 34.6 mm;轴向长度 16 mm;球面直

径 $SR16$ mm；连接圆弧 $R1$ mm；端面倒角 $30°×1$ mm。

④ 内轮廓矩形槽 3 mm $×\phi19$ mm；台阶内孔 $\phi19$ mm $×4$ mm；内螺纹 $M18$ mm $×1.5$ mm $-6H$；内螺纹两端及孔口倒角 $C1$ mm。

⑤ 表面粗糙度均为 $Ra3.2$ μm。

（2）加工准备

① 本例毛坯为 35 冷拉六角钢，单件尺寸 $S30$ mm $×34.6$ mm $×35$ mm，本例可一料两件，坯件长度 75 mm。

② 工件装夹选用三爪自定心卡盘，装夹后长度可加工零件右端面及倒角、内孔、内矩形槽、内螺纹、倒角等；调头装夹部位为外六角平面，加工另一件切断后加工左端球面、连接圆弧及倒角。

③ 选用外圆车刀加工外轮廓；麻花钻钻孔；内圆割槽刀加工内矩形槽；内孔车刀加工内孔；内螺纹车刀加工内螺纹。大批量生产也可采用机用丝锥加工内螺纹。

④ 选用螺纹塞规和标准样板测量零件内螺纹精度和外球面形状尺寸。

（3）数控加工工艺

① 工件坐标系零点设定在工件两端面中心，按上、右方向设定 X、Z 轴正方向。

② 工件加工步骤。右端：钻孔→车倒角→车端面→车内孔倒角→车二级内孔→车退刀槽→车内螺纹；工件调头车另一件右端；切断后工件调头装夹：车球面→车连接圆弧→车倒角。

③ 本例外轮廓基点坐标：$A(30.48,0)$，$B(34.60,-1.18)$，$C(34.60,-14.81)$，$D(32.71,-15.36)$，$E(31.73,-16.09)$。

④ 数控加工程序（切断程序略）：

O3015；	右端加工程序号
G98 G40 G21；	程序初始化
T0202 M03 S300；	换 02 号刀具，主轴正转，转速 300 r/min
G00 X0 Z5.0；	快速移动至钻孔起点
G01 Z-25.0；	钻孔
G00 Z5.0；	Z 向快速退刀
G28 U0 W0；	返回参考点
T0101 M03 S800；	换 01 号刀具，主轴正转，转速 800 r/min
G00 X35.60 Z-2.18；	X 向快速移动至车端面倒角起点
G01 X30.48 Z0；	车右端面倒角

G01 X14.0 F30;	车端面,进给量 30 mm/min
G28 U0 W0;	返回参考点
T0303 S800;	换 03 号刀具,转速 800 r/min
G00 X14.0 Z2.0;	快速移动至车内轮廓循环点
G71 U0.5 R0.5;	调用内圆粗车循环
G71 P10 Q50 U-0.3 W0.3 F30;	调用程序段 N10~N50,精加工余量 0.3 mm,进给量 30 mm/min
N10 G00 X23.0 Z1.0;	快速移动至车内孔倒角起点
G01 X19.0 Z-1.0;	车内孔倒角
Z-4.0;	车台阶内孔
X18.5;	车环形端面
X16.5 Z-5.0;	车螺纹右端倒角
N50 Z-21.0;	车内螺纹底孔
G70 P10 Q50;	精车内轮廓
G28 U0 W0;	返回参考点
T0404 S300;	换 04 号刀具,转速 300 r/min
G00 X14.0 Z5.0;	快速移动至端面预备位置
Z-20.0;	快速移动至车退刀槽起点
G01 X19.0 F30;	车退刀槽
X14.5 Z-2.0;	车螺纹内侧倒角
G00 Z5.0;	Z 向快速退刀
G28 U0 W0;	返回参考点
T0505 S400;	换 05 号刀具,转速 400 r/min
G00 X16.0 Z5.0;	快速移动至车内螺纹循环起点
G92 X17.0 Z-18.0 F1.5;	调用车内螺纹循环
X17.5;	
X17.8;	
X18.0;	
X18.2;	
G28 U0 W0;	返回参考点
M05;	主轴停止
M30;	程序结束,返回程序起始点
O3115;	左端加工程序号
G21 G98 G40;	程序初始化
T0101 M03 S800;	调用 01 号刀具,主轴正转,转速 800 r/min
G00 X35.0 Z5.0;	快速移动至车外轮廓循环起点
G71 U0.5 R0.5;	调用外轮廓粗车循环

G71 P10 Q50 U−0.3 W0.3 F30;	调用程序段 N10～N50,精加工余量 0.3 mm,进给量 30 mm/min
N10 G00 X0 Z1.0;	快速移动至车球面起点
G01 Z0;	
G03 X31.73 Z−13.91 R16.0;	车球面
G02 X32.71 Z−14.64 R1.0;	车连接圆弧面
N50 G01 X36.6 Z−16.19;	车倒角
G70 P10 Q50;	精车外轮廓
G28 U0 W0;	返回参考点
M05;	主轴停止
M30;	程序结束,返回程序起始点

（4）数控加工操作要点

① 本例是常见的盲孔内螺纹零件,为了保证内螺纹内侧的倒角,注意程序中应用的车槽刀倒角的程序段和加工操作。

② 本例为了保证球面的连接加工精度,刀尖圆弧要控制适当,程序中坐标值应准确,刀具安装应通过中心,以免端面留有痕迹。

③ 本例内螺纹有精度要求,应使用相应等级的螺纹塞规进行检测,加工中应注意螺纹切削的速度和余量分配。

④ 调头装夹加工左端时,注意 Z 坐标值的换算。

【例 3-16】 数控车削多件加工如图 3-19 所示的锁紧螺钉,具体方法和步骤如下。

（1）图样分析

① 工件是平头螺钉类零件,轴向长度 28 mm。

② 外螺纹 M6,有效长度 6 mm,退刀槽 $\phi4.5$ mm×2 mm。

③ 台阶外圆 $\phi7.5^{-0.035}_{-0.085}$ mm×4 mm,$\phi9^{-0.035}_{-0.085}$ mm×$(17\pm0.10-4)$ mm,$\phi13\times\phi3^{0}_{-0.2}$ mm。

④ 顶头倒角 C0.5 mm,螺纹倒角 C1 mm。

（2）加工准备

① 本例毛坯为 45 钢棒料 $\phi15$ mm。

② 工件装夹选用三爪自定心卡盘,装夹后长度可加工两件产品。

③ 选用外圆车刀加工台阶外圆、端面;选用切槽车刀加工退刀槽和切断加工;选用 60°外螺纹车刀加工外螺纹。

④ 选用带深度尺的多功能游标卡尺测量零件加工精度和坯件装夹位置尺寸;选用 M6 mm 螺纹环规检测外螺纹。

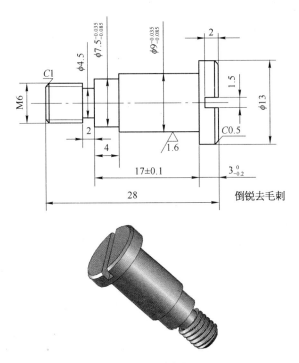

图 3 - 19 锁紧螺钉

（3）数控加工工艺

① 工件坐标系零点设定在工件两端面中心，按上、右方向设定 X、Z 轴正方向。选用改变刀具偏置设置参数的方法移动工件坐标系，本例平移距离为 32 mm（工件总长 28 mm 与切断刀宽度 2 mm、端面加工余量 2 mm 之和）。

② 工件加工步骤。左端：车端面→车倒角 C1 mm→车螺纹 M6 mm 外圆→车台阶外圆 ϕ7.5 mm→车环形端面→车外圆 ϕ9 mm→车环形端面→车外圆 ϕ13 mm→车螺纹退刀槽 ϕ4.5 mm×2 mm→车外螺纹 M6 mm→切断，按以上工序循环加工第二件；工件调头装夹：车端面→车倒角 C0.5 mm。

③ 外圆精度较高，选用 G71/G70 指令加工；外螺纹精度一般，选用 G92 循环指令加工。

④ 程序编制中，第一件选用同号的偏置参数刀具，如 T0101，T0303，

T0505；第二件采用不同号的偏置参数，如 T0102，T0304，T0506，相应的参数（如 01、02 号参数）之间 Z 向参数差值为 32 mm，相当于坐标轴沿 Z 向平行移动了 32 mm。

⑤ 数控加工程序：

O3016；	左端加工程序号
G98 G40 G21；	程序初始化
G28 U0 W0；	返回参考点
T0101 M03 S800；	换 01 号刀具，调用 01 号参数设置偏置，主轴正转，转速 800 r/min
G00 X16.0 Z0；	快速移动至车端面起点
G01 X0；	车端面
W1.0；	Z 向退刀
G00 X16.0；	X 向快速移动至粗车循环起点
Z5.0；	Z 向快速移动至粗车循环起点
G71 U1.0 R0.5；	调用外圆粗车循环
G71 P10 Q90 U0.5 W0.3 F30；	调用程序段 N10～N90，精加工余量 X 向 0.5 mm，Z 向 0.3 mm，进给量 30 mm/min
N10 G00 X3.0 Z0.5；	快速移动至车端面倒角起点
G01 X6.0 Z-1.0 F30；	车倒角
Z-8.0；	车螺纹大径外圆
X7.5；	车退刀槽环形端面
Z-12.0；	车 ϕ7.5 mm 外圆
X9.0；	车 ϕ7.5 mm 环形端面
Z-25.0；	车 ϕ9 mm 外圆
X13.0；	车 ϕ9 mm 环形端面
N90 Z-29.0；	车外圆 ϕ13 mm
G70 P10 Q90；	精车循环，程序段 N10～N90
G00 X100.0 Z20.0；	快速移动至换刀点
T0303 M03 S800；	换 03 号刀，调用 03 号参数设置偏置，主轴正转，转速 800 r/min
G00 X15.0 Z-8.0；	快速移动至切槽起点
G01 X4.5 F30；	切槽加工
G00 X15.0；	X 向快速退刀
X100.0 Z20.0；	快速移动至换刀点
T0505 M03 S50；	换 05 号刀具，调用 05 号参数设置偏置，主轴正转，转速 50 r/min
G00 X6.5 Z2.0；	快速移动至车螺纹循环起点

G92 X5.5 Z−7.0 F1.0;	车螺纹循环第一刀,螺距 1 mm
X5.0;	车螺纹循环第二刀
G28 U0 W0;	返回参考点
T0303 S200;	换 03 号刀具,转速 200 r/min
G00 X20.0 Z−32.0;	快速移动至切断加工起点
G01 X0;	切断加工
G00 X20.0;	X 向快速退刀
G28 U0 W0;	返回参考点
M05;	主轴停止
M30;	返回主程序
O3116;	右端面加工程序号
G21 G40 G98;	程序初始化
T0101 M03 S800;	调用 01 号刀具,01 号参数偏置,主轴正转,转速 800 r/min
G00 X15.0 Z0;	快速移动至车端面起点
G01 X0 F20;	车端面,进给量 20 r/min
Z1.0;	Z 向退刀
G00 X10.0;	快速移动至车倒角起点
G01 X15.0 Z−1.5;	车倒角 C0.5 mm
G28 U0 W0;	返回参考点
M05;	主轴停止
M30;	程序结束,返回程序起始点

（4）数控加工操作要点

① 本例长径比比较大,因此在加工右端台阶外圆采用 G71 外圆粗车循环。

② 本例长度比较大,加工第一件时应注意远端螺纹的加工精度。

③ 外圆的尺寸精度要求比较高,可通过试件加工,确定精加工余量和刀具偏置参数。

④ 本例不宜超过 2 件以上的多件加工,主要原因是根据工件材料的特点以及直径的尺寸,超过 2 件以上会影响零件的加工精度。

项目二　单件和小批量零件加工

单件零件通常用于机修、工量夹具等配制零件的加工,在一些专业化生产的企业,如机械修配零件制造企业,一般企业单件零件的形式也可能是小批量生产的零件形式。

任务一　手柄类零件的数控车削加工

手柄类零件主要是短轴结构,通常有多种形式的外轮廓和螺纹连接部位,在单件零件中具有典型性。加工此类零件,需要熟练应用各种数控车削的指令,如外轮廓粗车循环指令 G73、圆柱面粗车循环指令 G71、螺纹固定循环指令 G92 等,对轮廓中的基点的计算和 CAD 方法求解也应十分熟悉。此外还需要掌握加工中的顺序,以便数控车削后达到图样的各项技术要求。具体操作可参见以下实例。

【**例 3 - 17**】　数控车削加工如图 3 - 20 所示的圆弧连接手柄,具体方法和步骤如下。

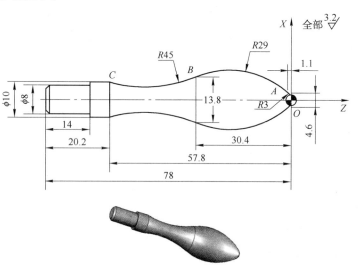

图 3 - 20　圆弧连接手柄

(1) 图样分析

① 工件是手柄类的零件,轴向长度 78 mm。

② 右端圆弧连接轮廓由顶端凸圆弧 R3 mm、凸圆弧 R29 mm 和凹圆弧 R45 mm 圆滑连接而成。

③ 左端台阶外圆 $\phi10$ mm×(20.2—14) mm、$\phi8$ mm×14 mm。

④ 左端顶头倒角 C1 mm。

⑤ 表面粗糙度全部 Ra3.2 μm。

(2) 加工准备

① 本例毛坯为 45 钢棒料 $\phi20$ mm×85 mm。

　　② 工件装夹选用三爪自定心卡盘,装夹后长度可加工零件右端包括圆柱面 ϕ10 mm 的外轮廓;调头装夹部位为圆柱面 ϕ10 mm,采用薄型的软爪夹紧。

　　③ 选用外圆车刀加工外轮廓,注意刀具主副偏角的数值,避免轮廓车削的干涉影响加工精度。

　　④ 选用带深度尺的多功能游标卡尺测量零件加工精度和坯件装夹位置尺寸;选用专用样板检验圆弧连接轮廓的加工精度。

　　(3) 数控加工工艺　本例应用 KND1000T 数控系统编程加工。

　　① 工件坐标系零点设定在工件两端面中心,按上、右方向设定 X、Z 轴正方向。

　　② 工件加工步骤。右端:车端面→车凸圆弧 R3 mm→车凸圆弧 R29 mm→车凹圆弧 R45 mm→车外圆 ϕ10 mm;工件调头装夹:车端面→车外圆 ϕ8 mm→车倒角 C1 mm。

　　③ 外轮廓连接精度较高,选用 G73/G70 指令加工。

　　④ 程序编制中注意计算或通过 CAD 绘图获得基点 A、B、C 的坐标,如图 3-20 所示,基点坐标为 A(4.6,−1.1)、B(13.8,−30.4)、C(10.0,−57.8)。

　　⑤ 数控加工程序:

O3017;	右端加工程序号
G98G90G21;	程序初始化
T0101M03S800;	换 01 号刀具,主轴正转,转速 800 r/min
G0X20Z0;	快速移动至车端面起点
G1X−0.5;	车端面
G0X20Z2;	快速移动至外轮廓粗车循环起点
G73U2W1R5;	调用外轮廓复合粗车循环
G73P10Q60U0.5W0.5F30;	调用程序段 N10~N60,精加工余量 X 向 0.5 mm, Z 向 0.5 mm,进给量 30 mm/min
N10G0X0Z0;	快速移动至车 R3 mm 凸圆弧起点
G3X4.6Z−1.1R3;	车凸圆弧 R3 mm
X13.8Z−30.4R29;	车凸圆弧 R29 mm
G2X10Z−57.8R45;	车凹圆弧 R45 mm
G1Z−80;	车 ϕ10 mm 外圆
N60X20;	车环形端面
G70P10Q60;	精车循环,程序段 N10~N60
G28U0W0;	返回参考点

M5;	主轴停止
M30;	程序结束,返回程序起始点
O3117;	左端加工程序号
G21G90G98;	程序初始化
T0101M03S800;	调用 01 号刀具,主轴正转,转速 800 r/min
G0X20Z0;	快速移动至车端面起点
G1X - 0.5F20;	车端面,进给量 20 r/min
Z1;	Z 向退刀
G0X4;	快速移动至车倒角起点
G1X8Z - 1;	车倒角 C1 mm
Z - 14;	车外圆 ϕ8 mm
X20;	车环形端面
G28U0W0;	返回参考点
M5;	主轴停止
M30;	程序结束,返回程序起始点

（4）数控加工操作要点

① 本例是常见的圆弧连接手柄,为了保证轮廓连接精度的要求,基点坐标的求解应准确。

② 本例调头装夹应使用软爪装夹,且爪的厚度不宜过大,以免夹坏工件外轮廓。

③ 应用轮廓循环粗车指令,应合理确定各项参数,保证轮廓粗精加工的余量分配和精车的精度。

④ 本例坯件长度应适当放长,保证加工过程中零件有一定的装夹刚度,避免加工振动影响加工表面质量。

【例 3 - 18】 数控车削加工如图 3 - 21 所示的圆弧锥面手柄,具体方法和步骤如下。

（1）图样分析

① 工件是手柄类的零件,轴向长度 79 mm。

② 右端圆弧和圆锥面连接轮廓由顶端凸圆弧 R30 mm、凸圆弧 R3 mm 和圆锥面圆滑连接而成。

③ 左端外螺纹 M10 mm,有效长度 13 mm;退刀槽 ϕ8 mm×3 mm。

④ 左端顶头倒角 C1 mm。

⑤ 表面粗糙度全部 Ra3.2 μm。

（2）加工准备

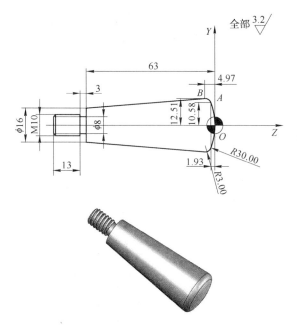

图 3 - 21 圆弧锥面手柄

① 本例毛坯为 45 钢棒料 ϕ 35 mm×85 mm。

② 工件装夹选用三爪自定心卡盘,装夹后长度可加工零件右端的外轮廓;调头装夹部位为圆锥面,采用锥度相同的过渡套夹紧。过渡套选用球墨铸铁或青铜材料,外圆为圆柱体,内轮廓为与工件圆锥面锥度相同的内锥面,轴向长度为 25 mm,大小端直径按夹套处于工件圆锥面中间位置确定,过渡套轴向开一通槽,便于工件夹紧。

③ 选用外圆车刀加工外轮廓;3 mm 宽度切槽刀加工螺纹退刀槽;60°螺纹刀车外螺纹。

④ 选用带深度尺的多功能游标卡尺测量零件加工精度和坯件装夹位置尺寸;选用螺纹环规检测外螺纹。

(3) 数控加工工艺

① 工件坐标系零点设定在工件两端面中心,按上、右方向设定 X、Z 轴正方向。

② 工件加工步骤。右端:车端面→车凸圆弧 R 30 mm→车凸圆弧 R 3 mm→车圆锥面→车过渡外圆 ϕ 16 mm;工件调头装夹:车端面→车倒

角 C1 mm→车螺纹外圆 ϕ10 mm→车环形端面→车退刀槽→车螺纹。

③ 外轮廓连接精度较高,选用 G73/G70 指令加工;车螺纹选用 G92 指令加工。

④ 程序编制中注意计算或通过 CAD 绘图获得基点 A、B 的坐标,如图 3-21 所示,基点坐标为 A(21.16,-1.93)、B(25.02,-4.97)。

⑤ 数控加工程序:

O3018;	右端加工程序号
G98 G40 G21;	程序初始化
G28 U0 W0;	返回参考点
T0101 M03 S800;	换 01 号刀具,主轴正转,转速 800 r/min
G00 X35.0 Z0;	快速移动至车端面起点
G01 X-1.0 F30;	车端面
G00 X35.0 Z2.0;	快速移动至外轮廓粗车循环起点
G73 U2.0 W1.0 R5;	调用外轮廓复合粗车循环
G73 P10 Q60 U0.5 W0.5 F30;	调用程序段 N10~N60,精加工余量 X 向 0.5 mm, Z 向 0.5 mm,进给量 30 mm/min
N10 G00 X-1.0 Z0;	快速移动至车 R30 mm 凸圆弧起点
G03 X21.16 Z-1.93 R30.0;	车凸圆弧 R30 mm
X25.02 Z-4.97 R3.0;	车凸圆弧 R3 mm
G01 X16.0 Z-63.0;	车圆锥面
Z-80.0;	车 ϕ16 mm 外圆
N60 X35.0;	车环形端面
G70 P10 Q60;	精车循环,程序段 N10~N60
G28 U0 W0;	返回参考点
M05;	主轴停止
M30;	程序结束,返回程序起始点
O3118;	左端加工程序号
G21 G98 G40;	程序初始化
T0101 M03 S800;	调用 01 号刀具,主轴正转,转速 800 r/min
G00 X22.0 Z0;	快速移动至车端面起点
G01 X-0.5 F20;	车端面,进给量 20 r/min
Z1.0;	Z 向退刀
G00 X25.0 Z1.0;	快速移动至车外圆循环起点
G71 U2.0 R0.5;	调用外圆粗车循环车螺纹外圆
G71 P10 Q40 U0.5 W0.5 F30;	调用程序段 N10~N40,精加工余量 X 向 0.5 mm, Z 向 0.5 mm,进给量 30 mm/min

N10 G01 X6.0；	移动至车倒角起点
X10.0 Z-1.0；	车倒角 C1 mm
Z-16.0；	车螺纹外圆
N40 X18.0；	车环形端面
G70 P10 Q40；	精车循环,程序段 N10～N40
G28 U0 W0；	返回参考点
T0303 S100；	调用 03 号刀具,转速 100 r/min
G00 X36.0 Z-16.0；	快速移动至车退刀槽起点
G01 X8.0；	车退刀槽
X10.0 W0.5；	车螺纹内侧倒角
X35.0；	X 向退刀
G28 U0 W0；	返回参考点
T0505 S80；	调用 05 号刀具,转速 80 r/min
G00 X11.0 Z2.0；	快速移动至车螺纹循环起点
G92 X9.0 Z-15.0 F1.5；	调用车螺纹循环第一刀
X8.5；	车螺纹第二刀
G28 U0 W0；	返回参考点
M05；	主轴停止
M30；	程序结束,返回程序起始点

（4）数控加工操作要点

① 本例是常见的圆弧圆锥面连接手柄,为了保证轮廓连接精度的要求,基点坐标的求解应准确。

② 本例调头装夹应使用过渡套装夹,过渡套内圆锥面加工应准确,避免损坏零件已加工部位。

③ 应用外轮廓循环粗车指令,应合理确定各项参数,注意循环调用的最后程序段 X 向坐标值应大于工件大端的直径,否则会在退刀路径中碰坏工件大端轮廓面。

④ 本例螺纹部位切出距离比较短,在切槽后应使用切槽刀在螺纹的内侧倒角,避免螺纹内侧的残留毛刺。

【例 3-19】 数控车削加工如图 3-22 所示的三球手柄,具体方法和步骤如下。

（1）图样分析

① 工件是手柄类的零件,轴向长度 164 mm。

② 三球手柄由球面和圆锥柄组成,两端为单柄球面,中部为双柄球面。圆锥面分别与球面 $S\phi$（40±0.025）mm、球面 $S\phi$（36±0.025）mm 和

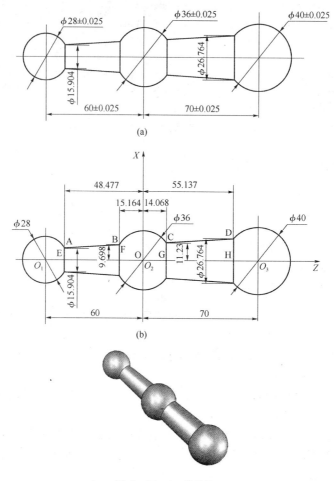

图 3 - 22　三球手柄

（a）零件图；（b）基点坐标图

球面 $S\phi$（28±0.025）mm 连接。

③ 球面中心距为（70±0.025）mm 和（60±0.025）mm。

④ 圆锥面与小端连接直径为 ϕ15.904 mm，与大端连接直径为
ϕ26.764 mm。

⑤ 表面粗糙度全部 Ra3.2 μm。

（2）加工准备

① 本例毛坯为 45 钢棒料 ϕ42 mm×180 mm。

② 工件装夹选用三爪自定心卡盘,装夹后长度可加工零件右端包括球面 $S\phi(40\pm0.025)$ mm、球面 $S\phi(36\pm0.025)$ mm 及过渡圆柱面外轮廓;调头装夹部位为右侧圆锥面,采用锥度相同的过渡套夹紧。过渡套选用球墨铸铁或青铜材料,外圆为圆柱体,内轮廓为与工件圆锥面锥度相同的内锥面,轴向长度为 30 mm,大小端直径按夹套处于工件圆锥面中间位置确定,过渡套轴向对称剖开,便于工件夹紧。

③ 选用外圆车刀加工外轮廓,注意刀具偏角,避免与轮廓干涉。

④ 选用带深度尺的多功能游标卡尺测量零件加工精度和坯件装夹位置尺寸;选用专用样板检测轮廓形状位置精度。

(3) 数控加工工艺　本例应用 KND1000T 数控系统编程加工。

① 工件坐标系零点设定在工件中间球面中心,也可设置在工件两端中心,按上、右方向设定 X、Z 轴正方向。

② 工件加工步骤。右端:车端面→车球面 $SR20$ mm→车右侧圆锥面→车中间球面 $SR18$ mm 至 B 位置→车过渡外圆 $\phi19.4$ mm;工件调头装夹:车端面→车球面 $SR14$ mm→车圆锥面至 B 位置。

③ 外轮廓连接精度较高,选用 G73/G70 指令加工。

④ 程序编制中注意计算或通过 CAD 绘图获得基点 A、B、C、D 的坐标,如图 3-22b 所示,基点坐标为 $A(15.904,-48.477)$、$B(19.396,-15.164)$、$C(22.46,14.068)$、$D(26.764,55.137)$。若分别以两端面中心为工件坐标系原点,则基点坐标为 $A(15.904,-25.52)$、$B(19.396,-58.84)$、$C(22.46,-75.93)$、$D(26.764,34.863)$。

⑤ 数控加工程序:

O3019;	右端加工程序号
G98 G90 G21;	程序初始化
G28 U0 W0;	返回参考点
T0101 M3 S800;	换 01 号刀具,主轴正转,转速 800 r/min
G0 X48 Z0;	快速移动至车端面起点
G1 X-1 F30;	车端面
X35;	球面车倒角切除余量起点
X45 Z-5;	车去除余量倒角
G0 X48 Z2;	快速移动至外轮廓粗车循环起点
G73 U5 W0.5 R4;	调用外轮廓复合粗车循环
G73 P10 Q60 U0.5 W0.5 F30;	调用程序段 N10~N60,精加工余量 X 向 0.5 mm,Z 向 0.5 mm,进给量 30 mm/min
N10 G0 X-1 Z0;	快速移动至车右端球面起点

G3 X26.76 Z−34.86 R20;	车右端球面 SR20 mm 至 D 点位置
G1 X22.46 Z−75.93;	车圆锥面至 C 点位置
G3 X19.4 Z−105.16 R18;	车中间球面 SR18 mm 至 B 点位置
G1 Z−130;	车过渡圆柱面 ϕ19.4 mm 外圆
N60 X48;	车环形端面
G70 P10 Q60;	精车循环,程序段 N10～N60
G28 U0 W0;	返回参考点
M5;	主轴停止
M30;	程序结束,返回程序起始点
O3119;	左端加工程序号
G21 G98 G90;	程序初始化
T0101 M3 S800;	调用 01 号刀具,主轴正转,转速 800 r/min
G0 X45 Z0;	快速移动至车端面起点
G1 X−0.5 F20;	车端面,进给量 20 r/min
Z1;	Z 向退刀
G0 X30;	快速移动至粗车外圆预备位置
G1 Z−28;	直线插补粗车轮廓余量
G0 X45 Z1;	快速移动至循环粗车外轮廓起点
G73 U5 W0.5 R4;	调用外轮廓粗车循环车左端球面和圆锥面
G73 P10 Q40 U0.5 W0.5 F30;	调用程序段 N10～N40,精加工余量 X 向 0.5 mm,Z 向 0.5 mm,进给量 30 mm/min
N10 G1 X−0.5 Z0;	移动至车球面 SR14 mm 起点
G03 X15.9 Z−25.52 R14;	车球面 SR14 mm
G1 X19.4 Z−58.84;	车圆锥面至点 B 位置
N40 X45;	X 向退刀
G70 P10 Q40;	精车循环,程序段 N10～N40
G28 U0 W0;	返回参考点
M5;	主轴停止
M30;	程序结束,返回程序起始点

（4）数控加工操作要点

① 本例是常见的球面、圆锥面连接手柄,为了保证轮廓连接精度的要求,基点坐标的求解应准确。

② 本例调头装夹应使用过渡套装夹,过渡套内圆锥面加工应准确,外圆应大于球面直径 $S\phi$40 mm,避免损坏零件已加工部位。

③ 应用外轮廓循环粗车指令,应合理确定各项参数,注意循环调用的最后程序段 X 向坐标值应大于工件大端球面的直径,否则会在退刀路径

中碰坏工件大端球面。

④ 本例调头加工的连接位置在 B 点位置,因此,两端的对刀要准确,调头后可先略向 A 点偏离 B 点,然后通过调整 Z 向的参数,逐渐接近 B 点,使两端加工连接终点位置都准确落在 B 点位置。

任务二 接头类零件的数控车削加工

接头类零件有杆式接头和套式接头,通常连接方式有螺纹连接、锥面连接等,也是单件加工和小批量生产中常见的零件。数控车削加工各种接头类零件,应注意连接部位的精度要求,通过综合应用循环指令,合理设置循环指令中的参数项,合理分配加工余量和选择切削用量,达到保质保量的加工要求。具体操作可参见以下实例。

【例 3-20】 数控车削加工如图 3-23 所示的吸气嘴接头,具体方法和步骤如下。

(1) 图样分析

① 工件是接头类的零件,轴向长度 80 mm。

② 气接头外轮廓由圆锥面、锥面圆弧槽、圆柱面、外螺纹和退刀槽组成,内孔为圆柱通孔。

③ 外轮廓圆锥面小端直径 $\phi15$ mm,大端直径 $\phi18$ mm,轴向长度 50 mm,与端面连接圆弧 R2 mm,端面圆角 R0.5 mm;圆锥面上间隔 10 mm 有 4 条圆弧 R2.5 mm 的环形槽,深度 0.25 mm,参考宽度 3 mm;外圆柱面直径 $\phi28$ mm,长度 16 mm;外螺纹退刀槽 R1.5 mm;外螺纹 G1/2 端面倒角 C1.5 mm,有效长度 11 mm。

④ 内孔直径为 $\phi12$ mm,螺纹端孔口倒角 C1 mm。

⑤ 圆锥面表面粗糙度 $Ra1.6$ μm,螺纹表面粗糙度 $Ra3.2$ μm,其余为 $Ra6.3$ μm。

(2) 加工准备

① 本例毛坯为 45 钢棒料 $\phi30$ mm×165 mm,本例可一料两件。

② 工件装夹选用三爪自定心卡盘,装夹后长度可加工至零件右端包括圆锥面、环形端面和圆柱面外轮廓及内孔;调头装夹部位为圆柱面,加工另一件切断后加工右端面、倒角、退刀槽和外螺纹。

③ 选用外圆车刀加工外轮廓;选用刀头圆弧 R2.5 mm 切槽刀加工圆锥面上的圆弧环槽;选用刀头圆弧 R1.5 mm 切槽刀加工外螺纹退刀槽;选用 55°外螺纹车刀加工外螺纹 G1/2。

④ 选用带深度尺的多功能游标卡尺测量零件加工精度和坯件装夹位

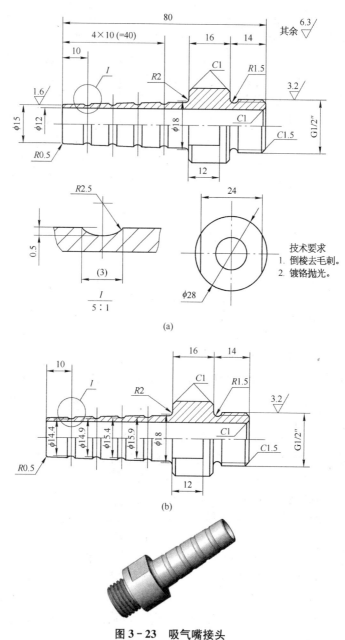

图 3 - 23　吸气嘴接头

（a）零件图；（b）槽底直径坐标图

置尺寸;选用螺纹环规检测外螺纹 G1/2。非密封的管螺纹参数见表 3-2,本例螺距 p 为 1.814 mm,大径 D 为 20.955 mm,小径 d 为 18.631 mm。

（3）数控加工工艺

① 工件坐标系零点设定在工件左端面中心,按上、左方向设定 X、Z 轴正方向。

② 工件加工步骤。左端:钻孔→车端面→车端面倒角→车圆锥面→车连接圆弧 R 2 mm→车环形端面→车倒角→车外圆→车圆锥面间距 10 mm 的圆弧槽;工件调头车另一件左端;切断后工件调头装夹:车端面→车端面倒角→车螺纹圆柱面→车环形端面→车倒角→车圆弧退刀槽→车螺纹。

③ 外轮廓精度较高,选用 G71/G70 指令加工。

④ 程序编制中注意计算或通过 CAD 绘图获得圆弧槽槽底位置的坐标值,如图 3-23b 所示,槽底位置坐标为 $A(14.4, -10.0)$、$B(14.9, -20.0)$、$C(15.4, -30.0)$、$D(15.9, -40.0)$。

⑤ 数控加工程序:

O3020;	右端加工程序号
G98 G40 G21;	程序初始化
G28 U0 W0;	返回参考点
T0101 M03 S100;	换 01 号刀具,主轴正转,转速 100 r/min
G00 X0;	X 向快速移动至钻孔起点
Z5.0;	Z 向快速移动至钻孔起点
G01 X-80.0 F30;	钻孔,进给量 30 mm/min
G00 Z5.0;	Z 向快速退刀
X80.0 Z20.0;	快速移动至换刀点
T0202 M03 S800;	换 02 号刀具,主轴正转,转速 800 r/min
G00 X35.0 Z0;	快速移动至车端面起点
G01 X5.0 F30;	车端面,进给量 30 mm/min
W1.0;	Z 向退刀
G00 X35.0 Z2.0;	快速移动至外圆粗车循环起点
G71 U2.0 R0.5;	调用外圆粗车循环
G71 P10 Q100 U0.5 W0.5 F30;	调用程序段 N10~N100,精加工余量 X 向 0.5 mm,Z 向 0.5 mm,进给量 30 mm/min
N10 G00 X11.0 Z2.0;	快速移动至车端面预备位置
G01 X10.0 Z0;	移动至车端面起点
X14.0;	车端面
G03 X15.0 Z-0.5 R0.5;	车端面圆角

G01 X18. 0 Z − 48. 0；	车圆锥面
G02 X22. 0 Z − 50. 0 R2. 0；	车连接圆弧
G01 X26. 0；	车环形端面
X28. 0 W − 1. 0；	车倒角
W − 18. 0；	车外圆
N100 U1. 0；	X 向退刀
G70 P10 Q100；	精车循环,程序段 N10～N100
G00 X80. 0 Z20. 0；	返回换刀点
T0303 M03 S200；	换 03 号刀具,主轴正转,转速 200 r/min
G00 X35. 0 Z − 11. 5；	快速移动至车第一条圆弧槽起点
G01 X14. 4；	车第一条圆弧槽
G00 X35. 0；	X 向快速退刀
W − 10. 0；	快速移动至车第二条圆弧槽起点
G01 X14. 9；	车第二条圆弧槽
G00 X35. 0；	X 向快速退刀
W − 10. 0；	快速移动至车第三条圆弧槽起点
G01 X15. 4；	车第三条圆弧槽
G00 X35. 0；	X 向快速退刀
W − 10. 0；	快速移动至车第四条圆弧槽起点
G01 X15. 9；	车第四条圆弧槽
G00 X35. 0；	X 向快速退刀
G28 U0 W0；	返回参考点
M05；	主轴停止
M30；	程序结束,返回程序起始点
O3120；	右端加工程序号
G21 G98 G40；	程序初始化
G28 U0 W0；	返回参考点
T0202 M03 S500；	调用 02 号刀具,主轴正转,转速 500 r/min
G00 X35. 0；	X 向快速移动至车端面起点
Z0；	Z 向快速移动至车端面起点
G01 X10. 0 F30；	车端面,进给量 30 mm/min
Z2. 0；	Z 向退刀
G00 X17. 0；	X 向快速移动至车端面倒角起点
Z0. 5；	Z 向快速移动至车端面倒角起点
G01 X21. 0 Z − 1. 5；	车端面倒角
Z − 14. 0；	车外螺纹圆柱面
X26. 0；	车环形端面

X30.0 Z−16.0；	车环形端面倒角
G00 X100.0 Z20.0；	快速移动至换刀点
T0404 S300；	调用 04 号刀具，转速 300 r/min
G00 X30.0 Z−14.0；	快速移动至车螺纹退刀槽起点
G01 X18.0；	车螺纹退刀槽
X22.0 Z−13.0；	螺纹内侧倒角
X30.0；	X 向退刀
G00 X100.0 Z20.0；	返回换刀点
T0505 S80；	换 05 号刀具，转速 80 r/min
G00 X21.0 Z4.0；	快速移动至车螺纹起点
G92 X19.6 Z−12.0 F1.84；	调用车螺纹固定循环，车外螺纹第一刀
X19.0；	车外螺纹第二刀
X18.63；	车外螺纹第三刀
G28 U0 W0；	返回参考点
M05；	主轴停止
M30；	程序结束，返回程序起始点

（4）数控加工操作要点

① 本例是常见的杆式接头类零件，为了保证锥面圆弧槽的加工要求，圆弧槽槽底的坐标求解应准确，以免槽底与内孔接通使零件报废。

② 本例钻孔比较深，注意控制进给量，避免钻头偏斜和切屑堵塞。

③ 为了保证左端面的圆角 0.5 mm 和连接圆弧 $R2$ mm，对刀应准确，刀尖圆弧要控制适当，必要时可按误差进行刀尖圆弧半径补偿。

④ 本例加工的外螺纹是非密封管螺纹，退刀距离比较短，应控制车螺纹的次数，保证螺纹的加工精度。

【例 3−21】　数控车削加工如图 3−24 所示的喷嘴，具体方法和步骤如下。

（1）图样分析

① 工件是套式接头类零件，轴向长度 80 mm。

② 喷嘴外轮廓由圆锥面、环形圆弧槽、圆柱面和矩形槽组成；内轮廓包括台阶内孔、内倒角和内螺孔。

③ 外轮廓圆锥面小端直径 $\phi31$ mm，半锥角 12°±8′；圆锥面大端与直径 $\phi45_{-0.025}^{0}$ mm 圆柱面连接，圆柱面与基准 A 同轴度 $\phi0.05$ mm；圆柱面 $\phi44_{-0.025}^{0}$ mm 为基准外圆，轴向长度 32 mm；圆弧环形槽圆弧 $R4$ mm，槽底直径 $\phi37_{-0.1}^{0}$ mm，至端面轴向尺寸 36 mm；矩形槽 $\phi36$ mm×5 mm，至端面轴向尺寸(20±0.065) mm；端面倒角 C1 mm。

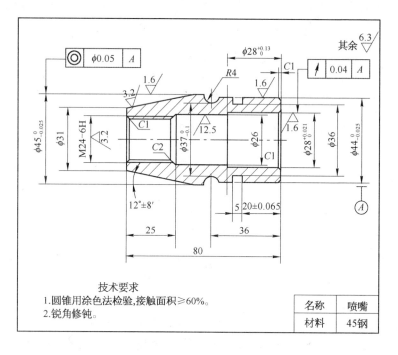

技术要求

1. 圆锥用涂色法检验,接触面积≥60%。
2. 锐角修钝。

名称	喷嘴
材料	45钢

图 3 - 24　喷嘴

④ 内轮廓包括台阶内孔直径为 $\phi 26$ mm;内孔 $\phi 28^{+0.021}_{0}$ mm $\times$ $28^{+0.13}_{0}$ mm 对基准 A 跳动公差 0.04 mm;内螺纹 M24 - 6H,有效长度 25 mm;两端倒角 C1 mm,螺纹与内孔接口处倒角 C2 mm。

⑤ 精度较高的部位表面粗糙度 $Ra 1.6\ \mu m$,圆锥和内螺纹表面粗糙度 $Ra 3.2\ \mu m$,其余为 $Ra 6.3\ \mu m$。

(2) 加工准备

① 本例毛坯为 45 钢棒料 $\phi 50$ mm $\times 85$ mm,本例也可一料两件,材料为 $\phi 50$ mm $\times 170$ mm。

② 工件装夹选用三爪自定心卡盘,装夹后长度可加工至零件右端包括两级圆柱面、环形圆弧槽、矩形槽和两级内孔、倒角;调头装夹部位为 ϕ44 mm或 ϕ45 mm 圆柱面,加工另一件切断后加工左端面、圆锥面、倒角、内螺纹。

③ 选用外圆车刀加工外轮廓;选用 5 mm 切槽刀加工矩形槽;选用尖头外轮廓刀车 R4 mm 圆弧环槽;选用 ϕ20 mm 麻花钻钻孔,内圆车刀车内孔;选用 60°内螺纹车刀加工内螺纹 M24-6H。

④ 选用带深度尺的多功能游标卡尺测量零件加工精度和坯件装夹位置尺寸;选用螺纹塞规检测内螺纹 M24-6H。本例螺距 $p=3$ mm,大径基本尺寸 $D=24$ mm,小径基本尺寸 $d=21$ mm。

(3) 数控加工工艺

① 工件坐标系零点设定在工件两端面中心,按上、右方向设定 X、Z 轴正方向。

② 工件加工步骤。右端:车端面→车端面倒角→车外圆→车矩形槽→钻孔→车孔口倒角→车台阶内孔→车内孔→车内壁倒角;工件调头车左端:车端面→车端面倒角→车圆锥面→车外圆→车倒角→车圆弧槽→车螺纹。

③ 内外轮廓都具有精度较高的部位,分别选用 G71/G70 指令粗精加工;内螺纹精度较高,选用 G92 指令加工。

④ 程序编制中注意计算或通过 CAD 绘图获得圆锥面与外圆交接位置的坐标值,按几何关系,交接位置坐标为(45, -32.93), Z 向坐标计算:

$$\frac{45-31}{\tan 12°}\times 0.5=\frac{14}{0.212\,6}\times 0.5=32.925\ \text{mm}。$$

⑤ 数控加工程序:

O3021;	右端加工程序号
G21 G98 G40;	程序初始化
G28 U0 W0;	返回参考点
T0101 M03 S800;	换 01 号刀具,主轴正转,转速 800 r/min
G00 X51.0 Z0;	X 向快速移动至车端面起点
G01 X-0.5 F30;	车端面,进给量 30 mm/min
G00 X51.0 Z2.0;	快速移动至外轮廓循环起点
G71 U2.0 R0.5;	调用外圆粗车循环
G71 P10 Q40 U0.5 W0.5 F30;	调用程序段 N10~N40,精加工余量 X 向 0.5 mm,Z 向0.5 mm,进给量 30 mm/min
N10 G00 X40.0 Z1.0;	快速移动至车端面倒角起点

G01 X44.0 Z-1.0;	车端面倒角
Z-38.0;	车外圆
N40 X51.0;	车环形端面
G70 P10 Q40;	精车循环,程序段 N10～N40
G28 U0 W0;	返回参考点
T0202 S100;	换 02 号刀具,转速 100 r/min
G00 X0 Z2.0;	快速移动至钻孔起点
G01 Z-85.0 F30;	钻孔
G00 Z2.0;	Z 向快速退刀
G28 U0 W0;	返回参考点
T0303 S500;	换 03 号刀具,转速 500 r/min
G00 X18.0 Z2.0;	快速移动至循环车内轮廓起点
G71 U2.0 R0.5;	调用车内圆循环
G71 P50 Q100 U-0.5 W0.5 F30;	调用车内圆循环,精加工余量 0.5 mm,进给量 30 mm/min
N50 G00 X32.0 Z1.0;	快速移动至内孔倒角起点
G01 X28.0 Z-1.0;	车内孔孔口倒角
Z-28.0;	车台阶圆
X26.0;	车内台阶端面
Z-55.0;	车内圆
N100 X20.0 Z-58.0;	车螺纹内侧倒角 C2 mm
G70 P50 Q100;	内轮廓精车循环
G28 U0 W0;	返回参考点
T0404 S100;	换 04 号刀具,转速 100 r/min
G00 X52.0 Z-25.0;	快速移动至车矩形槽起点
G01 X36.0;	车外圆矩形槽
G00 X52.0;	X 向快速退刀
G28 U0 W0;	返回参考点
T0606 S500;	换 06 号刀具,转速 500 r/min
G00 X45.0 Z-32.0;	快速移动至车圆弧环槽起点
G02 Z-40.0 R4.0;	车圆弧环形槽
G01 Z-45.0;	车外圆
G28 U0 W0;	返回参考点
M05;	主轴停止
M30;	程序结束,返回程序起始点
O3121;	左端加工程序号
G21 G98 G40;	程序初始化

G28 U0 W0；	返回参考点
T0101 M03 S800；	调用 01 号刀具，主轴正转，转速 800 r/min
G00 X51.0 Z0；	快速移动至车端面起点
G01 X18.0 F30；	车端面，进给量 30 mm/min
Z1.0；	Z 向退刀
G00 X51.0 Z2.0；	快速移动至车外轮廓循环起点
G71 U2.0 R0.5；	调用粗车外轮廓循环
G71 P10 Q40 U0.5 W0.5 F30；	调用粗车外轮廓循环，精车余量 0.5 mm，进给量 30 r/min
N10 G00 X31.0 Z0；	快速移动至车圆锥面起点
G01 X45.0 Z-32.93；	车圆锥面
Z-45.0；	车圆柱面
N40 X50.0；	X 向退刀
G70 P10 Q40；	精车外轮廓
G28 U0 W0；	返回参考点
T0303 S100；	调用 03 号刀具，转速 100 r/min
G00 X26.0 Z10.0；	快速移动至车螺纹孔口倒角起点
G01 X21.2 Z-1.0 F30；	车孔口倒角
Z-25.0；	车内螺纹小径孔
G00 U-1.0；	X 向快速退刀
Z5.0；	Z 向快速退刀
G28 U0 W0；	返回参考点
T0505 S80；	换 05 号刀具，转速 80 r/min
G00 X18.0 Z5.0；	快速移动至车内螺纹起点
G92 X22.5 Z-28.0 F3.0；	调用车螺纹固定循环，车外螺纹第一刀
X23.5；	车外螺纹第二刀
X24.0；	车外螺纹第三刀
G28 U0 W0；	返回参考点
M05；	主轴停止
M30；	程序结束，返回程序起始点

（4）数控加工操作要点

① 本例是常见的套式接头类零件，为了保证外圆卡口圆弧槽的加工要求，选用的刀具应与圆弧面无干涉。

② 本例调头加工应注意内孔、外圆与基准外圆的同轴度找正，保护已加工面的精度。

③ 为了保证内螺纹的加工精度，螺纹小径孔应采用车削加工。

④ 本例圆锥面加工也可采用 G90 循环加工。

【例 3-22】 数控车削加工如图 3-25 所示的磨杆，具体方法和步骤如下。

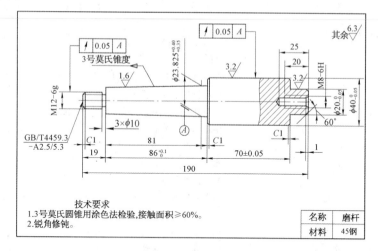

图 3 - 25 磨杆

（1）图样分析

① 工件是杆式接头类零件,轴向长度 190 mm。

② 磨杆外轮廓由圆锥面、台阶圆柱面和外螺纹组成;内轮廓为内螺孔。

③ 外轮廓基准圆锥面莫氏 3 号锥度,大端直径 $\phi23.825^{+0.40}_{+0.35}$ mm,锥度 1∶19.922,圆锥面长度 81 mm;圆锥面大端与直径 $\phi23.825^{+0.40}_{+0.35}$ mm×5 mm 圆柱面连接,总长度 $86^{+0.10}_{0}$ mm;圆柱面 $\phi40^{0}_{-0.05}$ mm×(70±0.05) mm;台阶圆柱面 $\phi20^{0}_{-0.05}$ mm×15 mm;圆柱面 $\phi40^{0}_{-0.05}$ mm×(70±0.05) mm 和外螺纹与基准 A 跳动公差 0.05 mm;外螺纹 M12 - 6g,有效长度 16 mm,退刀槽 3 mm×$\phi10$ mm,至端面尺寸 19 mm;端面倒角 C1 mm(三处),右端台阶圆柱面倒角 60°×1 mm。

④ 内轮廓包括内螺纹 M8-6H,有效长度 20 mm;孔口倒角 C1 mm,底孔深度 25 mm。

⑤ 莫氏 3 号圆锥面表面粗糙度 Ra1.6 μm,用涂色法检验接触面积≥65%;台阶圆柱面表面粗糙度 Ra3.2 μm,其余为 Ra6.3 μm。

(2) 加工准备

① 本例毛坯为 45 钢棒料 ϕ45 mm×200 mm。

② 工件装夹选用三爪自定心卡盘,装夹后长度可加工至零件右端包括两级圆柱面、螺纹孔;调头装夹部位为 ϕ40 mm 圆柱面,加工左端面、圆锥面、倒角、退刀槽和外螺纹。

③ 选用外圆车刀加工外轮廓;选用 3 mm 切槽刀加工退刀槽;选用 60°外螺纹车刀加工外螺纹;选用 ϕ6.7 mm 麻花钻钻孔,M8-6H 丝锥加工内螺纹,刀具可使用轴向伸缩的攻螺纹卡具安装。

④ 选用带深度尺的多功能游标卡尺测量零件加工精度和坯件装夹位置尺寸;选用螺纹塞规检测内螺纹 M8-6H;选用 M12-6g 螺纹环规检验外螺纹;选用莫氏 3 号锥度套规检验圆锥面。

(3) 数控加工工艺

① 工件坐标系零点设定在工件两端面中心,按上、右方向设定 X、Z 轴正方向。

② 工件加工步骤。右端:车端面→车端面倒角→车台阶外圆→车环形端面→倒角→车外圆→钻孔→攻螺纹;工件调头车左端:车端面→车端面倒角→车外螺纹圆柱面→车环形端面→车圆锥面→车连接圆柱面→车退刀槽→车螺纹。

③ 内外轮廓都具有精度较高的部位,分别选用 G71/G70 指令粗精加工;外螺纹精度较高,选用 G92 指令加工;选用丝锥加工内螺纹,注意主轴转向改变,以使丝锥退出。

④ 程序编制中注意计算圆锥面小端直径:圆锥面小端直径与大端直径、轴向长度和圆锥(莫氏 3 号)基本值 1:19.922 有关,本例圆锥面小端直径为 $23.825 - \dfrac{81}{19.922} = 19.76$ mm;外螺纹 M12 mm 螺距 $p = 1.75$ mm,大径基本尺寸 $D = 12$ mm,小径基本尺寸 $d = 10.25$ mm。

⑤ 数控加工程序:

O3022;　　　　　　　　右端加工程序号

G21 G98 G40;　　　　　程序初始化

G28 U0 W0；	返回参考点
T0101 M03 S800；	换 01 号刀具，主轴正转，转速 800 r/min
G00 X46.0 Z0；	X 向快速移动至车端面起点
G01 X-0.5 F30；	车端面，进给量 30 mm/min
G00 X46.0 Z2.0；	快速移动至外轮廓循环起点
G71 U2.0 R0.5；	调用外圆粗车循环
G71 P10 Q60 U0.5 W0.5 F30；	调用程序段 N10～N60，精加工余量 X 向 0.5 mm，Z 向 0.5 mm，进给量 30 mm/min
N10 G00 X14.54 Z1.0；	快速移动至车端面倒角起点
G01 X20.0 Z-1.0；	车端面倒角
Z-15.0；	车外圆
X38.0；	车环形端面
X40.0 Z-16.0；	车环形端面倒角
N60 Z-90.0；	车外圆
G70 P10 Q60；	精车循环，程序段 N10～N60
G28 U0 W0；	返回参考点
T0202 S100；	换 02 号刀具，转速 100 r/min
G00 X0 Z2.0；	快速移动至钻孔起点
G01 Z-25.0 F30；	钻孔
G00 Z2.0；	Z 向快速退刀
G28 U0 W0；	返回参考点
T0303 S50；	换 03 号刀具，转速 50 r/min
G00 X0 Z2.0；	快速移动至攻螺纹起点
G01 Z-20.0 F62.5；	攻螺纹
M04 Z2.0；	主轴反转，丝锥退刀
G28 U0 W0；	返回参考点
M05；	主轴停止
M30；	程序结束，返回程序起始点
O3122；	左端加工程序号
G98 G40 G21；	程序初始化
G28 U0 W0；	返回参考点
T0101 M03 S800；	调用 01 号刀具，主轴正转，转速 800 r/min
G00 X46.0 Z0；	快速移动至车端面起点
G01 X-0.5 F30；	车端面，进给量 30 mm/min
G00 X45.0 Z2.0；	快速移动至车外轮廓循环起点
G71 U2.0 R0.5；	调用粗车外轮廓循环
G71 P10 Q80 U0.5 W0.5 F30；	调用粗车外轮廓循环，精车余量 0.5 mm，进给量 30 r/min

N10 G00 X8.0 Z1.0；	快速移动至车端面倒角起点
G01 X12.0 Z－1.0；	车端面倒角
Z－19.0；	车外螺纹圆柱面
X19.76；	车环形端面
X23.83 Z－100.0；	车莫氏圆锥面
Z－105.0；	车大端连接圆柱面
X38.0；	车台阶环形端面
N80 X42.0 W－1.0；	车环形端面倒角
G70 P10 Q80；	精车外轮廓循环
G28 U0 W0；	返回参考点
T0404 S300；	调用 04 号刀具，转速 300 r/min
G00 X30.0 Z－19.0；	快速移动至车退刀槽起点
G01 X10.0 F30；	车退刀槽
X12.0 Z－18.3；	车外螺纹内侧倒角
G00 X30.0；	X 向快速退刀
G28 U0 W0；	返回参考点
T0505 S80；	换 05 号刀具，转速 80 r/min
G00 X13.0 Z5.0；	快速移动至车外螺纹起点
G92 X11.5 Z－17.0 F1.75；	调用车螺纹固定循环，车外螺纹第一刀
X11.0；	车外螺纹第二刀
X10.15；	车外螺纹第三刀
G28 U0 W0；	返回参考点
M05；	主轴停止
M30；	程序结束，返回程序起始点

（4）数控加工操作要点

① 本例是常见的杆式接头类零件，为了保证外圆与基准圆锥面的圆跳动公差，在调头装夹后应找正圆柱面与机床主轴同轴。

② 本例为了保证外螺纹与基准圆锥面的跳动公差，采用车螺纹的方法加工，注意加工中的振动，必要时可在左端加工中心孔用以顶尖支承，提高螺纹加工时工件的装夹精度和刚度。

③ 为了保证内螺纹的加工精度，丝锥卡头应保证丝锥在套筒内自由移动，反转退刀时不会影响螺纹的精度。

④ 本例圆锥面加工也可采用 G90 循环加工，检验时应涂色进行接触面积的检验，根据锥度接触部位的实际情况，微量调整圆锥面大小端直径尺寸，使圆锥面达到接触面积≥65％的加工精度要求。

任务三　轮毂类零件的数控车削加工

轮坯零件是数控车床常见的盘、套零件，如带轮、离合器、联轴器、齿轮、蜗轮和链轮等。加工此类零件通常需要熟悉零件的加工工艺过程,了解后续加工的技术要求,例如圆柱齿轮齿坯件,应了解齿轮齿顶圆直径的尺寸精度和几何精度要求等。具体加工方法和步骤可参见以下实例。

【例 3 - 23】 数控车削加工如图 3 - 26 所示的链轮预制件,具体方法和步骤如下。

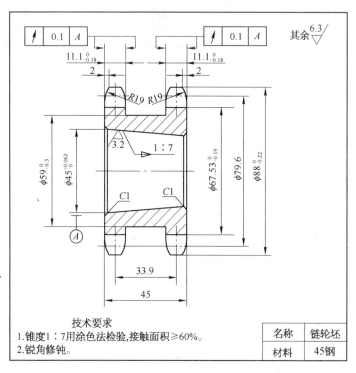

技术要求

1.锥度1:7用涂色法检验,接触面积≥60%。

2.锐角修钝。

名称	链轮坯
材料	45钢

图 3 - 26 链轮

（1）图样分析

① 本例为链轮预制件，主要结构包括端面、齿部圆弧、间隔矩形槽和内圆锥孔及倒角。

② 内圆锥孔锥度 1 : 7，大端直径 $\phi 45 ^{+0.062}_{0}$ mm；齿顶圆直径 $\phi 88 ^{0}_{-0.22}$ mm，齿部宽度 11. 1 $^{0}_{-0.18}$ mm，端面圆弧 R 19 mm；链轮间距 33. 9 mm；间距槽槽底直径 $\phi 59 ^{0}_{-0.30}$ mm；齿部端面对基准圆锥孔轴线的跳动公差位 0. 1 mm。

③ 圆锥孔用涂色法检验，接触面积≥65％。

（2）加工准备

① 锻件或圆钢，本例用圆钢 $\phi 100$ mm×55 mm。

② 工件选用自定心卡盘装夹；在加工好圆锥孔后，可采用圆锥芯轴装夹工件进行加工。

③ 选用标准麻花钻钻孔；外圆车刀加工外圆、端面和圆弧面；内孔车刀车圆锥内孔；切槽刀加工间隔矩形槽及内侧圆弧面。

④ 外圆柱面和内孔等采用游标卡尺、内外径千分尺和内径百分表进行测量和检验；内圆锥面采用标准检验棒涂色法检测；端面跳动选用百分表检测；圆弧面选用圆弧样板检测。

（3）数控加工工艺

① 选用常规指令加工外圆、内圆锥面和端面圆弧等。

② 数控加工过程。左端：钻孔→车端面→车圆弧面→车齿顶圆→车内圆锥面→车倒角→车间隔槽→车端面圆弧；右端：车端面→车圆弧面→车齿顶圆→车内孔倒角。

③ 工件坐标系零点设置在两端面中心；向上、向右为 X、Z 轴正方向。

④ 数控加工程序：

O3023;	左端加工程序号
G98 G40 G21;	程序初始化
G28 U0 W0;	返回参考点
T0101 M03 S500;	换 01 号刀具，主轴正转，转速 500 r/min
G00 X101.0 Z0;	快速移动至车端面起点
G01 X−0.5 F30;	车端面
W1.0;	Z 向退刀
G28 U0 W0;	返回参考点
T0202 S200;	换 02 号刀具，转速 200 r/min
G00 X0 Z5.0;	快速移动至钻孔起点

G01 Z − 70. 0;	钻孔
G00 Z5. 0;	Z 向快速退刀
G28 U0 W0;	返回参考点
T0303 S800;	换 03 号刀具,转速 800 r/min
G00 X35. 0 Z5. 0;	快速移动至车内圆锥面循环起点
G90 X38. 57 Z − 46. 0 R0 F30;	调用车内圆锥面循环第一刀
X40. 57 R1. 0;	车内圆锥面第二刀
X42. 57 R2. 0;	车内圆锥面第三刀
X44. 57 R3. 0;	车内圆锥面第四刀
X45. 84 R3. 64;	车内圆锥面第五刀
G00 X47. 0 Z1. 0;	快速移动至倒角起点
G01 X41. 0 Z − 2. 0;	车倒角
U − 1. 0;	X 向退刀
G00 Z5. 0;	Z 向退刀
G28 U0 W0;	快速返回参考点
T0101 S500;	换 01 号刀具,转速 500 r/min
G00 X40. 0 Z1. 0;	快速移动至端面预备位置
G01 Z0 F30. 0;	Z 向移动至端面位置
X76. 69;	移动至端面圆角起点
G03 X88. 0 Z − 2. 0 R19. 0;	车端面圆角 R 19 mm
G01 Z − 38. 0;	车链轮齿顶圆
U1. 0;	X 向退刀
G28 U0 W0;	返回参考点
T0404 S200;	换 04 号刀具,转速 200 r/min
G00 X90. 0 Z − 16. 1;	快速移动至中间槽左侧起点
G01 X59. 0;	车中间槽左侧
G00 X90. 0;	X 向快速退刀
G01 W − 5. 0;	沿 Z 负向移位 5 mm
X59. 0;	车中间槽中部
G00 X90. 0;	X 向快速退刀
W − 5. 0;	沿 Z 负向移位 5 mm
G01 X59. 0;	车中间槽中部
G00 X90. 0;	X 向快速退刀
W − 5. 0;	沿 Z 负向移位 5 mm
G01 X59. 0;	车中间槽中部
G00 X90. 0;	X 向快速退刀
W − 2. 8;	移位至中间槽右侧
G01 X59. 0;	车中间槽右侧

X76.69；	X 向移位至车圆弧起点
G03 X88.0 W − 2.0 R19.0；	车圆弧 R19 mm
G00 X90.0 Z − 12.66；	快速移动至槽右侧车圆弧起点
G03 X76.69 Z − 16.0 R19.0；	车槽右侧圆弧 R19 mm
G01 X59.0；	精车槽侧面
U0.5 W − 0.5；	退刀
G00 X100.0；	X 向快速退刀
G28 U0 W0；	返回参考点
M05；	主轴停止
M30；	程序结束,返回程序起点
O3123；	右端加工程序号
G98 G40 G21；	程序初始化
G28 U0 W0；	返回参考点
T0101 M03 S500；	换 01 号刀具,主轴正转,转速 500 r/min
G00 X30.0 Z0；	快速移动至车端面起点
G01 X76.69 F30；	车端面至圆弧起点
G03 X88.0 Z − 2.0 R19.0；	车圆弧 R19 mm
G01 Z − 15.0；	车链轮齿顶圆外圆
G28 U0 W0；	返回参考点
T0303 S800；	换 03 号刀具,转速 800 r/min
G00 X42.57 Z1.0；	快速移动至车倒角起点
G01 X34.57 Z − 2.0；	车倒角
U − 1.0；	X 向退刀
G00 Z5.0；	Z 向快速退刀
G28 U0 W0；	返回参考点
M05；	主轴停止
M30；	程序结束,返回程序起始点

（4）数控加工操作要点

① 车削齿部圆弧面 R19 mm 时注意与端面的相切连接,与齿顶圆的部位应有切入段或切出段。内侧圆弧面选用切槽刀加工的,应注意尽可能选用主切削刃加工。

② 圆锥内孔的加工必要时可选用刀具刀尖圆弧补偿指令,以消除圆锥面的加工误差。两端应计算设置切入段和切出段位置。

③ 注意保证两链轮位置的间距尺寸 33.9 mm。

【例 3 - 24】　数控车削加工如图 3 - 27 所示的双联齿轮预制件,具体方法和步骤如下。

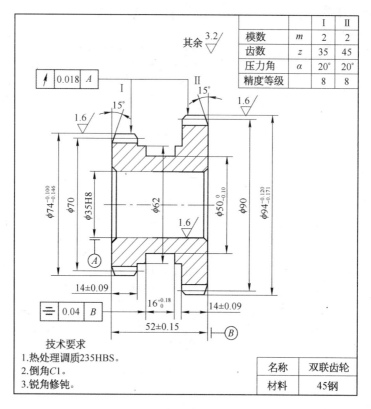

		I	II
模数	m	2	2
齿数	z	35	45
压力角	α	20°	20°
精度等级		8	8

其余 $\sqrt{3.2}$

名称	双联齿轮
材料	45钢

技术要求
1. 热处理调质235HBS。
2. 倒角C1。
3. 锐角修钝。

图 3-27 双联齿轮

（1）图样分析

① 本例为双联齿轮预制件，主要结构包括齿顶圆、端面、齿部倒角、间隔矩形台阶槽和内圆柱孔及倒角。

② 内圆柱孔 $\phi 35H8$ mm，两端倒角 C1 mm；齿顶圆直径 $\phi 94^{-0.120}_{-0.171}$ mm 和 $\phi 74^{-0.100}_{-0.146}$ mm，齿部宽度（14±0.09）mm，两端面 15° 倒角至齿根圆；总

长(55±0.15) mm;间距台阶槽槽底直径 $\phi62$ mm、$\phi50_{-0.10}^{0}$ mm,中间间距槽宽度 $\phi16_{0}^{+0.18}$ mm 对称两端面公差 0.04 mm,内侧倒角 C2 mm(与分度圆连接);齿顶圆圆柱面对基准内孔轴线的跳动公差为 0.018 mm。

（2）加工准备

① 锻件或圆钢,本例用圆钢 $\phi100$ mm×65 mm。

② 工件选用自定心卡盘装夹;在加工好内孔后,可采用芯轴装夹工件进行加工。

③ 选用标准麻花钻钻孔;外圆车刀加工外圆、端面和倒角;内孔车刀车圆柱内孔;切槽刀加工间隔台阶矩形槽及内侧倒角。

④ 外圆柱面和内孔等采用游标卡尺、内外径千分尺和内径百分表进行测量和检验;齿顶圆跳动选用百分表检测。

（3）数控加工工艺　本例应用华中 HNC22T 数控系统编程加工。

① 选用常规指令加工外圆、内孔和端面、倒角等。

② 数控加工过程。右端:车端面→钻孔→车内孔→车内孔倒角→车 15°倒角→车齿顶圆 $\phi94$ mm→车台阶间隔槽→车内端面倒角;左端:车端面→车 15°倒角→车齿顶圆 $\phi74$ mm→车内孔倒角。

③ 工件坐标系零点设置在两端面中心;向上、向右为 X、Z 轴正方向。

④ 数控加工程序:

O3024;	右端加工程序号
G98 G90 G21;	程序初始化
G28 U0 W0;	返回参考点
T0101 M03 S500;	换 01 号刀具,主轴正转,转速 500 r/min
G00 X102 Z0;	快速移动至车端面起点
G01 X-0.5 F30;	车端面
W1;	Z 向退刀
G28 U0 W0;	返回参考点
T0202 S200;	换 02 号刀具,转速 200 r/min
G00 X0 Z5;	快速移动至钻孔起点
G01 Z-70;	钻孔
G00 Z5;	Z 向快速退刀
G28 U0 W0;	返回参考点
T0303 S800;	换 03 号刀具,转速 800 r/min
G00 X32 Z5;	快速移动至车内孔循环起点
G90 X34 Z-55 F30;	调用车内孔循环第一刀
X34.7;	车内孔第二刀

X35；	车内孔第三刀
G00 X39 Z1；	快速移动至倒角起点
G01 X33 Z－2；	车倒角
U－1；	X 向退刀
G00 Z5；	Z 向退刀
G28 U0 W0；	快速返回参考点
T0101 S500；	换 01 号刀具，转速 500 r/min
G00 X32 Z1；	快速移动至端面预备位置
G01 Z0 F30；	Z 向移动至端面位置
X85；	移动至端面倒角起点
X94 Z－1.2；	车端面 15％倒角
Z－40；	车右端齿轮齿顶圆
U1；	X 向退刀
G28 U0 W0；	返回参考点
T0404 S200；	换 04 号刀具，转速 200 r/min
G00 X100 Z－19；	快速移动至台阶槽右侧起点
G01 X62；	车台阶槽右侧
G00 X100；	X 向快速退刀
G01 W－4；	沿 Z 负向移位 4 mm
X50；	车中间槽右侧
G00 X100；	X 向快速退刀
W－5；	沿 Z 负向移位 5 mm
G01 X50；	车中间槽中部
G00 X100；	X 向快速退刀
W－5；	沿 Z 负向移位 5 mm
G01 X50；	车中间槽中部
G00 X100；	X 向快速退刀
W－1；	移位至中间槽左侧
G01 X50；	车中间槽左侧
G00 X100；	X 向快速退刀
W－4；	移位至台阶槽左侧
G01 X62；	车台阶槽左侧
G00 X100；	X 向快速退刀
W－1；	Z 向快速移位至台阶槽左侧倒角起点
G01 X76；	X 向移动至台阶槽左侧倒角起点
X70 W3；	车台阶槽左侧倒角
G00 X100；	X 向快速退刀
X96 Z－17；	快速移动至台阶槽右侧倒角起点

G01 X90 Z - 20;	车台阶槽右侧倒角
G00 X100;	X 向快速退刀
G28 U0 W0;	返回参考点
M05;	主轴停止
M30;	程序结束,返回程序起始点
O3124;	左端加工程序号
G98 G90 G21;	程序初始化
G28 U0 W0;	返回参考点
T0101 M03 S500;	换 01 号刀具,主轴正转,转速 500 r/min
G00 X100 Z2;	快速移动至车左端齿顶圆循环起点
G90 X90 Z - 20;	车左端齿顶圆第一刀
X80;	车左端齿顶圆第二刀
X74;	车左端齿顶圆第三刀
G00 X30 Z0;	快速移动至精车端面起点
G01 X65 F30;	精车端面,进给量 30 mm/min
X74 Z - 1.2;	车左端面 15°倒角
Z - 20;	车齿顶圆
G28 U0 W0;	返回参考点
T0303 S800;	换 03 号刀具,转速 800 r/min
G00 X39 Z1;	快速移动至车内孔倒角起点
G01 X33 Z - 2;	车内孔倒角
U - 1;	X 向退刀
G00 Z5;	Z 向快速退刀
G28 U0 W0;	返回参考点
M05;	主轴停止
M30;	程序结束,返回程序起始点

（4）数控加工操作要点

① 车削齿部 15°时注意与齿根圆连接的 X 坐标位置,齿高是 $2.25m=2.25×2$ mm＝4.5 mm,X 坐标尺寸分别为 65 mm 和 85 mm,Z 向坐标为 $4.5×\tan15°=1.21$ mm。与齿顶圆的部位应有切入段或切出段。内侧倒角 C2 mm 选用切槽刀加工的,应注意尽可能选用主切削刃加工。

② 注意控制中间间距槽槽宽、槽底直径和对称度要求。

③ 本例的尺寸精度要求比较高,注意程序中相关坐标值数据的准确性和输入操作的准确性。选用补偿参数的应注意数值前的正负号。

【例 3 - 25】 数控车削加工如图 3 - 28 所示的 V 带轮,具体方法和步骤如下。

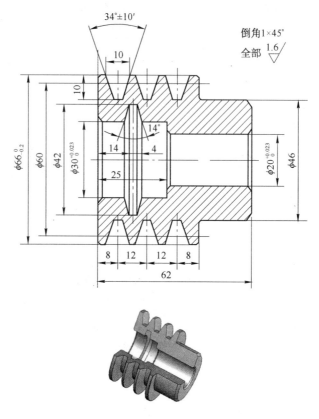

图 3 – 28 V 带轮

（1）图样分析

① 本例为 V 带轮，主要结构包括端面、台阶内孔、外圆柱面、倒角、V 形槽和内梯形槽等。

② 台阶内孔 $\phi30^{+0.023}_{0}$ mm×25 mm，通孔 $\phi20^{+0.023}_{0}$ mm，通孔两端倒角 C1 mm，台阶孔孔口倒角 C2 mm；带轮外圆直径 $\phi66^{0}_{-0.2}$ mm×40 mm，台阶外圆直径 $\phi46$ mm，总长 62 mm；V 形槽 34°±10′，槽口宽度 10 mm，深度 10 mm；V 形槽中分面至端面尺寸 8 mm，间距尺寸 12 mm；内孔梯形槽夹角 14°，槽底宽 4 mm，中分面至端面尺寸 14 mm，槽底圆直径 $\phi42$ mm。

（2）加工准备

① 铸件或铸造圆棒，本例用铸造圆棒 $\phi80$ mm×80 mm。

② 工件选用自定心卡盘装夹；在加工好内孔后，可采用芯轴装夹工件

进行加工。

③ 选用 ϕ18 mm 标准麻花钻钻孔；外圆车刀加工外圆、端面和倒角；内孔车刀车台阶圆柱内孔；分别用内外切槽刀加工 V 形槽及内孔梯形槽。V 形槽也可使用专用的刀具进行车削加工。

④ 外圆柱面和内孔等采用游标卡尺、内外径千分尺和内径百分表进行测量和检验；V 形槽用标准检具检测尺寸后可用游标角度尺或专用样板检测带槽夹角。

（3）数控加工工艺

① 选用 G71/G70 指令加工台阶外圆、台阶内孔和内端面、倒角等；选用主程序调用子程序方法加工 V 形槽。

② 数控加工过程。右端：车端面→钻孔→车倒角→车台阶圆 ϕ46 mm→车环形端面→车内孔 ϕ20 mm→车内孔倒角；左端：车端面→车倒角→车台阶内孔→车台阶内孔端面→车内端面倒角→车 V 形槽→车内孔梯形槽。

③ 工件坐标系零点设置在两端面中心；向上、向右为 X、Z 轴正方向。

④ 数控加工程序：

O3025；	右端加工程序号
G98 G40 G21；	程序初始化
G28 U0 W0；	返回参考点
T0101 M03 S500；	换 01 号刀具，主轴正转，转速 500 r/min
G00 X71.0 Z0；	快速移动至车端面起点
G01 X-0.5 F30；	车端面
W1.0；	Z 向退刀
G28 U0 W0；	返回参考点
T0202 S200；	换 02 号刀具，转速 200 r/min
G00 X0 Z5.0；	快速移动至钻孔起点
G01 Z-70.0；	钻孔
G00 Z5.0；	Z 向快速退刀
G28 U0 W0；	返回参考点
T0303 S800；	换 03 号刀具，转速 800 r/min
G00 X17.0 Z5.0；	快速移动至车内孔循环起点
G90 X19.2 Z-65.0 F30；	调用车内孔循环第一刀
X20.0；	车内孔第二刀
G00 X24.0 Z1.0；	快速移动至倒角起点
G01 X18.0 Z-2.0；	车倒角
U-1.0；	X 向退刀
G00 Z5.0；	Z 向退刀

G28 U0 W0;	快速返回参考点
T0101 S500;	换 01 号刀具，转速 500 r/min
G00 X71.0 Z2.0;	快速移动至车外圆循环起点
G71 U2.0 R0.5;	调用粗车外圆循环
G71 P10 Q60 U0.5 W0.5 F30;	调用程序号 N10～N60，精车余量 0.5 mm，进给量 30 mm/min
N10 G00 X42.0 Z10.0;	快速移动至车端面倒角起点
G01 X46.0 Z-1.0;	车端面倒角
Z-22.0;	车外圆 ϕ46 mm
X64.0;	车台阶端面
X66.0 Z-23.0;	车台阶端面倒角
N60 Z-50.0;	车带轮外圆
G70 P10 Q60;	精车右端外轮廓
G28 U0 W0;	返回参考点
M05;	主轴停止
M30;	程序结束，返回程序起始点
O3125;	左端加工主程序号
G98 G40 G21;	程序初始化
G28 U0 W0;	返回参考点
T0101 M03 S500;	换 01 号刀具，主轴正转，转速 500 r/min
G00 X71.0 Z0;	快速移动至车端面起点
G01 X16.0 F30;	车端面
W1.0;	Z 向退刀
G00 X64.0;	快速移动至车倒角起点
G01 X66.0 Z1.0;	车倒角
Z-40.0;	车带轮外圆 ϕ66 mm
G28 U0 W0;	返回参考点
T0303 S800;	换 03 号刀具，转速 800 r/min
G00 X17.0 Z2.0;	快速移动至粗车台阶内孔、倒角循环起点
G71 U2.0 R0.5;	调用粗车台阶内孔、倒角循环
G71 P10 Q50 U0.5 W0.5 F30;	调用程序段 N10～N50，精车余量 0.5 mm，进给量 30 mm/min
N10 G00 X34.0 Z1.0;	快速移动至车倒角起点
G01 X30.0 Z-1.0;	车倒角
Z-25.0;	车台阶内孔 ϕ30 mm
X22.0;	车内端面
N50 X18.0 Z-27.0;	车内端面孔口倒角

G70 P10 Q50；	精车内孔、倒角
G28 U0 W0；	返回参考点
T0404 S300；	换 04 号刀具，转速 300 r/min
G00 X70. 0 Z - 10. 0；	快速移动至车第一条 V 形槽起点
M98 P3225；	调用子程序车第一条 V 形槽
G00 Z - 22. 0；	快速移动至车第二条 V 形槽起点
M98 P3225；	调用子程序车第二条 V 形槽
G00 Z - 34. 0；	快速移动至车第三条 V 形槽起点
M98 P3225；	调用子程序车第三条 V 形槽
G28 U0 W0；	返回参考点
T0505 S300；	换 05 号刀具，转速 300 r/min
G00 X28. 0 Z5. 0；	快速移动至车内 V 形槽预备位置
G00 Z - 16. 0；	快速移动至车内 V 形槽起点
G01 X42. 0；	车内 V 形槽
G00 X28. 0；	X 向快速退刀
W0. 86；	沿 Z 正向快速移动 0. 86 mm
G01 X42. 0 W - 0. 86；	车内 V 形槽一侧斜面
G00 X28. 0；	X 向快速退刀
W - 0. 86；	沿 Z 负向快速移动 0. 86 mm
G01 X42. 0 W0. 86；	车内 V 形槽另一侧斜面
G00 X28. 0；	X 向快速退刀
Z5. 0；	Z 向快速退刀
G28 U0 W0；	返回参考点
M05；	主轴停止
M30；	程序结束，返回程序起始点
O3225；	V 形槽加工子程序号
G01 X46. 0 F30；	车矩形槽
G00 X66. 1；	X 向快速退刀
W3. 0；	沿 Z 正向快速移动 3 mm
G01 X46. 0 W - 3. 0；	车 V 形槽一侧面
G00 X66. 1；	X 向快速退刀
W - 3. 0；	沿 Z 负向快速移动 3 mm
G01 X46. 0 W3. 0；	车 V 形槽另一侧面
G00 X70. 0；	X 向快速退刀
M99；	返回主程序

（4）**数控加工操作要点**

① 车削 V 形槽侧面选用主切削刃加工，加工中应设定切入段始点坐

标位置,根据几何关系,V形槽槽底宽度为 4 mm,两侧斜面的 Z 向坐标偏移为 3 mm。

② 内孔梯形槽槽底宽度 4 mm,按几何关系,槽口宽度为 4+0.74×2=5.48 mm。

③ 本例加工注意内孔与 V 形槽的同轴度。

项目三　配合零件加工

任务一　用数控车床加工圆锥面配合零件

圆锥面配合是机械零件中常见的配合组件,也是数控车床常见的鉴定考核配合件,圆锥面的配合常以与标准检具接触面积的百分比进行精度检测,数控加工中要避免刀尖圆弧对圆锥面加工的影响。具体加工方法可参见以下实例。

【例 3－26】　数控车削加工如图 3－29 所示的二件锥轴配合零件,具体方法和步骤如下。

(1) 图样分析

① 本例为内外圆锥、圆柱面配合零件,件 1 是套类零件,主要结构是端面、内外圆锥面和圆柱面等;件 2 是轴类零件,主要结构是端面、倒角、外圆柱面、矩形槽、二级圆锥面、连接圆弧和外螺纹等。

② 件 1 的内外圆柱面 $\phi40$ mm×20 mm,$\phi28$ mm×20 mm;内外圆锥面锥度 1:10,轴向长度 19 mm;总长 39 mm。

③ 件 2 圆柱面 $\phi28$ mm×15 mm;中部二级圆锥面锥度 1:10;大端直径 $\phi48$ mm,小端直径 $\phi28$ mm,轴向长度 20 mm、20 mm。右端圆柱面 $\phi48$ mm×10 mm;连接圆弧面 $R8$ mm;外螺纹 M30×1.5－6g;矩形槽 5 mm×2 mm,轴向位置分别为 15 mm 和 20 mm。

④ 配合要求:圆锥面配合后,件 1 中部环形端面与件 2 圆锥面侧端面之间间隙(1±0.20) mm;外锥面母线直线度 0.04 mm;圆锥体配合部分着色接触面积大于 60%;端面平面度 0.06 mm;两件配合后总长(103±0.20) mm。

(2) 加工准备

① 件 1:圆钢 $\phi50$ mm×45 mm。件 2:圆钢 $\phi50$×110 mm。

② 件 1 选用自定心卡盘装夹;件 2 选用两顶尖装夹。

③ 外圆车刀加工端面、外轮廓及连接圆弧面;内孔车刀车内孔;切槽刀加工矩形槽;外螺纹车刀加工外螺纹。

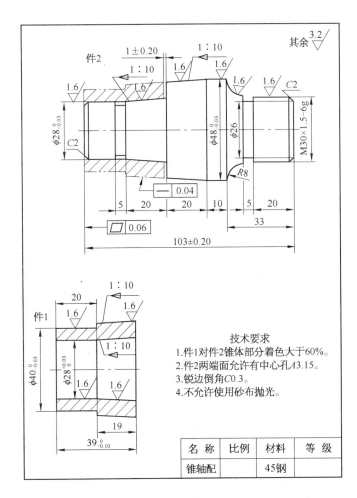

技术要求

1. 件1对件2锥体部分着色大于60%。
2. 件2两端面允许有中心孔A3.15。
3. 锐边倒角C0.3。
4. 不允许使用砂布抛光。

名　　称	比例	材料	等　级
锥轴配		45钢	

图3-29　二件锥轴配合零件

④ 外圆选用百分尺检验；其他部位采用游标卡尺、内径千分尺和内径百分表进行测量和检验；圆锥面采用专用量具检测。

（3）数控加工工艺

① 选用 G71/G70 循环加工件 2 外轮廓；选用 G01 指令加工矩形槽；选用 G92 指令加工外螺纹。

② 加工步骤：加工件 1 内圆锥面套；加工件 2 圆锥面轴。

③ 圆锥面轴数控加工过程。左端：车端面→车倒角→车圆柱面 ϕ28 mm→车圆锥面→车台阶端面→车大圆锥面→车圆柱面 ϕ48 mm→车矩形槽；右端：车端面→车倒角→车螺纹大径外圆→车连接圆弧面→车圆柱面 ϕ48 mm→车退刀槽→车外螺纹。

④ 工件坐标系零点分别设置在件 1、件 2 端面对称中心；向上、向右为 X、Z 轴正方向。

⑤ 数控加工程序（右端面加工程序略）：

O3026；	件 1 加工程序号
G98 G40 G21；	程序初始化
G28 U0 W0；	返回参考点
T0202 M03 S800；	换 02 号刀具，主轴正转，转速 800 r/min
G00 X0 Z5.0；	快速移动至钻孔起点
G01 Z－50.0；	钻孔
G00 Z5.0；	Z 向快速退刀
G28 U0 W0；	返回参考点
T0101 M03 S500；	调用 01 号刀具，选择 01 号刀补，主轴正转，转速 500r/min
G00 X51.0 Z0；	快速移动至车端面起点
G01 X－0.5 F30；	车端面
W1.0；	Z 向退刀
G00 X51.0 Z5.0；	快速移动至外圆循环起点
G71 U2.0 R0.5；	调用外圆循环车外轮廓
G71 P10 Q40 U0.5 W.05 F30；	调用程序段 N10～N40，精加工余量 0.5 mm，进给速度 30 mm/min
N10 G00 X40.0 Z1.0；	快速移动至车外圆起点
G01 Z－20.0；	车外圆
X44.0；	车台阶端面
N40 X46.0 Z－40.0；	车外圆锥面
G70 P10 Q40；	精车外轮廓
G28 U0 W0；	返回参考点

T0303 S800；	换 03 号刀具,转速 800 mm/min
G00 X23.0 Z2.0；	快速移动至循环车内轮廓起点
G71 U2.0 R0.5；	调用内圆粗车循环车内轮廓
G71 P50 Q70 U0.5 W0.5 F30；	调用程序段 N50～N70,精车余量 0.5 mm,进给量 30 mm/min
N50 G00 X28.0 Z2.0；	快速移动至车内孔起点
G01 Z-20.0；	车内孔
N70 X30.0 Z-40.0；	车内圆锥面
G70 P50 Q70；	精车内轮廓
G28 U0 W0；	返回参考点
M05；	主轴停止
M30；	程序结束,返回程序起始点
O3126；	件 2 左端加工程序号
G98 G40 G21；	程序初始化
G28 U0 W0；	返回参考点
T0101 M03 S500；	调用 01 号刀具,选择 01 号刀补,主轴正转,转速 500r/min
G00 X51.0 Z0；	快速移动至车端面起点
G01 X-0.5 F30；	车端面
W1.0；	Z 向退刀
G00 X51.0 Z5.0；	快速移动至车外圆循环起点
G71 U2.0 R0.5；	调用外圆粗车循环
G71 P10 Q70 U0.5 W0.5 F30；	调用程序段 N10～N70,精加工余量 0.5 mm,进给量 30 mm/min
N10 G00 X22.0 Z1.0；	快速移动至端面倒角起点
G01 X28.0 Z-2.0；	车倒角
Z-20.0；	车外圆 ϕ20 mm
X30.0 Z-40.0；	车小外圆锥面
X46.0；	车台阶端面
X48.0 Z-60.0；	车大外圆锥面
N70 W-12.0；	车大外圆
G70 P10 Q70；	精车左端外轮廓
G28 U0 W0；	返回参考点
T0404 S800；	换 04 号刀具,转速 800 mm/min
G00 X30.0 Z-20.0；	快速移动至切槽起点
G01 X24.0 F30；	切槽加工,进给量 30 mm/min
G00 X51.0；	X 向快速退刀

G28 U0 W0；	返回参考点
M05；	主轴停止
M30；	程序结束,返回程序起始点
O3226；	件 2 右端加工程序
G98 G40 G21；	程序初始化
G28 U0 W0；	返回参考点
T0101 M03 S800；	调用 01 号刀具,选择 01 号刀补,主轴正转,转速 800r/min
G00 X51.0 Z0；	快速移动至车端面起点
G01 X − 0.5 F30；	车端面
W1.0；	Z 向退刀
G00 X51.0 Z5.0；	快速移动至车外圆循环起点
G71 U2.0 R0.5；	调用外圆粗车循环
G71 P10 Q60 U0.5 W0.5 F30；	调用程序段 N10～N60,精车余量 0.5 mm,进给量 30 mm/min
N10 G00 X24.0 Z1.0；	快速移动至车端面倒角起点
G01 X30.0 Z − 2.0；	车端面倒角
Z − 25.0；	车螺纹大径外圆
X34.0；	车台阶端面至凹圆弧起点
G02 X48.0 W − 8.0 R8.0；	车凹圆弧面 R8 mm
N60 G01 X50.0；	X 向退刀
G70 P10 Q60；	精车右端外轮廓
G28 U0 W0；	返回参考点
T0404 S300；	换 04 号刀具,转速 300 r/min
G00 X50.0 Z − 25.0；	快速移动至切槽起点
G01 X26.0 F30；	切槽,进给量 30 mm/min
X30.0 W1.2；	车螺纹内侧倒角
G00 X50.0；	X 向快速退刀
G28 U0 W0；	返回参考点
T0505 S200；	换 05 号刀具,转速 200 r/min
G00 X32.0 Z5.0；	快速移动至车外螺纹起点
G92 X29.0 Z − 21.0 F1.5；	调用固定循环车外螺纹第一刀
X28.5；	车外螺纹第二刀
G28 U0 W0；	返回参考点
M05；	主轴停止
M30；	程序结束,返回程序起始点

（4）数控加工操作要点

① 件1圆锥面可使用标准圆锥塞规和套规检验,注意选用着色法检验接触面积百分比。

② 配合后的轴向间隙可选用塞尺检测;端面平面度、圆锥锥度1∶10、外圆锥面母线直线度可选用正弦规和百分表检测。

③ 本例尺寸精度比较高,配合后的位置精度要求也比较高,因此需要仔细核算程序中的有关点坐标值,操作中应注意过程尺寸的控制,合理选用切削用量。

任务二　用数控车床加工圆柱面和螺纹配合零件

圆柱面、螺纹配合零件是常见的修配零件或考核试题,加工此类配合零件除了保证单个零件的加工精度外,还需要按配合要求,调整相关部位的加工精度。具体方法可参见以下实例。

【例3－27】　数控车削加工如图3－30所示的三件圆柱配合件,具体方法和步骤如下。

(1) 图样分析

① 本例为三件圆柱面、螺纹配合件,件1轴的主要结构是端面、台阶圆柱面、倒角和外螺纹、退刀槽等;件2套的主要结构包括台阶内孔、倒角、外圆柱面和矩形槽等;件3螺母主要结构包括端面、倒角、外圆和内螺纹。

② 件1轴有台阶外圆柱面 $\phi38$ mm×10 mm、$\phi30$ mm×15 mm、$\phi22$ mm×22 mm;圆柱外螺纹 M16 mm 有效长度12 mm;矩形槽2 mm×0.5 mm,轴向位置40 mm;矩形槽4 mm×1.5 mm,轴向位置16 mm。

③ 件2套有台阶圆柱孔 $\phi30$ mm×5 mm,通孔 $\phi22$ mm;倒角 C1 mm;台阶外圆柱面 $\phi38$ mm×12 mm、$\phi35$ mm×10 mm;矩形槽底 $\phi30$ mm 宽度8 mm。

④ 件3螺母外圆 $\phi38$ mm×15 mm;倒角 C1 mm;内螺纹 M16 mm。

(2) 加工准备

① 圆钢,件1:$\phi40$ mm×70 mm;件2:$\phi40$ mm×40 mm;件3:$\phi40$ mm×20 mm。较短的零件需要考虑夹紧位置。

② 工件选用自定心卡盘、两顶尖装夹。

③ 外圆车刀加工台阶外圆、端面和倒角;内孔车刀车台阶内孔;切槽刀加工矩形槽;螺纹车刀加工外圆柱螺纹。

④ 配合精度要求:三件配合后总长 $65_{-0.6}^{-0.2}$ mm;件1大端环形端面与件2大端端面之间间距尺寸 $10_{-0.2}^{0}$ mm。

⑤ 外圆柱面和内孔等采用游标卡尺、内外径千分尺和内径百分表进

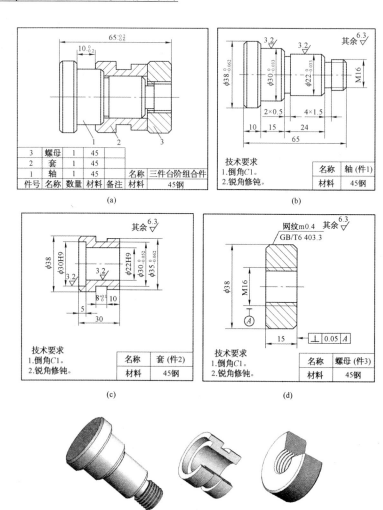

图 3-30　三件圆柱配合件

（a）配合图；（b）件1(轴)；（c）件 2(套)；（d) 件 3(螺母)

行测量和检验；螺纹采用螺纹塞规和环规检测。

（3）**数控加工工艺**

① 选用 G71/G70 循环加工内外台阶圆柱面；选用 G01 指令加工矩形槽；选用 G92 指令加工内外螺纹。

② 加工步骤：加工件 1、件 2 和件 3。

③ 件 1 轴的数控加工过程:车端面→车倒角→车螺纹大径外圆→车台阶端面→车台阶倒角→车外圆 $\phi22$ mm→车台阶端面→车倒角→车外圆 $\phi30$ mm→车台阶端面→车倒角→车外圆 $\phi38$ mm→车槽→车外螺纹;调头:车端面→车倒角。

④ 各工件坐标系零点设置在端面中心;向上、向右为 X、Z 轴正方向。

⑤ 数控加工程序:

O3027;	件 1 加工程序号
G98 G40 G21;	程序初始化
G28 U0 W0;	返回参考点
T0101 M03 S800;	换 01 号刀具,主轴正转,转速 800 r/min
G00 X46.0 Z0;	快速移动至车端面起点
G01 X-0.5 F30;	车端面
W1.0;	Z 向退刀
G00 X46.0 Z2.0;	快速移动至外圆粗车循环起点
G71 U2.0 R0.5;	调用外圆粗车循环
G71 P10 Q120 U0.5 W0.5 F30;	调用程序段 N10~N120,精加工余量 0.5 mm,进给量 30 mm/min
N10 G00 X12.0 Z1.0;	快速移动至车倒角起点
G01 X16.0 Z-1.0;	车倒角
Z-16.0;	车外螺纹大径外圆
X20.0;	车台阶端面
X22.0 W-1.0;	车台阶倒角
W-23.0;	车外圆 $\phi22$ mm
X28.0;	车台阶端面
X30.0 W-1.0;	车台阶倒角
W-14.0;	车外圆 $\phi30$ mm
X36.0;	车台阶端面
X38.0 W-1.0;	车台阶倒角
N120 W-10.0;	车外圆 $\phi38$ mm
G70 P10 Q120;	精车外轮廓
G28 U0 W0;	返回参考点
T0404 S300;	调用 04 号刀具,选择 04 号刀补,转速 300r/min
G00 X35.0 Z-16.0;	快速移动至切槽起点
G01 X13.0 F30;	切槽,进给量 30 mm/min
G00 X18.0;	X 向快速退刀
W2.0;	Z 向位移 2 mm
G01 X13.0;	切槽至槽宽

X16.0 W0.87;	螺纹内侧倒角
G00 X35.0;	X 向快速退刀
Z-40.0;	Z 向位移至右侧切槽起点
G01 X21.0;	切槽
G00 X35.0;	X 向快速退刀
G28 U0 W0;	返回参考点
T0505 S200;	换 05 号刀具
G00 X18.0 Z5.0;	快速移动至车螺纹循环起点
G92 X14.5 Z-13.0 F2.0;	调用车螺纹循环车螺纹第一刀
X14.0;	车螺纹第二刀
G28 U0 W0;	返回参考点
M05;	主轴停止
M30;	程序结束,返回程序起始点
O3127;	件 2 左端加工程序号
G98 G40 G21;	程序初始化
G28 U0 W0;	返回参考点
T0101 M03 S800;	调用 01 号刀具,选择 01 号刀补,主轴正转,转速 800r/min
G00 X46.0 Z0;	快速移动至车端面起点
G01 X-0.5 F30;	车端面
W1.0;	Z 向退刀
G00 X46.0 Z2.0;	快速移动至车外圆循环起点
G90 X43.0 Z-14.0;	调用车外圆循环第一刀
X40.0;	车外圆第二刀
X38.0;	车外圆第三刀
G00 X34.0 Z1.0;	快速移动至车端面倒角起点
G01 X40.0 Z-2.0;	车倒角
G28 U0 W0 ;	返回参考点
T0202 S300;	换 02 号刀具,转速 300 mm/min
G00 X0 Z5.0;	快速移动至钻孔起点
G01 Z-45.0 F30;	钻孔,进给量 30 mm/min
G00 Z5.0;	Z 向快速退刀
G28 U0 W0;	返回参考点
T0303 S800;	换 03 号刀具,转速 800 r/min
G00 X18.0 Z5.0;	快速移动至车内孔循环起点
G71 U2.0 R0.5;	调用内圆粗车循环
G71 P10 Q40 U-0.5 W0.5 F30;	调用程序段 N10～N40,精车余量 0.5 mm,进给量 30 mm/min

N10 G00 X30. 0 Z2. 0；	快速移动至车台阶孔起点
G01 Z - 5. 0；	车台阶孔
X22. 0；	车台阶孔端面
N40 Z - 40. 0；	车内孔
G70 P10 Q40；	精车内轮廓
G28 U0 W0；	返回参考点
M05；	主轴停止
M30；	程序结束,返回程序起始点
O3227；	件 2 右端加工程序
G98 G40 G21；	程序初始化
G28 U0 W0；	返回参考点
T0101 M03 S500；	调用 01 号刀具,选择 01 号刀补,主轴正转,转速 800r/min
G00 X46. 0　Z0；	快速移动至车端面起点
G01 X - 0. 5 F30；	车端面
W1. 0；	Z 向退刀
G00 X45. 0 Z5. 0；	快速移动至车外圆循环起点
G90 X38. 0 Z - 18. 0；	调用外圆粗车循环第一刀
X36. 0；	车外圆第二刀
X35. 0；	车外圆第三刀
G28 U0 W0；	返回参考点
T0404 S200；	换 04 号刀具,转速 200 r/min
G00 X45. 0 Z - 18. 0；	快速移动至切槽起点
G01 X30. 0 F30；	切槽,进给量 30 mm/min
G00 X45. 0；	X 向快速退刀
W3. 0；	Z 向位移 3 mm
G01 X30. 0；	切槽
W - 3. 0；	槽底精车位移 3 mm
X40. 0；	X 向退刀
G28 U0 W0；	返回参考点
M05；	主轴停止
M30；	程序结束,返回程序起始点
O3327；	件 3 右端加工程序
G98 G40 G21；	程序初始化
G28 U0 W0；	返回参考点

T0101 M03 S500；	调用 01 号刀具，选择 01 号刀补，主轴正转，转速 500r/min
G00 X46.0 Z0；	快速移动至车端面起点
G01 X－0.5 F30；	车端面
W1.0；	Z 向退刀
G00 X45.0 Z5.0；	快速移动至车外圆循环起点
G90 X40.0 Z－18.0；	调用外圆粗车循环第一刀
X39.0；	车外圆第二刀
X38.0；	车外圆第三刀
G00 X34.0 Z1.0；	快速移动至倒角起点
G01 X40.0 Z－2.0；	车倒角
G28 U0 W0；	返回参考点
T0202 S200；	换 02 号刀具，转速 200 r/min
G00 X0 Z5.0；	快速移动至钻孔起点
G01 Z－30.0 F30；	钻孔，进给量 30 mm/min
G00 Z5.0；	Z 向快速退刀
G28 U0 W0；	返回参考点
T0303 S200；	换 03 号刀具，转速 200 r/min
G00 X13.0 Z2.0；	快速移动至车螺纹循环起点
G92 X15.3 Z－18.0 F2.0；	调用车内螺纹循环第一刀
X16.0；	车内螺纹第二刀
M05；	主轴停止
M30；	程序结束，返回程序起始点

（4）数控加工操作要点

① 影响外圆和内孔配合的尺寸精度都要严格控制在配合公差范围之内，因此需要通过准确对刀、刀具补偿或调整程序中的坐标值，保证孔和外圆配合间隙在图样规定的范围之内。

② 轴向长度的控制重点是件 1 的 ϕ30 mm×15 mm 的高度 15 mm、件 2 台阶内孔 ϕ30 mm×5 mm 的深度、各零件的总长，以保证三件配合后的间距尺寸和总长尺寸符合图样配合精度要求。

③ 本例为了保证配合精度，加工中要注意控制台阶外圆和内孔的同轴度，端面与工件轴线的垂直度。

项目四 特殊螺纹零件加工

任务一 用数控车床加工圆锥螺纹零件

圆锥螺纹是比较特殊的螺纹零件，圆锥螺纹有多种规格，具体可参见有关的技术手册和标准。加工圆锥螺纹,要注意圆锥面的加工精度,同时也要合理分配螺纹的加工余量和切削方法。车圆锥螺纹,需要设置切入和切出段,并要按圆锥螺纹的锥度计算始点和终点坐标值,在程序中要准确输入始点和终点的坐标值,并准确输入半径差的数值及其数值前的符号。具体加工可参见以下实例。

【**例 3 - 28**】　数控车削加工如图 3 - 31a 所示的圆锥内螺纹零件,具体方法和步骤如下。

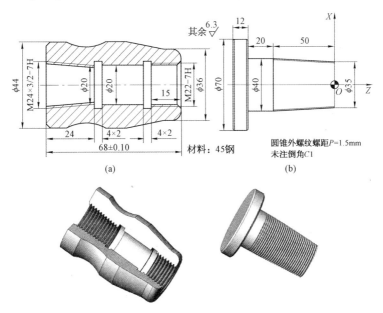

(a)

(b)

圆锥外螺纹螺距*P*=1.5mm
未注倒角C1

图 3 - 31　圆锥螺纹零件
(a)内螺纹零件;(b)外螺纹零件

(1)图样分析

① 本例为圆锥内螺纹零件,外轮廓和圆柱内螺纹加工省略。主要结构包括内圆锥螺纹、台阶内孔和退刀槽等。

② 圆锥内螺纹大端直径 $\phi 24$ mm,小端直径 $\phi 20$ mm,齿距 1.5 mm;齿形角 60°;内孔 $\phi 20$ mm;退刀槽 4 mm×2 mm,侧面至端面距离 24 mm。

(2)加工准备

① 圆钢,本例用圆钢 $\phi 50$ mm×80 mm。

② 工件选用自定心卡盘装夹。

③ 选用 $\phi18\,mm$ 麻花钻孔；内圆车刀加工圆锥面和内孔；螺纹车刀加工圆锥内螺纹。

④ 圆锥内螺纹选用专用螺纹塞规检测。

（3）数控加工工艺　本例应用 FANUC0i 数控系统编程加工。

① 圆锥内螺纹选用 G92　指令加工。

② 数控加工过程。左端：钻孔→车内锥孔→车通孔→车退刀槽→车圆锥内螺纹。

③ 工件坐标系零点设置在左端面中心；向上、向左为 X、Z 轴正方向。

④ 数控加工程序：

O3028；	左端内圆锥螺纹加工程序号
G98 G40 G21；	程序初始化
G28 U0 W0；	返回参考点
T0202 M03 S200；	换 02 号刀具，转速 200 r/min
G00 X0 Z5.0；	快速移动至钻孔起点
G01 Z－75.0；	钻孔
G00 Z5.0；	Z 向快速退刀
G28 U0 W0；	返回参考点
T0303 S1000；	换 03 号刀具，转速 1 000 r/min
G00 X16.0 Z5.0；	快速移动至车内孔循环起点
G41；	刀尖圆弧补偿
G71 U2.0 R0.5；	调用内轮廓粗车循环
G71 P10 Q30 U0.5 W0 F100；	调用程序段 N10～N30，精车余量 0.5 mm，进给量 100 mm/min
N10 G00 X23.0 Z6.0；	快速移动至车内圆锥面起点
G01 X18.0 Z－24.0；	车内圆锥面
N30 Z－70.0；	车内孔
G70 P10 Q30；	精车内轮廓
G40；	取消刀尖圆弧补偿
G28 U0 W0；	返回参考点
T0404 S300；	换 04 号刀具
G00 X17.0 Z5.0；	快速移动至切内孔矩形槽预备位置
Z－28.0；	Z 向快速移动至车内圆矩形槽起点
G01 X24.0 F20；	切内圆矩形槽一侧
G00 X17.0；	X 向快速退刀
W1.0；	沿 Z 正向位移 1 mm
G01 X24.0；	切内圆槽另一侧
G00 X17.0；	X 向快速退刀

Z5.0；	Z 向快速退刀
G28 U0 W0；	返回参考点
T0505 S200；	换 05 号刀具,转速 200 r/min
G00 X16.0 Z6.0；	快速移动至车内圆锥螺纹起点
G92 X17.8 Z−25.0 F2.0 R2.58；	调用车内圆锥螺纹循环第一刀
X18.4 R2.58；	车内圆锥螺纹第二刀
X18.7 R2.58；	车内圆锥螺纹第三刀
X18.9 R2.58；	车内圆锥螺纹第四刀
X19.4 R2.58；	车内圆锥螺纹第五刀
G28 U0 W0；	快速返回参考点
M05；	主轴停止
M30；	程序结束,返回程序起始点

（4）数控加工操作要点

① 注意螺纹车削切入段起点位置的直径和切出段终点位置的直径应进行准确计算。

② 注意圆锥面的形状精度,必要时可选用 G41/G40 指令刀尖圆弧补偿,参见图 1-11 以消除圆锥面的加工误差。

【例 3-29】 数控车削加工如图 3-31b 所示的圆锥外螺纹零件,具体方法和步骤如下。

（1）图样分析

① 本例为圆锥外螺纹零件,主要结构包括外圆锥螺纹、台阶外圆和端面等。

② 圆锥外螺纹大端直径 ϕ40 mm,小端直径 ϕ35 mm,轴向长度 50 mm,螺距 1.5 mm;齿形角 60°;台阶外圆 ϕ40 mm×20 mm,ϕ70 mm×12 mm。

（2）加工准备

① 圆钢,本例用圆钢 ϕ75 mm×90 mm。

② 工件选用自定心卡盘装夹。

③ 选用外圆车刀加工圆锥面、台阶外圆及端面;螺纹车刀加工圆锥外螺纹。

④ 圆锥外螺纹选用专用螺纹环规检测。

（3）数控加工工艺

① 圆锥外螺纹选用 G92 指令加工。

② 数控加工过程。右端:车端面→车外圆锥面→车台阶外圆 ϕ40 mm→车台阶端面→车倒角→车外圆 ϕ70 mm→车圆锥外螺纹;左端:车端面→车

倒角。

③ 工件坐标系零点设置在两端面中心；向上、向右为 X、Z 轴正方向。

④ 数控加工程序如下（左端程序略）：

O3029；	程序号
G98 G40 G21；	程序初始化
G28 U0 W0；	返回参考点
T0101 M03 S800；	调用 01 号刀具，选择 01 号刀补，主轴正转，转速 800r/min
G00 X72.0 Z2.0；	快速移动至粗车外轮廓循环起点
G71 U2.0 R0.5；	调用粗车外轮廓循环
G71 P10 Q60 U0.5 W0.5 F30；	调用程序段 N10～N60，精加工余量 0.5 mm，进给速度 30 mm/min
N10 G00 X34.9 Z1.0；	快速移动至车外圆锥面起点
G01 X40.0 Z-50.0；	车外圆锥面
W-20.0；	车外圆 ϕ40 mm
X68.0；	车环形端面
X70.0 W-1.0；	车倒角
N60 W-12.0；	车外圆 ϕ70 mm
G70 P10 Q60；	精车外轮廓
G28 U0 W0；	返回参考点
T0202 S200；	换 02 号刀具，转速 200 mm/min
G00 X42.0 Z5.0；	快速移动至外圆锥螺纹起点
G92 X39.2 Z-51.0 R-2.8 F1.5；	调用车外圆锥螺纹循环第一刀
X38.8 R-2.8；	车外圆锥螺纹循环第二刀
X38.5 R-2.8；	车外圆锥螺纹循环第三刀
X38.4 R-2.8；	车外圆锥螺纹循环第四刀
G28 U0 W0；	返回参考点
M05；	主轴停止
M30；	程序结束，返回程序起始点

（4）数控加工操作要点

① 注意螺纹车削切入段起点位置的直径和切出段终点位置的直径应进行准确计算。

② 注意圆锥面的形状精度，必要时可选用 G41/G40 指令刀尖圆弧补偿，参见图 1-11 以消除圆锥面的加工误差。

任务二 用数控车床加工多线螺纹零件

多线螺纹的加工可采用轴向位移一个螺距，圆周转过 360°/Z 等多种方法进行分头(线)。用数控车床加工,大多采用轴线位移一个螺距的方法分头。具体操作与方法可参见以下实例。

【例 3-30】 数控车削加工如图 3-32 所示的双头蜗杆,具体方法和步骤如下。

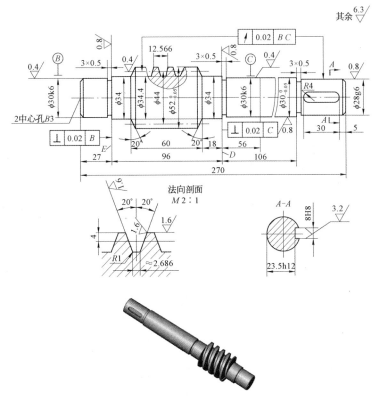

图 3-32 双头蜗杆

(1) 图样分析

① 本例为维修用双头蜗杆,主要结构包括齿部和端面倒角;台阶外圆柱面、倒角、退刀槽、两端中心孔等。

② 左端:台阶外圆 $\phi30k6$ mm×27 mm,$\phi34$ mm×18 mm;齿部直径 $\phi52_{-0.05}^{0}$ mm×60 mm,两端 20°倒角;右端:台阶外圆 $\phi28g6$ mm×41 mm、$\phi30k6(\phi30)$ mm×106 mm,$\phi34$ mm×18 mm;总长 270 mm;工件两端面中心孔 2×B3;退刀槽 3 mm×0.5 mm,侧面紧靠台阶端面。

③ 本例轴承挡外圆和蜗杆齿面表面粗糙度为 $Ra0.4\,\mu m$、齿轮挡及端面表面粗糙度为 $Ra0.8\,\mu m$，因此车削加工中应留有磨削余量。

④ 本例环形端面与轴承挡外圆轴线垂直度公差为 0.02 mm；蜗杆中径和齿轮挡外圆与基准 B、C 的跳动公差为 0.02 mm。

⑤ 蜗杆齿距 12.566 mm，导程为 25.133 mm，法向剖面槽底宽度约 2.685 mm，槽底圆角 $R1$ mm，压力角 $20°$，齿根圆直径 $\phi34.4$ mm，中径 $\phi44$ mm。

（2）加工准备

① 圆钢，本例用圆钢 $\phi60$ mm×280 mm。

② 工件选用自定心卡盘装夹；在加工两端面中心孔后，可采用两顶尖装夹工件进行加工。

③ 选用 $\phi3$ mm 的 B 型中心钻加工两端中心孔；外圆车刀加工台阶外圆、端面和倒角。蜗杆选用专用车刀进行加工。

④ 外圆柱面和长度等采用游标卡尺、外径千分尺检测；跳动和垂直度用偏摆仪和百分表进行测量和检验。蜗杆尺寸选用齿轮游标尺进行检测。蜗杆的检测方法如图 3-33 所示。

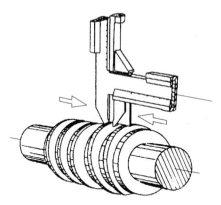

图 3-33　用齿轮卡尺检测蜗杆

（3）数控加工工艺　本例应用 FANUC 0i 数控系统编程加工。

① 选用 G71/G70 指令加工台阶外圆、台阶端面、倒角等，蜗杆螺纹选用 G92 指令加工。若采用锻件，外轮廓可选用 G73/G70 进行加工。

② 数控加工过程。两端加工中心孔；左端：车端面→车倒角→车台阶外圆 $\phi30$ mm→车环形端面→车台阶外圆 $\phi34$ mm→车齿部端面 $20°$ 倒角→

车蜗杆外圆→车退刀槽；右端：车端面→车倒角→车外圆 $\phi 28\,mm$→车环形端面→车台阶外圆 $\phi 30\,mm$→车环形端面→车台阶外圆 $\phi 34\,mm$→车齿部端面 20°倒角→车退刀槽→车一线蜗杆齿槽→车二线蜗杆齿槽。

③ 工件坐标系零点设置在两端面中心；向上、向右为 X、Z 轴正方向。

④ 数控加工程序：

O3030;	右端加工程序号
G90 G98 G40 G21;	程序初始化
G28 U0 W0;	返回参考点
T0101 M03 S500;	调用 01 号刀具，选择 01 号刀补，主轴正转，转速 500r/min
G00 X61.0 Z0;	快速移动至车端面起点
G01 X-0.5 F30;	车端面
W1.0;	Z 向退刀
G00 X56.0 Z5.0;	快速移动至外圆循环起点
G71 U2.0 R0.5;	调用外圆循环车右端三级外圆
G71 P10 Q90 U05 W.05 F100;	调用程序段 N10～N90，精加工余量 0.5 mm，进给速度 100 mm/min
N10 G00 X24.0 Z1.0;	快速移动至倒角起点
G01 X28.5 Z-1.25;	车倒角
Z-41.0;	车外圆 $\phi 28\,mm$ 至 $\phi 28.5\,mm$，留磨削余量 0.5 mm
30.5;	车台阶面
W-106.0;	车外圆 $\phi 30\,mm$ 至 $\phi 30.5\,mm$，留磨削余量 0.5 mm
X34.0;	车台阶面
W-18.0;	车外圆 $\phi 34\,mm$
X52.0 W-3.28;	车蜗杆齿廓端面倒角
N90 W-12.0;	车蜗杆大径外圆
G70 P10 Q90;	精车三级外圆
G28 U0 W0;	返回参考点
T0404 S800;	换 04 号刀具，转速 800 mm/min
G00 X35.0 Z-41.0;	快速移动至切槽起点
G01 X27.0 F30;	切槽加工
G00 X35.0;	X 向快速退刀
W-106.0;	快速移动至内侧槽加工起点
G01 X29.0;	切槽加工
G00 X35.0;	X 向快速退刀
G28 U0 W0;	返回参考点
M05;	主轴停止

M30；	程序结束,返回程序起始点
O3130；	左端加工程序号
G90 G98 G40 G21；	程序初始化
G28 U0 W0；	返回参考点
T0101 M03 S800；	调用01号刀具,选择01号刀补,主轴正转,转速,800 r/min
G00 X56.0 Z0；	快速移动至车端面起点
G01 X-0.5 F30；	车端面
W1.0；	Z向退刀
G00 X56.0 Z2.0；	快速移动至车外圆循环起点
G71 U2.0 R0.5；	调用外圆粗车循环
G71 P10 Q70 U0.5 W0.5 F30；	调用程序段 N10～N70,精加工余量 0.5 mm,进给量 30 mm/min
N10 G00 X26.0 Z1.0；	快速移动至端面倒角起点
G01 X30.5 Z-1.25；	车倒角
Z-27.0；	车外圆 ϕ30 mm 至 ϕ30.5 mm,留磨削余量 0.5 mm
X34.0；	车台阶端面
W-18.0；	车外圆 ϕ34 mm
X52.0 W-3.28；	车蜗杆齿部端面倒角
N70 W-62.0；	车蜗杆大径外圆
G70 P10 Q70；	精车左端三级外圆
G28 U0 W0；	防护参考点
T0202 S200；	换02号刀具,转速200 mm/min
G00 X35.0 Z-27.0；	快速移动至切槽起点
G01 X29.0 F30；	切槽加工
G00 X35.0；	X向快速退刀
G28 U0 W0；	返回参考点
T0505 S100；	调用05号刀具,选择05号刀补,转速100 r/min
G00 X52.0 Z-27.0；	快速移动至车蜗杆齿槽起点
G92 X50.0 Z-110.0 F25.132；	调用车螺纹循环车一线蜗杆齿槽
X48.0；	一线蜗杆齿槽第一刀
X45.0；	一线蜗杆齿槽第二刀
X43.0；	一线蜗杆齿槽第三刀
X41.0；	一线蜗杆齿槽第四刀
X39.0；	一线蜗杆齿槽第五刀
X37.0；	一线蜗杆齿槽第六刀
X35.0；	一线蜗杆齿槽第七刀
X34.4；	一线蜗杆齿槽第八刀

X34.4；	一线蜗杆齿槽第九刀
G01 W12.566；	蜗杆分线，Z 向移动一个螺距
G92 X50.0 Z-110.0 F25.132；	调用车螺纹循环车二线蜗杆齿槽
X48.0；	二线蜗杆齿槽第一刀
X45.0；	二线蜗杆齿槽第二刀
X43.0；	二线蜗杆齿槽第三刀
X41.0；	二线蜗杆齿槽第四刀
X39.0；	二线蜗杆齿槽第五刀
X37.0；	二线蜗杆齿槽第六刀
X35.0；	二线蜗杆齿槽第七刀
X34.4；	二线蜗杆齿槽第八刀
X34.4；	二线蜗杆齿槽第九刀
G28 U0 W0；	返回参考点
M05；	主轴停止
M30；	程序结束，返回程序起始点

（4）数控加工操作要点

① 齿部 20°倒角的轴向距离为 3.28 mm。

② 车削本例预制件应注意按工艺要求在规定的部位留磨削精加工余量 0.3～0.8 mm。按零件图加工的可按表面粗糙度要求大于 $Ra1.6\ \mu m$ 的部位留磨削余量。

③ 加工两端中心孔应保证中心孔轴线同轴。

④ 本例加工退刀槽注意槽底圆角（$R0.3$ mm～$R0.5$ mm），以防止热处理变形。

⑤ 加工双头蜗杆采用轴向位移一个齿距 12.566 mm 的方法进行分头（线）。

任务三 用数控车床加工变螺距螺纹零件

在 GSK980TDb 系统中，具有加工变螺距螺纹切削指令 G34。变螺距螺纹有两种形式，一种是槽等宽牙变螺距；另一种是牙等宽槽变螺距，如图 3-34 所示。

（1）指令格式和要点

① 格式。G34 X(U)__ Z(W)__ F(I)__ J__ K__ R__；

式中 X(U)、Z(W)、F(I)、J、K 的含义与指令 G32 相同。

② R 值含义。R 为主轴每转螺距的增量或减量，$R=F_1-F_2$，R 带有方向，如图 3-35 所示，$F_1>F_2$ 时，R 为负值，螺距递减；$F_1<F_2$ 时，R 为正值，螺距递增。

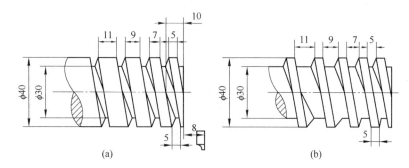

图 3-34 变螺距螺纹种类

(a) 槽等宽牙变螺距；(b) 牙等宽槽变螺距

③ 取值范围。加工英制螺纹时，R 值的范围为 $\pm(0.060\sim25.40)$ 牙/in。当 R 值超过上述范围，因 R 增加或减小使螺距超过允许值或者螺距出现负值时产生报警。

④ 注意事项。

a. 根据要求合理选择刀具的宽度。

b. 正确设定 F 起始值和起刀点的位置。

c. 刀具左切削刃的后角应等于工作后角与最大螺旋升角之和。

d. G34 为单指令段加工指令，需要其他指令返回起始点，进行下一次切削。

e. 螺纹升速段内螺距的增量或减量要准确计算在内。

f. G34 指令可以用于加工圆锥变螺距螺纹，利用轴向分线法还可用于加工多线变螺距螺纹。

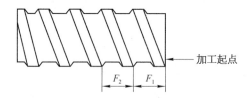

图 3-35 螺纹变螺距示意

(2) 数控车削加工方法

① 槽等宽牙变螺距螺纹加工。基本方法是选用宽度为槽宽的螺纹刀具，用指令 G34 编程进行加工。

② 牙等宽槽变螺距螺纹加工。基本方法是先按槽等宽螺纹加工，然后加工中刀具逐步靠近工件端面（刀具切削槽的左侧面）或逐步远离工件端面（刀具切削槽的右侧面），逐步加工至牙等宽槽变螺距螺纹。

③ 变螺距丝杠的加工。变螺距丝杠要进行多次重复切削，Z 轴电动机根据主轴编码器信号，实现有规律的进给运动，以形成螺旋面。当加工至最左端时，通过 X 向电动机控制退刀，回到起始的纵向位置，控制 X 向电动机的横向进给，达到规定的切削深度，进行第二次切削。如此循环，直至达到合格的变螺距丝杠截面深度。

【例 3 - 31】 数控车削加工如图 3 - 36 所示的变螺距螺杆，具体方法和步骤如下。

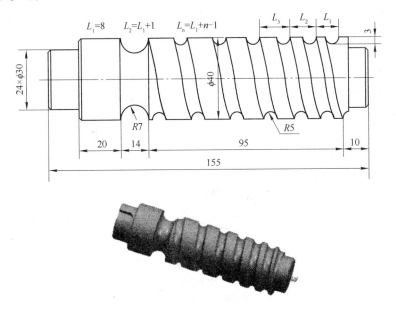

图 3 - 36 变螺距螺杆

(1) 图样分析

① 本例为槽等宽牙变螺距的特殊螺纹零件，槽为圆弧槽 $R5$ mm 深 3 mm；螺距 $L_1 = 8$ mm，螺距变化规律为 $L_n = L_1 + n - 1$。

② 螺杆有效长度 95 mm，螺纹外径 $\phi40$ mm；退刀槽为宽度 14 mm 的 $R7$ mm 圆弧槽。

③ 零件两端有轴颈 $2 \times \phi30$ mm，右端长度 10 mm；零件总长 155 mm；

大径外圆无螺纹段长度 20 mm。

(2) 加工准备

① 选用 45 调质圆钢,坯件尺寸 $\phi45$ mm×160 mm。

② 选用外圆车刀车削加工外圆、端面和倒角等;选用 $R7$ mm 圆弧车刀车削退刀槽;选用 $R5$ mm 球头车刀加工变螺距螺纹。

③ 选用两顶尖定位,鸡心夹头装夹工件。

(3) 数控加工工艺

① 外轮廓加工。两端粗车端面、加工中心孔;右端:车倒角→车右端轴颈 $\phi30$ mm 及环形端面→车螺纹大径外圆→车圆弧退刀槽;左端:车端面→车倒角→车左端轴颈 $\phi30$ mm→车环形端面及倒角。

② 选用主子程序编程,主程序确定螺纹加工起点,螺纹切削次数等,子程序确定螺纹起始螺距和相对径向进给深度及变螺距参数 R 等。

③ 选用 G34 指令加工变螺距,应注意 F 值的设定,可由起始位置计算螺距,本例若设定起始位置至第一螺距 $L_1 = 8$ mm 始点为 13 mm,按变螺距规律,起始位置的螺距应为 $L_{起始} = 6$ mm。注意变螺距参数为增螺距,因此 R 值为 1.0 mm。

④ 本例螺纹深度直径方向为 3 mm×2=6 mm,变螺距螺纹深度分 10 次进给进行车削,每次直径进给量 0.6 mm,注意与主程序中子程序调用的次数对应相等。

⑤ 数控加工程序(外轮廓及退刀槽加工程序略):

O3031;	螺纹加工主程序号
G90 G98 G40 G21;	程序初始化
T0101 M03 S100;	调用 01 号刀具,选择 01 号刀补,主轴正转,转速 100 r/min
G00 X60.0 Z2.0;	快速移动至车螺纹起点
M98 P103131;	调用 10 次车螺纹子程序 O3131
G00 X100.0 Z50.0;	快速退刀
M05;	主轴停止
M30;	返回程序起始点
O3131;	车螺纹子程序
G00 U-20.6;	X 向快速移动至车螺纹起点
G34 Z-114.0 F6.0 R1.0;	车变螺距螺纹,起始螺距 6.0 mm,螺距增量 R 1.0 mm
G00 U20.0;	X 向快速退刀,直径上每次切深 0.6 mm
Z2.0;	Z 向快速返回起始点
M99;	子程序结束,返回主程序

（4）数控加工操作要点

① 在分配螺纹切削深度时应注意背吃刀量,防止产生切削振动。

② 螺纹切削的始终点位置应保证螺纹有效齿数。

③ 球头刀的后角应保证螺纹的全程切削,保证螺纹槽的表面粗糙度和形状精度。

项目五　特殊生产零件加工

任务一　用花盘、角铁装夹零件进行数控车削加工

角铁和连接盘专用夹具是数控车床常用的专用夹具形式,在数控车床上使用此类夹具,需要注意平衡装置的调整,防止影响机床主轴精度。在安装此类专用夹具时,要注意定位连接部位的结构,以使夹具与机床主轴处于正确的相对位置。具体操作与加工方法可参见以下实例。

【例 3-32】 数控车削加工如图 3-37 所示的泵体泵盖,具体方法和步骤如下。

（1）图样分析

① 本例为常见的泵体泵盖零件,加工部位的主要结构是圆柱通孔、台阶圆柱孔、端面、台阶圆柱面等。

② 泵体的主要加工部位为直径 $\phi 68$ mm,轴向长度 70 mm,加工的要求包括尺寸公差、平行度和垂直度等。内孔需要留磨削余量 0.2 mm。

③ 泵盖的主要加工部位左端为 $\phi 104$ mm～$\phi 25$ mm 的环形端面（留磨削余量 0.1 mm）,中心有台阶圆柱孔 $\phi 25$ mm×1 mm、通孔 $\phi 20.5$ mm× 1.5 mm;右端有台阶端面 $\phi 104$ mm～$\phi 62$ mm,至左端面 14 mm;台阶圆柱 $\phi 45$ mm×1 mm;10°导向圆锥面;三级台阶内孔。

（2）加工准备

① 铸件,加工部位余量约 5 mm。

② 工件选用专用夹具装夹。泵体专用夹具的形式如图 3-38 所示,属于角铁类专用夹具,夹具可通过连接盘与机床主轴连接,也可安装在花盘上进行加工;泵盖左端选用自定心卡盘装夹加工环形端面和台阶内孔;泵盖右端采用短圆柱和平面定位的盘类专用夹具装夹,工件以左端的台阶孔和端面定位,用压板和螺栓夹紧。

③ 外圆车刀加工台阶外圆弧面和端面;内孔车刀车台阶内孔,加工泵体内孔的车刀结构有尺寸限制,如图 3-39 所示。

④ 环形端面采用刀口直尺检验;其他部位采用游标卡尺、内径千分尺

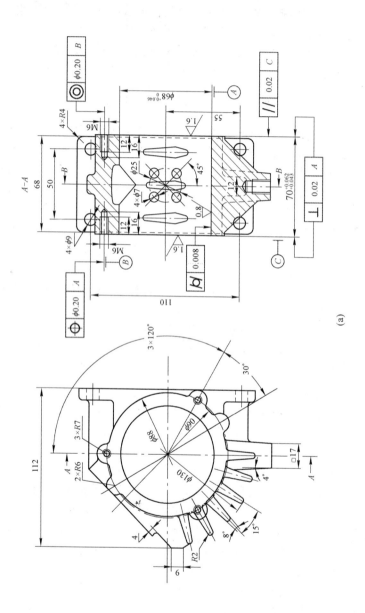

(a)

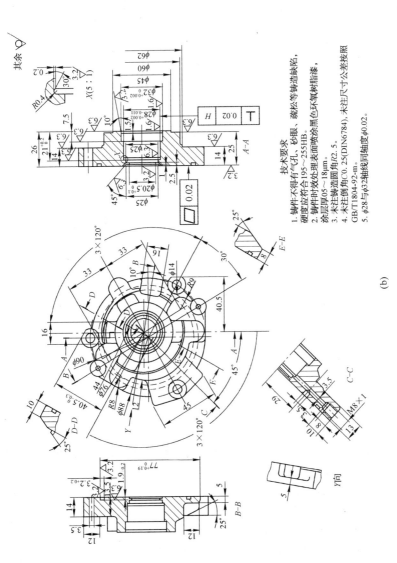

图 3 - 37　泵体泵盖

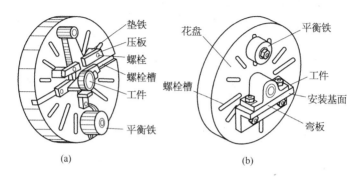

图 3-38 花盘角铁类夹具示意

（a）用花盘装夹；（a）用花盘安装角铁装夹

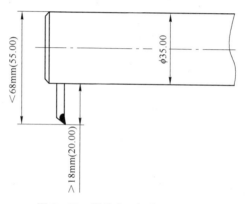

图 3-39 泵体车刀杆的结构尺寸

和内径百分表进行测量和检验。

（3）数控加工工艺

① 按图样标注，泵体的两端面平行度公差 0.02 mm，端面与内孔的垂直度公差 0.02 mm，因此必须一次装夹进行加工。

② 选用 G71/G70 循环加工泵盖轮廓；选用 G01 指令加工泵体内孔和两端面。

③ 泵体数控加工过程：粗车外端面→粗车内端面→粗车内孔→精车外端面→精车内端面→精车内孔。泵盖数控加工过程：左端，粗、精车端面→车台阶内孔；右端，车环形端面→车台阶外圆和端面→车三级台阶内孔。

④ 泵盖工件零点设置在工件两端面中心；泵体设置在一端端面中心；

向上、向右为 *X*、*Z* 轴正方向。

⑤ 数控加工程序：

O3032；	泵体加工程序号
G98 G40 G21；	程序初始化
G28 U0 W0；	返回参考点
T0101 S300；	换 01 号刀具，转速 300 r/min
G00 X110.0 Z0.5；	快速移动至粗车外侧端面起点
G01 X58.0 F30；	粗车外侧端面
W1.0；	*Z* 向退刀
G28 U0 W0；	返回参考点
T0202 S300；	换 02 号刀具，转速 300 r/min
G00 X58.0 Z5.0；	快速移动至粗车内侧端面、内孔预备位置
Z-70.5；	*Z* 向快速移动至粗车内侧端面起点
G01 X110.0 F30；	粗车内侧端面
W-1.0；	*Z* 向退刀
G00 X67.0；	快速移动至粗车内孔起点
G01 Z2.0；	粗车内孔
G28 U0 W0；	返回参考点
T0303 S500；	换 03 号刀具，转速 500 r/min
G00 X65.0 Z1.0；	快速移动至精车内侧端面、内孔预备位置
Z-70.0；	*Z* 向快速移动至精车内侧端面起点
G01 X110.0；	精车内侧端面
W-1.0；	*Z* 向退刀
X67.8；	移动至精车内孔 $\phi68$ mm 起点，0.2 mm 为精磨余量
Z2.0；	精车内孔 $\phi68$ mm 至 $\phi67.8$ mm
G28 U0 W0；	返回参考点
T0404 S500；	换 04 号刀具，转速 500 r/min
G00 X110.0 Z0；	快速移动至精车外侧端面起点
G01 X65.0；	精车外侧端面
W1.0；	*Z* 向退刀
G28 U0 W0；	返回参考点
M05；	主轴停止
M30；	程序结束，返回程序起始点
O3132；	泵盖左端加工程序号
G98 G40 G21；	程序初始化
G28 U0 W0；	返回参考点
T0202 M03 S300；	换 02 号刀具，主轴正转，转速 300 r/min

G00 X0 Z5.0；	快速移动至钻孔起点
G01 Z−40.0；	钻孔 ϕ18 mm
G00 Z5.0；	Z 向快速退刀
G28 U0 W0；	返回参考点
T0101 S500；	换 01 号刀具,转速 500 r/min
G00 X110.0 Z0.5；	快速移动至粗车端面起点
G01 X16.0 F20；	粗车端面,进给量 20 mm/min
W1.0；	Z 向退刀
G00 X110.0；	X 向快速移动至精车端面起点
Z0；	Z 向快速移动至精车端面起点
G01 X16.0 F30；	精车端面,进给量 30 mm/min
W1.0；	Z 向快速退刀
G28 U0 W0；	返回参考点
T0303 S800；	换 03 号刀具,转速 800 r/min
G00 X18.0 Z2.0；	快速移动至车内孔循环起点
G71 U2.0 R0.5；	调用粗车内孔循环
G71 P10 Q40 U0.5 W0.5 F30；	调用程序段 N10～N40,精车余量 0.5 mm,进给量 30 mm/min
N10 G00 X29.0 Z1.0；	快速移动至台阶倒角起点
G01 X25.0 Z−1.0；	车台阶倒角
X20.5；	车台阶端面
N40 Z−4.0；	车内孔 ϕ20.5 mm
G70 P10 Q40；	精车台阶内孔
G28 U0 W0；	返回参考点
M05；	主轴停止
M30；	程序结束,返回程序起始点
O3232；	泵盖右端加工程序号
G98 G40 G21；	程序初始化
G28 U0 W0；	返回参考点
T0101 M03 S500；	换 01 号刀具,主轴正转,转速 500 r/min
G00 X110.0 Z−11.5；	快速移动至车环形端面搭子起点
G01 X62.0 F20；	粗车环形端面搭子
W2.0；	Z 向退刀,注意退出毛坯面
G00 X110.0；	X 向快速移动至精车环形端面搭子起点
Z−12.0；	Z 向快速移动至精车环形端面搭子起点
G01 X62.0 F30；	精车环形端面搭子
U1.0 W1.0；	斜退刀
G00 Z0；	快速移动至车端面起点

G01 X16.0；	车端面
W1.0；	Z 向退刀
G00 X65.0；	X 向快速移动至台阶圆 ϕ 45 mm 端面起点
Z-1.0；	Z 向快速移动至台阶圆 ϕ 45 mm 端面起点
G01 X45.0；	车台阶圆 ϕ 45 mm 环形端面
Z1.0；	车台阶圆 ϕ 45 mm
G28 U0 W0；	返回参考点
T0303 S800；	换 03 号刀具，转速 800 r/min
G00 X17.0 Z5.0；	快速移动至车内孔循环起点
G71 U2.0 R0.5；	调用粗车台阶内孔循环
G71 P10 Q80 U0.5 W0.5 F30；	调用程序段 N10～N80，精车余量 0.5 mm，进给量 30 mm/min
N10 G00 X32.9 Z1.0；	快速移动至车 10°导向圆锥面起点
G01 X32.0 Z-1.5；	车车 10°导向圆锥面
Z-7.5；	车内孔 ϕ 32 mm
X28.0；	车内孔 ϕ 32 mm 环形端面
Z-21.0；	车内孔 ϕ 28 mm
X25.0；	车内孔 ϕ 28 mm 环形端面
W-2.5；	车内孔 ϕ 25 mm
N80 X18.0；	车内孔 ϕ 25 mm 环形端面
G70 P10 Q80；	精车台阶内孔
G28 U0 W0；	返回参考点
M05；	主轴停止
M30；	程序结束，返回程序起始点

（4）数控加工操作要点

① 泵体夹具要注意平衡块的设置，保证夹具安装工件后能基本运转平衡，试验的方法是安装好工件后，用手盘动主轴和夹具，夹具不应停止在一个固定的位置。

② 泵体的内侧端面车削应注意确保快速移位和退刀等坐标值的准确无误，以免造成刀具与工件等的碰撞。

③ 泵体和泵盖的加工精度比较高，因此需要通过留有余量的试加工，预检尺寸后进行参数调整，保证各加工部位的尺寸公差。

④ 泵盖的搭子面车削会有断续冲击现象，注意刀具的刃倾角，保证刀具的使用寿命。泵盖左端面的车削注意控制起点的 X 向坐标，本例应大于 90 mm＋14 mm＝104 mm。

任务二　用单动卡盘装夹零件进行数控车削加工

在生产中，常使用单动卡盘装夹工件进行数控车削加工，零件的坯件大多是锻件、铸件和型材,外形具有不便于三爪自定心卡盘装夹的轮廓特点,如方头锻铸件、冷拉方钢等。具体操作和加工可参见以下实例。

【例 3-33】 数控车削加工如图 3-40 所示的方头球柱,具体方法和步骤如下。

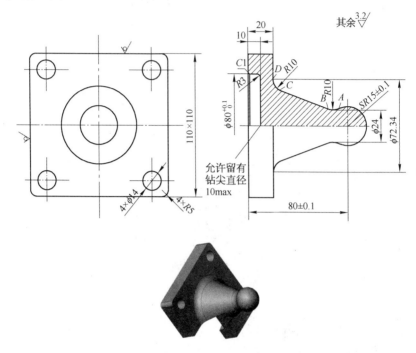

图 3-40 方头球柱

(1) 图样分析

① 工件是方头球柱零件,轴向长度 95 mm。

② 球柱的外轮廓由方榫、圆角、连接圆弧和圆锥面、球面构成,内轮廓由沉孔及倒角、圆角和内端面构成。

③ 外轮廓方榫对边 110 mm×110 mm×20 mm;球面半径 SR(15±0.10) mm;球心轴向至方榫底面长度 80 mm;连接圆弧 R10 mm;方榫圆角 R5 mm。锥面大端连接圆弧端面切点直径尺寸 72.34 mm;小端连接圆弧最小直径 ϕ24 mm。

④ 内轮廓沉孔 $\phi80^{+0.10}_{0}$ mm×10 mm;内端面中心允许留有钻尖直径10 mm(最大);沉孔倒角 C1 mm;内端面连接圆弧 R3 mm。

⑤ 方榫四面周边表面毛坯；其余表面粗糙度均为 $Ra3.2\ \mu m$。

（2）加工准备

① 本例毛坯为 45 钢锻件，坯件加工余量各面 3～5 mm。

② 工件装夹选用四爪单动卡盘，左端加工装夹定位为方榫右侧端面及周边四面；右端加工装夹定位为方榫左端面及周边四面。

③ 选用外圆车刀加工外轮廓；麻花钻及内孔车刀加工沉孔、倒角、圆角。球顶允许加工中心孔，沉孔中心允许留有直径小于 10 mm 的钻尖。

④ 选用带深度尺的游标卡尺检测各项尺寸，大批量生产采用量规、样板进行检测。

（3）数控加工工艺　本例应用 KND1000T 数控系统编程加工。

① 工件坐标系零点设定在工件两端中心，按上、右方向设定 X、Z 轴正方向。

② 工件加工步骤。左端：车左端面→钻孔→车内孔倒角→车内孔→车连接圆弧→车内端面；工件调头车右端；车球面→车连接圆弧→车圆锥面→车连接圆弧→车方榫右侧端面。

③ 本例外轮廓基点坐标：$A(26.38,-22.14)$、$B(25.23,-30.39)$、$C(53.59,-68.49)$、$D(72.34,-75.00)$。

④ 数控加工程序：

O3033；	左端加工程序号
G98G90G21；	程序初始化
T0101M3S500；	换 01 号刀具，主轴正转，转速 500 r/min
G0X160Z0；	快速移动至车左端面起点
G1X0；	车左端面
G0Z1；	Z 向快速退刀
G28U0W0；	返回参考点
T0202S300；	换 02 号刀具，转速 300 r/min
G0X0Z5；	X 向快速移动至钻孔起点
G1Z-12；	钻孔
G0Z5；	Z 向快速退刀
G28U0W0；	返回参考点
T0303S800；	换 03 号刀具，转速 800 r/min
G0X40Z2；	快速移动至车内轮廓循环起点
G72W2R0.5；	调用内圆粗车循环
G72P10Q50U-0.3W0.3F30；	调用程序段 N10～N50，精加工余量 0.3 mm，进给量 30 mm/min

N10G0X84Z1;	快速移动至车内孔倒角起点
G1X80Z－1;	车内孔倒角
Z－7;	车台阶内孔
G03X74Z－10R3;	车内连接圆弧
N50G1X0;	车内端面
G70P10Q50;	精车内轮廓
G28U0W0;	返回参考点
M5;	主轴停止
M30;	程序结束,返回程序起始点
O3133;	右端加工程序号
G21G98G90;	程序初始化
T0101M3S800;	调用 01 号刀具,主轴正转,转速 800 r/min
G0X160Z5;	快速移动至车外轮廓循环起点
G73U8W5R5;	调用外轮廓粗车循环
G73P10Q70U0.3W0.3F30;	调用程序段 N10～N70,精加工余量 0.3 mm,进给量 30 mm/min
N10G0X0Z1;	快速移动至车球面起点
G1Z0;	
G3X26.38Z－22.14R15;	车球面
G2X25.23Z－30.39R10;	车小端连接圆弧面
G1X53.59Z－68.49;	车圆锥面
G2X72.34Z－75R10;	车大端连接圆弧
N70G1X150;	车方榫右侧端面
G70P10Q70;	精车外轮廓
G28U0W0;	返回参考点
M5;	主轴停止
M30;	程序结束,返回程序起始点

（4）数控加工操作要点

① 本例加工左侧端面和内孔注意以方榫右侧端面为基准,以保障右端的轮廓加工余量,孔加工的中心应是方榫周边轮廓的中心。

② 本例为了保证球面的连接加工精度,刀尖圆弧要控制适当,程序中坐标值应准确,刀具安装应通过中心,以免端面留有痕迹。

③ 为了提高装夹定位精度,可以在左端沉孔中心和右端球头顶部中心加工中心孔。

④ 调头装夹加工右端时,注意以左端面、沉孔端面中心孔为基准。

任务三　用拨动顶尖装夹零件进行数控车削加工

一些生产零件采用顶尖定位,但端面结构不便于安装使用夹头等拨动工具,此时大多采用拨动顶尖进行装夹,采用拨动顶尖装夹工件,应注意调整拨动转矩,以使加工平稳正常。具体操作和加工可参见以下实例。

【例 3-34】　数控车削加工如图 3-41 所示的气门,具体方法和步骤如下。

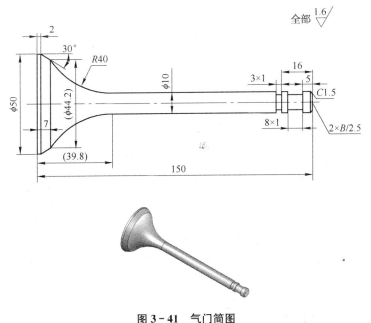

图 3-41　气门简图

（1）图样分析

① 本例为轴杆类零件,结构特点是气门端直径比较大,导杆部分直径比较小。气门部分包括圆柱面和密封圆锥面;导杆部分包括圆柱面、倒角和矩形槽;连接部位是圆弧面。

② 气门圆柱面直径 $\phi 50\,mm \times 2\,mm$,圆锥面半锥角 30°,轴向长度 5 mm。

③ 导杆 $\phi 10\,mm \times 110\,mm$;矩形槽 3 mm×1 mm、8 mm×1 mm,至轴端尺寸分别为 16 mm、5 mm。

④ 连接圆弧半径 R 40 mm。

（2）加工准备

① 按轮廓锻件余量各面 5 mm,加工前应检查加工余量,以便调整程序中循环加工的次数。

② 工件选用端面拨动顶尖装夹方法加工,端面顶尖的形式与结构如图 3-42 所示。

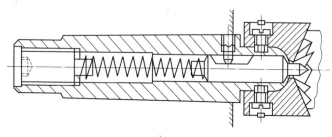

图 3-42 端面拨动顶尖

③ 外圆车刀加工外轮廓;3 mm 宽度切槽刀加工矩形槽。

④ 本例选用游标卡尺、外径千分尺和专用圆弧样板进行检验。

(3) 数控加工工艺 本例应用 KND1000T 数控系统编程加工。

① 工件坐标零点设定在右端面中心,向上和向右分别为 X、Z 轴正方向。

② 选用 G73/G70 循环加工外轮廓。

③ 数控加工过程:两端加工中心孔→车倒角→车导杆圆柱面 ϕ10 mm→车连接圆弧面→车密封圆锥面→车外圆 ϕ50 mm;工件调头:车端面→车倒角。

④ 数控加工程序:

O3034;	右端加工程序号
G98 G90 G21;	程序初始化
G28 U0 W0;	返回参考点
T0101 M3 S800;	调用 01 号刀具,选择 01 号刀补,主轴正转,转速 800 r/min
G0 X52 Z2;	快速移动至粗车外轮廓循环起点
G73 U2 W1 R5;	调用粗车外轮廓循环
G73 P10 Q60 U0.5 W0.5 F30;	调用程序段 N10~N60,精加工余量 0.5 mm,进给速度 30 mm/min
N10 G0 X6 Z1;	快速移动至倒角起点
G1 X10 Z-1;	车倒角
Z-110.2;	车外圆 ϕ10 mm

G2 X44.2 Z - 143 R40；	车圆弧面 R 40 mm
G1 X50 W - 5；	车圆锥面
N60 W - 4；	车外圆 ϕ 50 mm
G70 P10 Q60；	精车外轮廓
G28 U0 W0；	返回参考点
T0202 S200；	换 02 号刀具，转速 200 mm/min
G00 X12.0 Z - 19.0；	快速移动至内侧切槽起点
G1 X8 F30；	切槽加工
G0 X12；	X 向快速退刀
Z - 13；	快速移动至外侧槽加工起点
G1 X8；	外侧宽槽左起切槽加工
G0 X12；	X 向快速退刀
W2.5；	沿 Z 正向位移 2.5 mm
G1 X8；	宽槽加工第二刀
G0 X12；	X 向快速退刀
W2.5；	沿 Z 正向位移 2.5 mm
G1 X8；	宽槽加工第三刀
G0 X12；	X 向快速退刀
G28 U0 W0；	返回参考点
M5；	主轴停止
M30；	程序结束，返回程序起始点

（4）数控加工操作要点

① 加工中注意调整好拨动顶尖的轴向弹簧力，保证工件在切削过程中平稳转动。

② 注意顶尖孔加工精度和与尾座顶尖的润滑。

【例 3 - 35】　数控车削加工如图 3 - 43 所示的活塞杆，具体方法和步骤如下。

（1）图样分析

① 左端活塞部分包括外圆 $\phi 40 _{-0.025}$ mm × 20 mm、两条外圆矩形环槽 2 mm × $\phi 36 _{-0.023}$ mm、一条外圆矩形环槽 6 mm × $\phi 37 _{-0.023}$ mm；两端轴向距离 3 mm；槽间距 2 mm；两端圆角 R 1 mm。

② 右端活塞杆部分包括外圆 $\phi 15 _{-0.023}$ mm × 88 mm；退刀槽 2 mm × $\phi 14$ mm、2 mm × $\phi 13$ mm；外螺纹 M14 mm 轴向长度 18 mm。

③ 活塞部分圆柱面与基准 A 的同轴度小于 $\phi 0.05$ mm。

④ 批量生产采用两端设置工艺中心孔 B2。

⑤ 活塞杆外圆表面粗糙度 $Ra 0.8 \mu m$，车削加工应留有磨削余量。

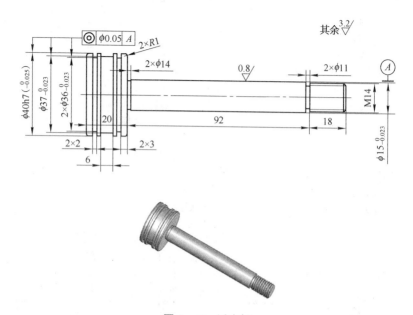

图 3 - 43　活塞杆

（2）加工准备

① 坯件采用 45 钢调质圆钢或锻件，锻件按外形加工余量 3～5 mm，批量生产采用粗精加工。

② 设置工艺中心孔，活塞部分加工后采用拨动顶尖装夹加工。

③ 刀具采用外圆车刀（T01）、割槽刀（T02）、螺纹车刀（T03）。

（3）数控加工工艺

① 选用 G71/G70 指令加工台阶外圆、台阶端面、圆角等，螺纹选用 G92 指令加工。若采用锻件，外轮廓可选用 G73/G70 进行加工。

② 数控加工过程。两端加工、修整中心孔；左端：车端面→车圆角；右端：车端面→车倒角→车外圆 $\phi 14$ mm→车环形端面→车台阶外圆 $\phi 15$ mm→车环形端面→车圆角→车活塞外圆 $\phi 40$ mm→车退刀槽→车环形槽→车中间宽槽→车外螺纹。

③ 工件坐标系零点设置在两端面中心；向上、向右为 X、Z 轴正方向。

④ 数控加工程序（左端程序略）：

O3035;　　　　　　　　　加工程序号

G90 G98 G40 G21;　　　　程序初始化

G28 U0 W0;　　　　　　　返回参考点

T0101 M03 S500；	调用 01 号刀具，选择 01 号刀补，主轴正转，转速 500 r/min
G00 X56.0 Z5.0；	快速移动至外圆循环起点
G71 U2.0 R0.5；	调用外圆循环车三级外圆
G71 P10 Q80 U05 W.05 F100；	调用程序段 N10～N80，精加工余量 0.5 mm，进给速度 100 mm/min
N10 G00 X10.0 Z1.0；	快速移动至倒角起点
G01 X13.9 Z-1.0；	车倒角
Z-20.0；	车外圆 ϕ14 mm 至 ϕ13.9 mm
X15.5；	车台阶面
W-90.0；	车外圆 ϕ15 mm 至 ϕ15.5 mm，留磨削余量 0.5 mm
X38.0；	车台阶面
G03 X40.0 W-1.0 R1.0；	车圆角 R1 mm
N80 G01 W-25.0；	车活塞外圆
G70 P10 Q80；	精车三级外圆
G28 U0 W0；	返回参考点
T0202 S300；	换 02 号刀具，转速 300 mm/min
G00 X20.0 Z-20.0；	快速移动至螺纹退刀槽切槽起点
G01 X11.0 F30；	切槽加工
X20.0；	X 向退刀
G00 X50.0；	X 向快速移动
W-90.0；	Z 向快速移动至活塞右侧槽加工起点
G01 X14.0；	切槽加工
G00 X50.0；	X 向快速退刀
W-5.0；	Z 向快速移动至活塞外圆右侧槽加工起点
G01 X36.0；	切槽加工
X45.0；	X 向退刀
G00 W-12.0；	Z 向快速移动至活塞外圆左侧槽加工起点
G01 X36.0；	切槽加工
X45.0；	X 向退刀
Z-119.0；	
G94 X37.0 F30；	循环加工活塞中间槽
Z-120.8；	
Z-122.6；	
Z-123.0；	
G28 U0 W0；	返回参考点
T0303 S500；	换 03 号刀具，转速 500 mm/min
G00 X15.0 Z5.0；	快速移动至螺纹加工循环起点
G92 X13.5 Z-19.0 F2.0；	调用螺纹加工循环，螺距 2 mm

X13.0；

X12.3；

X11.9；

G00 U0 W0；   返回参考点

M05；   主轴停止

M30；   程序结束，返回程序起始点

（4）数控加工操作要点

① 两端面分粗精加工，保证总长和倒角、圆角精度。

② 中间宽槽可使用较宽的切槽刀加工。

③ 注意保证活塞右端面和退刀槽的连接精度。

④ 为防止应力集中，各槽底应有圆角 $R0.2\,\mathrm{mm}\sim R0.3\,\mathrm{mm}$。

项目六 特殊轮廓曲线零件加工

在 GSK980TDb 等数控系统中，具有加工非圆曲线椭圆（G7.2/G7.3）和双曲线（G6.2/G6.3）的插补指令。

任务一 椭圆曲线轮廓零件数控车削加工

椭圆曲线是旋转体零件轮廓常见的曲线，用数控车床加工含有椭圆曲线的轮廓时，可应用椭圆插补功能指令。例如使用 GSK980TDb 系统的数控车床，可应用椭圆插补功能指令。

（1）椭圆插补指令代码的格式

G6.2(G6.3)X(U)＿ Z(W)＿ A＿ B＿ Q＿

（2）椭圆插补功能及其说明

① G6.2 为后置刀架顺时针椭圆插补/前置刀架逆时针椭圆插补；G6.3 为后置刀架逆时针椭圆插补/前置刀架顺时针椭圆插补。

② X(U)、Z(W)为椭圆弧终点坐标值。

③ A 为椭圆长半轴，取值为 $0 < A \leqslant 999999999 \times$ 最小输入增量；B 为椭圆短半轴，取值为 $0 < B \leqslant 999999999 \times$ 最小输入增量；Q 为椭圆的长半轴与 Z 轴逆时针方向的夹角，取值 $0 < Q \leqslant 99999999$（单位 $0.001°$）。

（3）功能指令应用注意事项

① 椭圆插补方向与指令有关，也与机床刀架的位置有关，如图 3-44 所示，同一指令在不同的刀架位置机床上插补的方向是不同的。

② Q 值是指在右手直角笛卡儿坐标系中，从 Y 轴正方向俯视 XZ 平面，Z 轴正方向顺时针旋转与椭圆长轴重合所经过的角度，如图 3-45 所示。

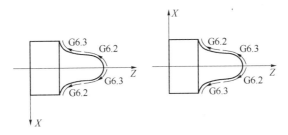

图 3-44 椭圆插补的方向

(a) 前置刀架；(b) 后置刀架

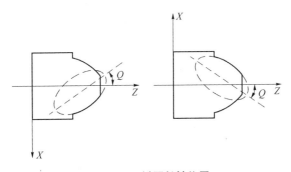

图 3-45 椭圆长轴位置

(a) 顺时针夹角；(b) 逆时针夹角

③ A、B 为非模态参数，A、B 均不能为零；$A=B$ 时作为圆弧插补进行加工。

④ Q 值是非模态参数，每次编程应用时都必须指定，省略时默认为 $0°$，椭圆的长轴与 Z 轴平行或重合。

⑤ Q 值的单位是 $0.001°$，若椭圆的长轴与 Z 轴的夹角为 $180°$，应在程序中用 Q180000，若输入为 Q180 或 Q180.0，此时椭圆长轴与 Z 轴的夹角为 $0.18°$。

⑥ 椭圆插补只能加工 $\leqslant 180°$ 的椭圆曲线，编程的起点与终点的距离大于长轴，系统报警。

⑦ 地址 X(U)、Z(W) 可以省略一个或全部，省略一个说明该轴起点与终点坐标位置相同；省略全部表示起点与终点坐标位置重合，系统将不做加工处理。

⑧ 指令可用于复合循环 G70～G73，也可用于刀补中，有关的注意事项与 G02、G03 应用时相同。

具体应用可参见以下实例。

【例3-36】 应用G指令数控车削加工如图3-46所示的椭圆曲线外圆轮廓,具体操作可参考以下步骤。

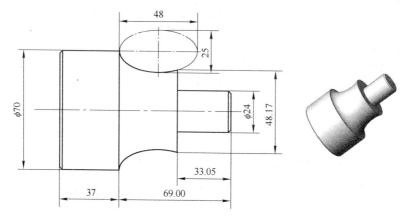

图3-46 凹椭圆弧外轮廓零件简图

(1) 图样分析

① 本例外轮廓包括二级外圆和中间凹椭圆弧曲面。

② 椭圆长轴48 mm,短轴25 mm;椭圆长轴与Z轴平行,即$Q=0$。

(2) 加工准备

① 本例选用45圆钢加工,坯件尺寸$\phi75$ mm×110 mm,本例可一料两件,便于工件装夹。

② 选用外圆车刀加工外轮廓和端面倒角等,注意刀片角度与凹椭圆弧不得干涉。

(3) 数控加工工艺

① 本例因含有凹椭圆弧,选用G73/G70指令进行外轮廓加工循环粗精车。

② 循环程序段中应用G6.2/G6.3指令加工椭圆弧轮廓:

G6.2 X70.0 Z-69.0 A48 B25 Q0;

或 G6.2 U21.83 W-39.95 A48 B25;

③ 数控加工过程。右端:车端面→车倒角→车外圆$\phi24$ mm→车环形端面→车凹椭圆弧→车外圆$\phi70$ mm→;调头装夹加工另一件右端,切断后加工工件左端面及倒角。

④ 工件坐标系零点设置在两端面中心；向上、向右为 X、Z 轴正方向。

⑤ 数控加工程序（切断和左端加工程序略）：

O3036；	右端加工程序号
G90 G98 G40 G21；	程序初始化
T0101 M03 S500；	调用 01 号刀具，选择 01 号刀补，主轴正转，转速 500 r/min
G00 X76.0 Z5.0；	快速移动至外轮廓循环起点
G73 U26.0 W5.0 R10；	调用外轮廓粗车循环
G73 P10 Q60 U0.5 W.05 F100；	调用程序段 N10～N60，精加工余量 0.5 mm，进给速度 100 mm/min
N10 G00 X20.0 Z1.0；	快速移动至右端倒角起点
G01 X24.0 Z-1.0；	车右端倒角
Z-33.5；	车外圆 $\phi24$ mm
X48.17；	车台阶端面至凹椭圆弧起点
G6.2 X70.0 Z-69.0 A48 B25 Q0；	车凹椭圆弧
N60 G01 W-40.0；	车外圆 $\phi70$ mm
G70 P10 Q60；	精车外轮廓
G28 U0 W0；	返回参考点
M05；	主轴停止
M30；	程序结束，返回程序起始点

（4）数控加工操作要点

① 本例凹椭圆应采用 G6.2 或 G6.3 应根据机床配置的前置刀架或后置刀架确定。

② 本例凹椭圆的始点位置不是椭圆曲线的最低点，注意刀具负偏角的角度，避免干涉。

③ 椭圆的测量比较困难，通常可采用专用样板进行检测。

【例 3-37】　应用 G 指令数控车削加工如图 3-47 所示的椭圆曲线外圆轮廓，具体操作可参考以下步骤。

（1）图样分析

① 本例外轮廓包括二级外圆和中间凸椭圆弧曲面。

② 椭圆长轴 48 mm，短轴 25 mm；椭圆长轴与 Z 轴正方向转过 $30°$，即 $Q=30000$。

（2）加工准备

① 本例选用 45 圆钢加工，坯件尺寸 $\phi75$ mm×110 mm，本例可一料两件，便于工件装夹。

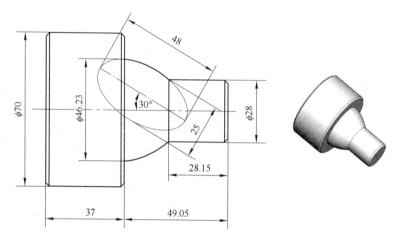

图 3 - 47　凸椭圆弧外轮廓零件简图

②　选用外圆车刀加工外轮廓和端面倒角等,注意刀片角度与凸椭圆弧不得干涉。

(3) 数控加工工艺

①　本例因含有凸椭圆弧,选用 G73/G70 指令进行外轮廓加工循环粗精车。

②　循环程序段中应用 G6.2/G6.3 指令加工椭圆弧轮廓:

G6.3 X46.23 Z - 49.05 A48 B25 Q30000;

或 G6.3 U18.23 W - 20.9 A48 B25 Q30000;

③　数控加工过程。右端:车端面→车倒角→车外圆 ϕ28 mm→车凸椭圆弧→车环形端面→车外圆 ϕ70 mm→;调头装夹加工另一件右端,切断后加工工件左端面及倒角。

④　工件坐标系零点设置在两端面中心;向上、向右为 X、Z 轴正方向。

⑤　数控加工程序(切断和左端加工程序略):

O3037;	右端加工程序号
G90 G98 G40 G21;	程序初始化
T0101 M03 S500;	调用 01 号刀具,选择 01 号刀补,主轴正转,转速 500 r/min
G00 X76.0 Z5.0;	快速移动至外轮廓循环起点
G73 U22.0 W5.0 R10;	调用外轮廓粗车循环

G73 P10 Q60 U0.5 W.05 F100;	调用程序段 N10～N60,精加工余量 0.5 mm, 进给速度 100 mm/min
N10 G00 X24.0 Z1.0;	快速移动至右端倒角起点
G01 X28.0 Z-1.0;	车右端倒角
Z-28.15;	车外圆 $\phi 28$ mm
G6.3 X46.23 Z-49.05 A48 B25 Q30000;	车凸椭圆弧
G01X70.0;	车环形端面
N60 W-40.0;	车外圆 $\phi 70$ mm
G70 P10 Q60;	精车外轮廓
G28 U0 W0;	返回参考点
M05;	主轴停止
M30;	程序结束,返回程序起始点

（4）数控加工操作要点

① 本例凸椭圆采用 G6.2 或 G6.3 应根据机床配置的前置刀架或后置刀架以及旋转的方向确定。

② 本例凸椭圆的终点位置与环形端面相交,注意刀具主偏角的角度,避免干涉。

③ 椭圆的尺寸和形状采用专用样板进行比照目测检验。

任务二　抛物线轮廓零件数控车削加工

抛物线是旋转体零件轮廓常见的曲线,用数控车床加工含有抛物线的轮廓时,可应用抛物线插补功能指令。例如使用 GSK980TDb 系统的数控车床,可应用抛物线插补功能指令。

（1）抛物线插补指令代码的格式

G7.2(G7.3)X(U)＿ Z(W)＿ P＿ Q＿;

（2）椭圆插补功能及其说明

① G7.2 为后置刀架顺时针抛物线插补/前置刀架逆时针抛物线插补;G7.3 为后置刀架逆时针抛物线插补/前置刀架顺时针抛物线插补。

② X(U)、Z(W)为抛物线终点坐标值。

③ P 为抛物线标准方程 $Y^2=2PX$ 中的 P 值,取值为 0～9999999(单位:最小输入增量,无符号);Q 为抛物线对称轴与 Z 轴的夹角,取值范围 0～9999999(单位:0.001°)。

（3）功能指令应用注意事项

① 抛物线插补方向与指令有关,也与机床刀架的位置有关,如图 3-48 所示,同一指令在不同的刀架位置机床上插补的方向是不同的。

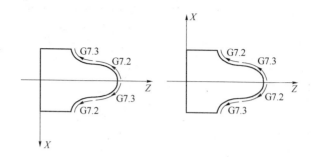

图 3-48 抛物线插补的方向

(a) 前置刀架；(b) 后置刀架

② Q值是指在右手直角笛卡儿坐标系中，从 Y 轴正方向俯视 XZ 平面，Z 轴正方向顺时针旋转与抛物线对称轴重合所经过的角度，如图 3-49 所示。

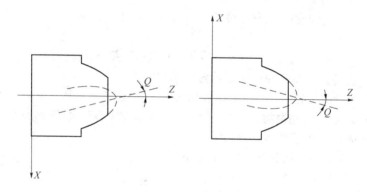

图 3-49 抛物线对称轴位置

(a) 顺时针夹角；(b) 逆时针夹角

③ G7.2、G7.3 为模态 G 代码。

④ P值不可以为零或省略；P 值不含符号，如输入负值，按绝对值处理。

⑤ Q值可省略，当省略 Q 值时默认为 0°，抛物线的对称轴与 Z 轴平行或重合。

⑥ 指令可用于复合循环 G70～G73，也可用于刀补中，有关的注意事项与 G02、G03 应用时相同。

具体应用可参见以下实例。

【**例 3-38**】 应用 G 指令数控车削如图 3-50 所示含抛物线曲线外圆轮廓零件,具体操作可参见以下步骤。

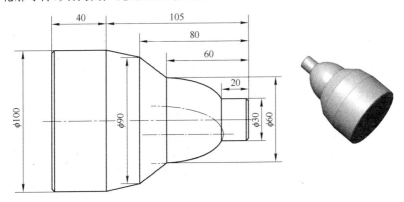

图 3-50 凸抛物线外轮廓零件简图

(1) 图样分析

① 本例外轮廓包括二级外圆柱面、二级外圆锥面和右侧凸双曲线外轮廓面。

② 双曲线对称轴与 Z 轴正方向平行,双曲线参数 $P=10$ mm。

(2) 加工准备

① 本例选用 45 圆钢加工,坯件尺寸 $\phi105$ mm×150 mm,本例可一料两件,便于工件装夹。

② 选用外圆车刀加工外轮廓和端面倒角等,注意刀片角度与凸双曲外轮廓面不得干涉。

(3) 数控加工工艺

① 本例因含有凸双曲轮廓面,选用 G73/G70 指令进行外轮廓加工循环粗精车。

② 循环程序段中应用 G7.2/G7.3 指令加工凸双曲外轮廓:

G7.3 X60.0 Z-60.0 P100000 Q0;

或 G7.3 U30.0 W-40.0 P100000 Q0;

③ 数控加工过程。右端:车端面→车倒角→车外圆 $\phi30$ mm→车凸双曲面→车圆锥面 $\phi60$ mm～$\phi90$ mm→车圆锥面 $\phi90$ mm～$\phi100$ mm→车外圆 $\phi100$ mm;调头装夹加工另一件右端,切断后加工工件左端面及倒角。

④ 工件坐标系零点设置在两端面中心;向上、向右为 X、Z 轴正方向。

⑤ 数控加工程序（切断和左端加工程序略）：

O3038；	右端加工程序号
G90 G98 G40 G21；	程序初始化
T0101 M03 S500；	调用 01 号刀具，选择 01 号刀补，主轴正转，转速 500 r/min
G00 X102.0 Z0；	快速移动至车右端面起点
G01 X0 F50；	车右端面
G00 X102.0 Z5.0；	快速移动至外轮廓循环起点
G73 U30.0 W5.0 R10；	调用外轮廓粗车循环
G73 P10 Q70 U0.5 W.05 F100；	调用程序段 N10～N70，精加工余量 0.5 mm，进给速度 100 mm/min
N10 G00 X26.0 Z1.0；	快速移动至右端倒角起点
G01 X30.0 Z-1.0；	车右端倒角
Z-20.0；	车外圆 ϕ30 mm
G7.2 X60.0 Z-60.0 P100000 Q0；	车凸双曲圆弧
G01X90.0 Z-80.0；	车外圆锥面 ϕ60 mm～ϕ90 mm
X100.0 Z-105.0；	车外圆锥面 ϕ90 mm～ϕ100 mm
N70 W-42.0；	车外圆 ϕ100 mm
G70 P10 Q70；	精车外轮廓
G28 U0 W0；	返回参考点
M05；	主轴停止
M30；	程序结束，返回程序起始点

注意：其中 P 值的数值单位是系统的最小增量 0.000 1 mm。

（4）数控加工操作要点

① 本例凸双曲外轮廓采用 G7.2 或 G7.3 应根据机床配置的前置刀架或后置刀架以及旋转的方向确定。

② 本例凸椭圆的始终点位置分别与外圆柱面和圆锥面相交，注意刀具主副偏角的角度，避免干涉。

③ 双曲轮廓的尺寸和形状采用游标卡尺检测，批量生产可使用专用样板进行比照目测检验。

模块四　数控铣床、加工中心特殊零件加工

内 容 导 读

　　数控铣床和加工中心的特殊零件,包括各种结构形式的生产零件、特殊轮廓零件、特殊孔系零件、齿轮类和具有配合精度要求的零件,各种零件的基本结构要素通常是组合而成的,所处的位置也比较特殊,因此,学习应用数控铣床和加工中心对特殊零件进行加工,应熟练掌握典型零件基本结构的加工方法,学会零件结构及其多件加工和零件铣削工艺特殊性的分析,然后灵活应用数控铣削加工的基本指令和坐标变换指令(如镜像、缩放、坐标旋转、坐标平移等)进行加工。本模块以华中世纪星 HNC 数控系统为主,进行特殊零件铣削加工手工编程实例介绍。

项目一　特殊沟槽零件加工

　　在机械零件中,常见各种具有特殊形状位置和精度要求较高的沟槽零件。在生产实际中,应仔细分析此类零件沟槽的特殊性和精度要求,以便合理选用加工路径和编程指令进行数控铣削加工。

任务一　数控铣削加工圆弧沟槽零件

【例 4 - 1】　数控铣削加工如图 4 - 1 所示轴类零件圆柱面上的圆弧沟槽,操作步骤如下。

　　(1) 图样分析

　　① 工件预制件为双轴颈台阶轴,两端轴颈 $\phi 60$ mm×20 mm,中间圆柱面 $\phi 80$×100 mm,工件总长 140 mm。两端有中心孔 B/$\phi 2.5$ mm。

　　② 工件轴向剖面上部为半圆弧槽,下部为组合槽,两槽宽度为 8 mm,槽底至圆柱面最高点的尺寸 20 mm,轴向长度 59.5 mm、40 mm。两槽对称

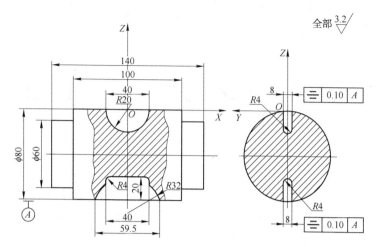

图 4－1　圆弧沟槽数控铣削实例

中心位于轴的中间位置。

③ 键槽的基本技术要求是槽底径向剖面半径 $R4$ mm，轴向剖面圆弧半径 $R20$ mm、$R32$ mm，槽侧面与基准轴线平行度，槽侧面与基准轴线对称。本例两端键槽对基准轴线的对称度要求为 0.10 mm 表面粗糙度为 $Ra3.2$ μm。

（2）加工准备

① 选用球头键槽铣刀，键槽铣刀直径 $\phi8$ mm，球头半径 $SR4$ mm。

② 工件选用分度头两顶尖定位装夹，安装分度头后，找正两顶尖轴线与 X 向平行。

③ 检测预制件，包括直径尺寸和表面粗糙度。

（3）数控加工工艺　本例应用 SIEMENS802D 数控系统编程。

① 确定加工方法：本例的槽底是圆弧，应选用圆弧插补指令，但其圆弧插补指令应在 ZX（G18）坐标平面内进行。

② 根据零件的对称的结构特点，工件坐标系的零点设置在轴的长度对称中心位置，如图 4－1 所示。

③ 上下部槽采用同一类型的零件坐标系，加工位置由分度头准确回转 180°保证。

④ 本例刀位点是刀头球面球心，因此加工路径应按图样轴向剖面的槽底轮廓向内侧偏移 4 mm 的轮廓编程。下部槽分为球底面直槽和圆弧

槽两部分加工。

⑤ 数控加工程序：

OL4001；	铣上部槽程序号，SIEMENS 系统程序号须用 2 个字母
G54 G90 G18 G40；	确定工件坐标系，程序初始化
M3 S800；	主轴正转，转速 800 r/min
G0 Z15；	Z 向快速移动至 15 mm 处
X - 16 Y0 M8；	XY 向快速移动至上部槽左端起点
G2 X16 Z15 CR=16 F30；	ZX 平面铣圆弧槽第一刀
G0 X - 16 Z10；	快速移动至第二刀起点
G2 X16 Z10 CR=16；	ZX 平面铣圆弧槽第二刀
G0 X - 16 Z5；	快速移动至第三刀起点
G2 X16 Z5 CR=16；	ZX 平面铣圆弧槽第三刀
G0 X - 16 Z1；	快速移动至第四刀起点
G2 X16 Z1 CR=16；	ZX 平面铣圆弧槽第四刀
G0 X - 16 Z1；	快速返回至第四刀起点
G1 Z0；	Z 向进给至精铣位置
G2 X16 Z0 CR=16；	ZX 平面精铣圆弧槽
G0 Z100；	Z 向快速退刀
X0 Y0 M9；	XY 向快速移动至工件坐标零点，切削液关闭
M5；	主轴停止
M2；	程序结束，返回程序起点
OL4101；	铣下部槽程序号
G54 G90 G18 G40；	确定工件坐标系，程序初始化
M3 S800；	主轴正转，转速 800 r/min
G0 Z15；	Z 向快速移动至 15 mm 处
X - 24.75 Y0 M8；	XY 向快速移动至圆弧槽左端起点
G2 X24.75 Z15 CR=28 F30；	ZX 平面铣圆弧槽第一刀
G0 X - 24.75 Z10；	快速移动至铣圆弧槽第二刀起点
G2 X24.75 Z10 CR=28；	ZX 平面铣圆弧槽第二刀
G0 X - 24.75 Z5；	快速移动至铣圆弧槽第三刀起点
G2 X24.75 Z5 CR=28；	ZX 平面铣圆弧槽第三刀
G0 X - 24.75 Z1；	快速移动至铣圆弧槽第四刀起点
G2 X24.75 Z1 CR=28；	ZX 平面铣圆弧槽第四刀
G0 X - 24.75 Z1；	X 向快速移动至精铣圆弧槽起点
G1 Z0；	Z 向移动至精铣圆弧槽起点
G2 X24.75 Z0 CR=28；	精铣圆弧槽
G0 X - 16；	X 向快速移动至铣直槽左端起点

G1 Z - 15;	Z 向进给至铣直槽第一刀起点
X16;	沿 X 正向铣直槽第一刀
Z - 16;	Z 向进给至铣直槽第二刀起点
X - 16;	沿 X 负向铣直槽第二刀
G0 Z100;	Z 向快速退刀
X0 Y0 M9;	XY 向快速移动至工件坐标零点,切削液关闭
M5;	主轴停止
M2;	程序结束,返回程序起点

（4）数控加工操作要点

① 本例的刀具应采用圆弧样板进行检测,以保证球面的半径尺寸和形状精度。

② 本例圆弧槽和组合槽处于圆周 180°位置,工件加工中可在加工圆弧槽后,分度头准确转过 180°后加工组合槽。

③ 本例的检测方法参见例 2 - 5。

任务二　数控铣削加工按圆周角度位置分布的沟槽零件

在数控铣床和加工中心上加工零件上的按圆周角度分布的沟槽,沟槽形状有直槽、圆弧槽多种类型;加工位置通常是以零件上某一线性结构要素为基准的圆周角度分布的,槽侧与轴线平行,沟槽底面可以是平面,也可以是圆弧面,技术要求除了与一般的沟槽零件类似外,还包括圆周分布角度,均分槽的数量等。零件上按圆周角度分布的沟槽数控加工具体方法可参见以下实例。

【例 4 - 2】　数控铣削加工如图 4 - 2 所示零件上的按圆周角度均布的螺栓槽,操作步骤如下。

（1）图样分析

① 本例是盘状零件,圆周分布槽为半封闭台阶槽。

② 通槽的宽度尺寸为 16 mm,台阶槽的宽度尺寸为 26 mm,深度为 12 mm;两槽的圆弧中心至工件轴线的尺寸为 70 mm;槽端圆弧分别为 $R8$ mm 和 $R13$ mm;六条槽在圆周按 60°中心角均布。

（2）加工准备

① 预制件由车削加工完成,外形尺寸 $\phi200$ mm×50 mm。

② 工件采用三爪卡盘装夹,工件装夹后,应找正顶面与工作台面平行。

③ 选用直径 $\phi16$ mm 的立铣刀加工台阶槽,刀刃长度大于 50 mm。

（3）数控加工工艺　本例应用 FANUC 0 数控系统编程加工。

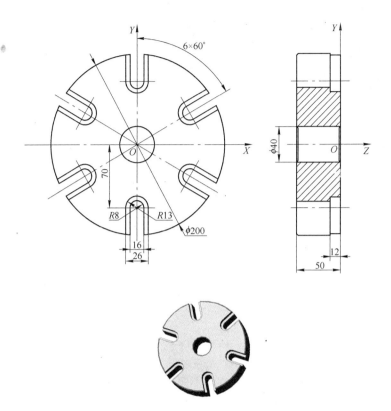

图 4 - 2　圆周均布螺栓槽数控铣削实例

① 本例选用坐标轴旋转 G68 指令解决台阶槽的六等分均布中心角 60°位置精度。工件坐标系零点设置在工件上端面中心。

② 选用子程序嵌套解决通槽的深度多次循环加工。

③ 选用子程序加工通槽和台阶槽。通槽用中心轨迹编程;台阶槽用侧面轮廓轨迹编程,选用 G42 指令刀具半径右补偿。

④ 数控加工程序:

O4002;	主程序号
G40 G17 G21 G69 G90 G54;	程序初始化,建立零件坐标系
G91 G28 Z0;	返回参考点
M03 S600 M08;	主轴正转,转速 600 r/min,切削液开启
G68 X0 Y0 R0;	确定原始坐标位置
M98 P4102;	调用子程序 4102 一次

G68 X0 Y0 R60.0；	坐标逆时针旋转 60°
M98 P4102；	调用子程序 4102 一次
G68 X0 Y0 R120.0；	坐标逆时针旋转 120°
M98 P4102；	调用子程序 4102 一次
G68 X0 Y0 R180.0；	坐标逆时针旋转 180°
M98 P4102；	调用子程序 4102 一次
G68 X0 Y0 R240.0；	坐标逆时针旋转 240°
M98 P4102；	调用子程序 4102 一次
G68 X0 Y0 R300.0；	坐标逆时针旋转 300°
M98 P4102；	调用子程序 4102 一次
G91 G28 Z0 M09；	返回参考点,切削液关闭
M05；	主轴停止
M30；	程序结束,返回程序起点
O4102；	子程序号
G90 G00 X0 Y115.0；	XY 向绝对值快速移动至铣直槽起点
Z5.0；	Z 向快速移动至 5 mm 位置
G01 Z0 F30；	Z 向移动至 0 位置
M98 P054202；	调用嵌套子程序 4102 五次
G90 G00 Z5.0；	Z 向绝对值快速移动至 5 mm 位置
X13.0 Y120.0；	XY 向快速移动至铣阶槽起点
M98 P4302；	调用子程序 4302 一次
G90 G00 Z5.0；	Z 向绝对值快速移动至 5 mm 位置
G69；	取消坐标旋转
M99；	返回主程序
O4202；	嵌套子程序号
G91 G01 Z-5.0 F30；	Z 向增量值负向移动 10 mm
Y-45.0；	沿 Y 负向铣直槽
Z-5.0；	Z 向增量值负向移动 5 mm
Y45.0；	沿 Y 正向铣直槽
M99；	返回子程序
O4302；	嵌套子程序号
G01 G42 Y115.0 D01 F50；	调用 D01 刀具右补偿,XY 向移动至铣台阶槽起点
Z-6.0；	Z 向移动至铣直槽第一刀位置
Y70.0；	沿 Y 负向铣台阶槽一侧第一刀
G02 X-13.0 Y70.0 R13.0；	顺时针铣圆弧第一刀

G01 Y115.0；	沿 Y 正向铣台阶槽另一侧第一刀
G00 X13.0；	X 向快速返回铣台阶槽起点
Z－12.0；	Z 向移动至铣直槽第二刀位置
G01 Y70.0；	沿 Y 负向铣台阶槽一侧第二刀
G02 X－13.0 Y70.0 R13.0；	顺时针铣台阶槽圆弧第二刀
G01 Y115.0；	沿 Y 正向铣台阶槽另一侧第二刀
G00 Z20.0；	Z 向快速移动至 20 mm 位置
G01 G40 X0；	X 向移动至 0 位置
M99；	返回子程序

（4）数控加工操作要点

① 本例应用坐标旋转指令应注意旋转中心坐标为工件轴线中心，即工件坐标零点；旋转角度有绝对值和增量值之分，本例采用绝对值编程方法，指令角度由坐标零位起算。

② 子程序的嵌套和调用，注意程序段的衔接，避免差错。

③ 切削深度应合理分配，切削用量应合理选择。

【例 4－3】　数控铣削加工如图 4－3 所示零件上的按圆周角度均布的偏心圆弧槽，操作步骤如下。

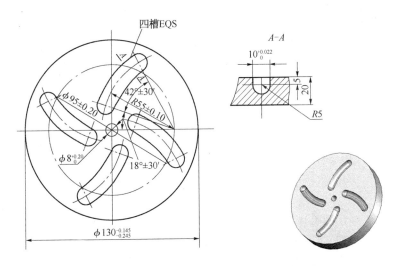

图 4－3　圆周均布的偏心圆弧槽数控铣削实例

（1）图样分析

① 圆弧槽中心位于工件一侧端面直径为 $\phi(95\pm0.20)$ mm 分布圆

上,四槽均布。

② 圆弧槽法面截形为 $R5$ mm 圆弧槽底,上部宽度为 $10^{+0.022}_{0}$ mm,深度 5 mm 的直槽。

③ 圆弧槽两端圆弧面和球面中心夹角为 $42°±30'$,圆弧一端与工件基准中心孔与圆弧槽中心连线的夹角为 $18°±30'$,槽的中心圆弧半径为 $R(55±0.10)$ mm。

④ 基准中心孔的直径 $\phi 8^{+0.022}_{0}$ mm,工件外圆直径 $\phi 130^{-0.145}_{-0.245}$ mm,厚度为 20 mm。

(2) 加工准备

① 铣刀选择应根据槽的法向截形,选用 $\phi 10$ mm 的球头指形铣刀,铣刀的直径应符合槽宽尺寸的精度要求。

② 工件的装夹采用螺栓压板,将工件直接装夹在工作台面上。

③ 图样中的极坐标尺寸换算为直角坐标尺寸。本例换算后圆弧起点坐标和终点坐标为(20.0,47.63)、(−4.81,17.0)。

④ 工件的零点位置找正使用百分表,找正时将百分表固定在机床主轴上,用手回转主轴,百分表测头与工件外圆接触,用手摇脉冲发生器带动工作台,使工件与主轴回转轴线同轴。

(3) 数控铣削工艺

① 铣削工艺过程:预制件检验→装夹、找正工件→安装百分表找正主轴与工件的同轴度→按右侧槽圆弧中心设置工件坐标系零点偏置→导入或手动编制加工程序→运行轨迹检查→机床回参考点→安装找正刀具→对刀输入刀具 Z 向偏置→单步运行检查→铣削圆弧槽→铣削工序检验。

② XY 平面上的圆弧槽通常采用圆弧插补编程加工,极坐标可换算为直角坐标。工件的等分使用坐标旋转或数控分度装置,本例为单件,拟采用坐标旋转方法进行加工。

③ 使用 G54 建立工件坐标系,工件坐标系原点设定在工件上端面中心。

④ 使用圆弧插补指令 G03 或 G02 编制子程序加工圆弧槽。

⑤ 使用 G68,G69 进行坐标旋转,调用子程序进行加工。

⑥ 加工路线:快速到达工件坐标系原点上方→快速移动至圆弧起点上方→Z 向进刀至槽深位置→铣削圆弧槽→Z 向退刀→坐标系旋转 90°→调用子程序从始点开始加工圆弧槽→Z 轴退刀,复位至工件坐标原点上方→……→(依次旋转坐标,加工 180°、270°位置的圆弧槽)→返回工件坐标

原点上方。

⑦ 数控加工加工程序：

O4003；	主程序号
G90 G21 G17 G40 G54；	程序初始化，确定工件坐标系
G91 G28 Z0；	返回参考点
G90 G00 X0 Y0 Z5.0；	快速移动至工件坐标系零点上方 5 mm 处
M03 S300 F75；	主轴正转，转速 300 r/min，进给量 75 mm/min
M98 P4103；	调用子程序 O4103 一次
G68 X0 Y0 P - 90.0；	工件坐标系顺时针旋转 90°
M98 P4103；	调用子程序 O4103 一次
G69；	取消坐标旋转
G68 X0 Y0 P - 180.0；	工件坐标系顺时针旋转 180°
M98 P4103；	调用子程序 O4103 一次
G69；	取消坐标旋转
G68 X0 Y0 P - 270.0；	工件坐标系顺时针旋转 270°
M98 P4103；	调用子程序 O4103 一次
G69；	取消坐标旋转
M05；	主轴停止
M30；	程序结束，返回程序起始点
O4103；	子程序号
G00 X20.0 Y47.63；	XY 向快速移动至系圆弧槽起点
G01 Z - 10.0；	Z 向进给至槽底位置
G03 X - 4.81 Y17.0 R55.0；	铣偏心圆弧槽
G01 Z5.0；	Z 向退刀
G00 X0 Y0；	XY 向快速移动至坐标零点
M99；	返回主程序

（4）偏心圆弧槽的检验

① 测量辅具：专用的简易检验辅具，如图 4 - 4 所示，测量板厚度 10 mm，具有较高的平行度，三个测量基准孔的直径、精度与工件基准孔直径相同，孔的中心在一直线上，孔距与工件圆弧槽分布圆直径尺寸相同。

② 测量圆弧槽尺寸、位置精度：

a. 用槽宽尺寸精度对应的塞规检验槽的尺寸精度；

b. 在槽的两端塞入塞规，比较检验四条圆弧槽弦长尺寸；

c. 测量圆弧槽终点圆弧和工件外圆的尺寸，对四条槽的尺寸进行比较，也可以测量始点圆弧与基准孔壁的尺寸，以检验槽的等分精度；

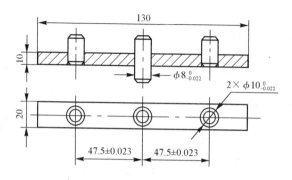

图 4－4　偏心圆弧槽测量辅具

　　d. 用标准圆柱塞入辅具中间孔和工件基准孔,再用塞规分别塞入槽的终端和辅具一侧基准孔,如图 4－5 所示,按 55＋10＝65 mm 调整圆弧槽终端与辅具一侧基准孔的位置,调整好后用平行夹等固定辅具与工件的相对位置,然后将塞规塞入圆弧槽其他位置,测量圆弧槽的半径尺寸精度;若各点偏差较大,可先使辅具一测基准孔与圆弧槽两端尺寸相同,然后测量圆弧槽中间各点与基准孔的尺寸,并通过几何关系计算确定圆弧半径和分布圆直径实际尺寸。

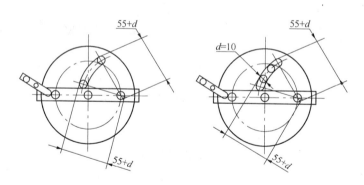

图 4－5　偏心圆弧槽位置测量

　　(5) 偏心圆弧槽加工质量分析

　　① 圆弧槽槽形和槽宽尺寸误差大的原因是:铣刀球头部分切削刃形状、几何角度偏差大;铣床主轴径向间隙大;铣刀找正精度差。

　　② 圆弧槽位置精度差的原因是:对刀位置错误或找正精度差;铣刀和工件中心位置错误或找正精度差;程序中旋转坐标角度错误;圆弧插补的

有关程序段有错误。

任务三　数控铣削加工按平移坐标位置分布的沟槽零件

在数控铣床和加工中心上加工零件上按平行移动坐标位置分布的沟槽,沟槽尺寸形状相同,有直槽、圆弧槽多种类型;加工位置通常是以零件上基准坐标轴平移的其他坐标分布的,技术要求除了与一般的沟槽零件类似外,还包括坐标平移的尺寸、槽基本尺寸及数量等。零件上按平移多个坐标分布的沟槽数控加工具体方法可参见以下实例。

【例 4 - 4】 数控铣削加工如图 4 - 6 所示的环链圆弧槽零件,调整操作步骤如下。

(1) 图样和工艺分析

① 形位分析:表面的环链圆弧沟槽共有 5 条,槽 B 位于工件对称中心;槽 B 位于第一象限;槽 C 位于第二象限;槽 D 位于第三象限;槽 E 位于第四象限。各槽中心与工件对称中心位置间隔距离均为 $X = 65$ mm,$Y = 65$ mm。

② 尺寸精度分析:本例槽宽尺寸为 8 mm;深度 5 mm,圆弧槽宽中间圆直径为 30 mm,环链直线长度 18 mm。

③ 本例可采用定直径 $\phi 8$ mm 的键槽铣刀进行铣削加工。

④ 工件坐标系设置如图 4 - 6 所示,工件外形对称中心为坐标原点。加工工序过程:预制件检验→选择、安装、找正机用平口虎钳→装夹、找正工件→使用寻边器对刀,确定 X、Y 轴零点偏置值→选择、安装、找正铣刀→对刀确定 Z 轴零点偏置值→编制或导入加工程序→设置工件坐标系零点偏置参数(注意按坐标系 G54~G58 分别设置)→检查运行轨迹→机床回参考点→加工运行→零件检验和质量分析。

(2) 编程要点　本例选用 FANUC 0i 系统数控铣床进行加工。

① 使用 G54~G58 确定工件五个加工位置的坐标系;本例也可采用 G50 平移坐标系。

② 使用刀具中心轨迹进行编程,应用 G01 直线插补和 G02/G03 加工圆弧槽。

③ 应用各自建立坐标系(或相对零件坐标系偏移位置)方法调用子程序进行加工。

④ 注意编程中加工路线:快速到达工件坐标系原点上方→坐标位移至第一象限槽坐标原点上方→调用子程序从右侧圆弧槽与直线槽交点为起点加工右侧圆弧槽→加工直槽→左侧圆弧槽→Z 轴退刀→复位槽坐标

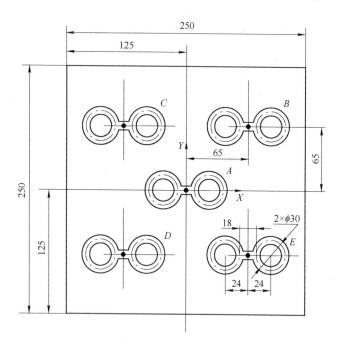

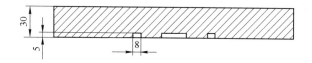

图4-6 平移坐标圆弧沟槽零件实例

原点上方→坐标位移至第二象限槽坐标原点上方→……→坐标位移至中间槽坐标原点上方(即工件坐标原点上方)→调用子程序加工→Z 轴退刀复位至工件坐标原点上方。

⑤ 数控加工程序一(采用分别建立坐标系的方法):

O4004;	程序号
G91 G28 Z0;	返回参考点
G90 G40 G17 G54 X0 Y0 Z10.0;	程序初始化,建立工件坐标系,位移至原点上方 10 mm 位置
M03 S600 F75;	主轴正转,转速 600 r/min,进给量 75 mm/min
G55 X0 Y0 Z10.0;	建立右上方位置坐标系
M98 P4104;	调用子程序加工右上方环链槽
G56 X0 Y0 Z10.0;	建立左上方位置坐标系
M98 P4104;	调用子程序加工左上方环链槽
G57 X0 Y0 Z10.0;	建立左下方位置坐标系
M98 P4104;	调用子程序加工左下方环链槽
G58 X0 Y0 Z10.0;	建立右下方位置坐标系
M98 P4104;	调用子程序加工右下方环链槽
G54 X0 Y0 Z10.0;	建立中部位置坐标系
M98 P4104;	调用子程序加工中部环链槽
G91 G28 Z0;	返回参考点
M05;	主轴停止
M30;	程序结束,返回程序起始点

O4104;	子程序号
G00 X9.0 Y0;	XY 向快速移动至铣右侧圆弧槽起点
G01 Z-5.0 F40;	Z 向进给至槽深位置
G02 X9.0 Y0 R15.0;	顺时针中心右偏铣闭合圆弧槽
G01 X-9.0;	沿 X 负向铣直槽
G03 X-9.0 Y0 R-15.0;	逆时针中心左偏铣闭合圆弧槽
G01 Z1.0;	Z 向退刀
G00 Z10.0;	Z 向快速移动至 10 mm 位置
X0 Y0;	XY 向快速返回坐标原点位置
M99;	返回主程序

⑥ 数控加工程序二(采用相对零件坐标系偏移的方法):

O4204;	程序号
G91 G28 Z0;	返回参考点
G90 G40 G17 G54 X0 Y0 Z10.0;	程序初始化,建立工件坐标系,位移至原点上方

	10 mm 位置
M03 S600 F75;	主轴正转,转速 600 r/min,进给量 75 mm/min
G91 G50 X65.0 Y65.0 Z0;	建立右上方位置坐标系
M98 P4304;	调用子程序加工右上方环链槽
G91 G50 X−130.0 Y0 Z0;	建立左上方位置坐标系
M98 P4304;	调用子程序加工左上方环链槽
G91 G50 X0 Y−130.0 Z0;	建立左下方位置坐标系
M98 P4304;	调用子程序加工左下方环链槽
G91 G50 X130.0 Y0 Z0;	建立右下方位置坐标系
M98 P4304;	调用子程序加工右下方环链槽
G91 G50 X−65.0 Y65.0 Z0;	建立中部位置坐标系
M98 P4304;	调用子程序加工中部环链槽
G91 G28 Z0;	返回参考点
M05;	主轴停止
M30;	程序结束,返回程序起始点
O4304;	子程序号
G00 X9.0 Y0;	XY 向快速移动至铣右侧圆弧槽起点
G01 Z−15.0 F40;	Z 向进给至槽深位置
G02 X0 Y0 R15.0;	顺时针中心右偏铣闭合圆弧槽
G01 X−18.0;	沿 X 负向铣直槽
G03 X0 Y0 R−15.0;	逆时针中心左偏铣闭合圆弧槽
G01 Z6.0;	Z 向退刀
G00 Z9.0;	Z 向快速移动至 10 mm 位置
X9.0 Y0;	XY 向快速返回坐标原点位置
M99;	返回主程序

（3）数控加工操作要点

① 本例环链槽加工中,选用各自建立坐标系方法时,各自坐标系零点偏置参数输入中,首先按对称工件中心的坐标系 G54 的零点偏置参数输入,然后依次按对称工件中心的坐标系参数计算后输入参数,本例参数输入示例见表 4-1。

表 4-1　坐标零点偏置参数示例

坐标指令	坐标位置	X 轴参数	Y 轴参数	Z 轴参数
G54	中间	−495.0	−411.0	−368.0
G55	右上方	−430.0	−346.0	−368.0

（续表）

坐标指令	坐标位置	X 轴参数	Y 轴参数	Z 轴参数
G56	左上方	−560.0	−346.0	−368.0
G57	左下方	−560.0	−476.0	−368.0
G58	右下方	−430.0	−476.0	−368.0

② 本例选用 G91 G50 X ＿ Y ＿相对零件坐标系偏移进行编程加工，X、Y 的数值为增量值。

③ 本例选用 G02/G03 X ＿ Y ＿ R ＿编程加工两侧闭合圆弧槽，注意 R 数值的正负号，正值圆心在起点右侧，负值圆心在起点左侧。

④ 因封闭圆弧槽垂直进刀容易造成过切刀痕，因此选在直槽与圆弧槽交点位置 Z 向进刀，达到槽深位置，注意控制进给速度。

⑤ 为了保证各槽的深度一致，注意找正工件上平面与工作台面的平行度。

（4）检验和质量分析要点

① 槽的宽度尺寸使用精度相应的内径千分尺检验，也可使用精度对应的圆柱塞规检验；其他尺寸使用游标卡尺检验；表面粗糙度使用目测或样板对照比较测量法检验。

② 本例的常见质量问题是编程出现参数输入错误或程序中的坐标值错误，导致工件加工坐标位置偏差；因此需要进行刀具运行轨迹的检查和测量。

项目二　特殊孔系零件加工

生产实际中经常会有各种平面、沟槽、轮廓与平行孔系组合的铣削加工零件。用数控铣床和加工中心加工平行孔系的零件，较小外形的生产零件可以采用多件加工，提高生产效率；较特殊的孔系可采用加工中心进行多种刀具的自动换刀加工。多件加工孔系零件是生产中常见的数控加工方法。多件加工需要应用坐标平移或建立多个坐标系，使刀具按多件装夹的工件位置设定工件坐标系，然后应用主程序和子程序的方法进行多件加工。

任务一　用数控铣床多件加工圆周均布孔零件

圆周均布孔系零件是常见生产零件，通常应用极坐标或第四坐标编程进行角度等分，具体方法和步骤可参见以下实例。

【例 4－5】 用数控铣床和加工中心加工如图 4－7 所示的多件装夹孔系零件，具体步骤如下。

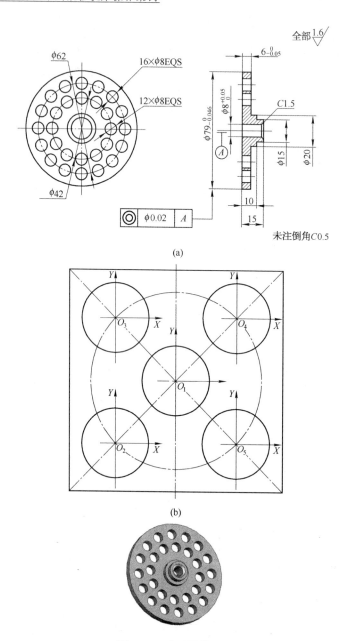

图4-7 孔系零件实例

（a）零件简图；（b）零件多件装夹示意

（1）图样分析

① 工件是盘形零件，通孔孔系按两个分布圆均布。

② 分布圆直径 $\phi62\,mm$，均布孔数 16；分布圆直径 $\phi42\,mm$，均布孔数 12；通孔孔径均为 $\phi8\,mm$

③ 工件用"X"形中心位置分布的夹具装夹，一次可装夹 5 个零件，如图 4 - 7b 所示。

（2）加工准备

① 预制件完成盘形零件所有的车加工内容。

② 工件装夹选用专用夹具，以底面和中心位置孔为基准定位，螺栓压板夹紧位置为工件台阶端面外圆附近部位。

③ 选用直径 $\phi8\,mm$ 标准麻花钻钻孔。

④ 为便于核对加工位置，可在端面按图划中心线。

（3）数控加工工艺　本例应用经济型 FAUNC 0i 系统编程。

① 工件坐标系零点设定在工件台阶端面孔中心，按主视图位置设定 X、Y 轴方向。各零件的坐标系按 G54～G58 设定零点偏置，设定的参数可按中间位置 G54 的坐标值，按四角等分的方法，确定 G55～G58 各坐标的参数值。

② 钻孔采用主程序调用子程序加工方法，主程序主要指令各个工件位置坐标系设定等；子程序主要指令钻孔加工。

③ 零件加工顺序按圆周逆时针方向，以水平中心线的孔为基准位置开始加工分布圆直径 $\phi62\,mm$ 均布 1～16 通孔，然后以水平中心线的孔为基准位置开始加工分布圆直径 $\phi42\,mm$ 均布 1～12 通孔。

④ 选用极坐标指令 G16/G15 解决孔等分、分布圆位置精度；选用钻孔固定循环钻孔。

⑤ 数控加工程序：

O4005；	程序号
G98 G90 G21 G17 G40 G54；	程序初始化，建立工件坐标系 1
G91 G28 Z0；	返回参考点
M06 T01；	换 01 号刀
M03 S1000；	主轴正转，转速 1 000 r/min
M98 P4105；	调用子程序加工工件 1
G55；	建立工件坐标系 2
M98 P4105；	调用子程序加工工件 2
G56；	建立工件坐标系 3

M98 P4105;	调用子程序加工工件 3
G57;	建立工件坐标系 4
M98 P4105;	调用子程序加工工件 4
G58;	建立工件坐标系 5
M98 P4105;	调用子程序加工工件 5
G91 G28 Z0;	返回参考点
M05;	主轴停止
M30;	程序结束,返回程序起点
O4105;	子程序号·
G90 G00 X0 Y0 Z10.0;	快速移动至工件坐标系零点上方 10 mm 处
G16 X0 Y0;	建立极坐标系
G81 G99 X31.0 Z−15.0 R3.0 F50;	调用钻孔固定循环钻外圈通孔 1
Y22.5;	钻外圈通孔 2
Y45.0;	钻外圈通孔 3
Y67.5;	钻外圈通孔 4
Y90.0;	钻外圈通孔 5
Y112.5;	钻外圈通孔 6
Y135.0;	钻外圈通孔 7
Y157.5;	钻外圈通孔 8
Y180.0;	钻外圈通孔 9
Y202.5;	钻外圈通孔 10
Y225.0;	钻外圈通孔 11
Y247.0;	钻外圈通孔 12
Y270.0;	钻外圈通孔 13
Y292.0;	钻外圈通孔 14
Y315.0;	钻外圈通孔 15
Y337.5;	钻外圈通孔 16
X21.0 Y0;	钻内圈通孔 1
Y30.0;	钻内圈通孔 2
Y60.0;	钻内圈通孔 3
Y90.0;	钻内圈通孔 4
Y120.0;	钻内圈通孔 5
Y150.0;	钻内圈通孔 6
Y180.0;	钻内圈通孔 7
Y210.0;	钻内圈通孔 8
Y240.0;	钻内圈通孔 9
Y270.0;	钻内圈通孔 10

Y300;	钻内圈通孔 11
Y330.0;	钻内圈通孔 12
M99;	返回主程序

（4）数控加工操作要点

① 本例钻孔选择切削用量应合理，以防止工件变形。

② 实际加工中也可选用数控钻床加工。

③ 完工工件装夹的操作可在其他工件加工时进行，以提高生产效率，但加工的工位顺序应能保证安全装夹操作。

④ 各个坐标系的零点偏置设定应仔细，否则容易造成废品。

⑤ 本例采用一般的检验方法，用游标卡尺检测孔径、分布圆直径和孔距等分等。

⑥ 本例的主要质量问题是工件变形，因此需要通过试加工，合理调整切削用量。

任务二 用数控铣床多件加工直角坐标孔零件

直线排列的平行孔零件常采用直角坐标位移孔距进行加工。用数控铣床或钻床多件加工此类零件，具体操作可参见以下实例。

【例 4 - 6】 加工如图 4 - 8 所示的矩形盖板直角坐标多孔，加工程序编制方法和步骤如下。

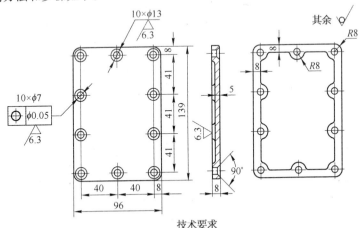

技术要求

1. 铸件表面无气孔、砂眼等影响密封、美观的铸造缺陷。
2. 未注公差按IT14。
3. 未注圆角R3。

图 4 - 8 多孔盖板零件

(1) 分析图样

① 盖板外形为矩形,孔数 10,孔径 φ7 mm,孔径精度要求较低。

② 加工前外形已预制完成,板厚 8 mm。

③ 孔的分布规律:沿外形周边对称分布,行间距相等,均为 41 mm;上下边行内孔间距相等,均为 40 mm;与周边的距离均为 8 mm。

④ 螺栓过孔口有 90°的圆锥倒角,孔口直径为 φ13 mm。

(2) 加工准备

① 选用 φ7 mm 标准麻花钻钻孔;选用 90°顶角 φ16 mm 直径的锪钻加工孔口倒角。

② 检测工件预制件外形尺寸 139 mm×96 mm×8 mm 精度。

③ 按预制件外形,划线确定工件第一孔的参照位置。

④ 工件主要基准面为加工后的大平面,装夹时以底面为 Z 向基准,侧边为 X 向基准,下边为 Y 向基准。

(3) 数控加工工艺

① 工件坐标系零点为下边中间孔的底面中心。

② 加工路线:定位坐标零点,加工底边中间孔→沿 Y 轴正向加工左侧孔→沿 X 轴正向加工上边孔→沿 Y 轴负向加工右侧孔→返回工件零点。

③ 指令选用:钻孔选用 G81 指令;锪孔选用 G82 指令,保证锪孔到深度位置后暂停光切后退刀。

④ 数控加工程序:

O4006;	程序号
G54 G17 G80 G90 G21 G49;	程序初始化
G91 G28 Z0;	返回参考点
M06 T01;	换 01 号刀
M03 S1000;	主轴正转,转速 1 000 r/min
G90 G00 Z20.0 H01;	调用 01 号参数,建立刀具长度补偿
X0 Y0 M08;	XY 向快速移动至下边中间孔中心位置,切削液开启
G91 G81 G99 X−40.0 Z−20.0 R−3.0 F200;	调用固定循环钻左侧第一孔
X0 Y41.0;	钻左侧第 2 孔
Y41.0;	钻左侧第 3 孔
Y41.0;	钻左侧第 4 孔
X40.0 Y0;	钻上边中间孔
X40.0;	钻上边右侧孔

X0 Y-41.0;	钻右侧第2孔
Y-41.0;	钻右侧第3孔
Y-41.0;	钻右侧第4孔
X-40.0 Y0;	钻下边中间孔
G90 G00 Z100.0;	Z向快速退刀
G91 G28 Z0 M05;	返回参考点,主轴停止
M06 T02;	换02号刀具
M03 S100;	主轴正转,转速100 r/min
G90 G43 G00 Z20.0 H02;	快速移动至工件上方,刀具长度补偿
X0 Y0 M08;	快速移动至工件坐标系零点,切削液开启
G91 G82 G99 X-40.0 Z-20.0	镗左侧第1孔
R-3.0 P10 F200;	
X0 Y41.0;	镗左侧第2孔
Y41.0;	镗左侧第3孔
Y41.0;	镗左侧第4孔
X40.0 Y0;	镗上边中间孔
X40.0;	镗上边右侧孔
X0 Y-41.0;	镗右侧第2孔
Y-41.0;	镗右侧第3孔
Y-41.0;	镗右侧第4孔
X-40.0 Y0;	镗下边中间孔
G90 G00 Z100.0;	Z向快速退刀
G91 G28 Z0 M05;	返回参考点,主轴停止
M30;	程序结束,返回程序起点

任务三 用加工中心加工箱体平行轴孔系零件

箱体零件的加工部位主要是平面和孔系,零件上的孔系包括螺纹连接的螺纹孔孔系、传动轴安装的轴承孔孔系等。在安装传动轴的孔系中有同轴孔系和平行、垂直或交叉孔系。应用数控加工方法,需要应用孔加工循环中的多种指令,如镗孔循环指令、钻孔循环指令和攻螺纹循环指令等。具体加工方法和步骤可参见以下实例。

【例4-7】 数控加工如图4-9所示的箱体孔系,具体操作可参见以下步骤。

(1) 图样分析

① 工件属于箱体零件的端面孔系,孔系包括盖板螺栓孔系和内壁台阶平行孔系。

② 台阶孔系通孔直径 $\phi 36^{+0.023}_{0}$ mm,台阶孔直径 $\phi 46$ mm,深度3 mm,

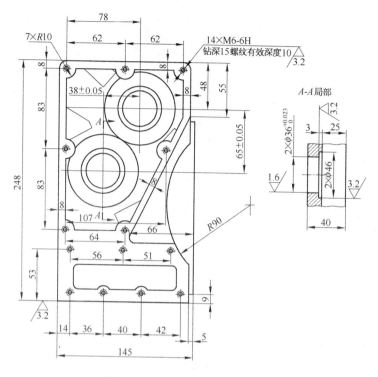

图 4-9　箱体零件孔系加工实例

距离箱体端面为 25 mm，总深度为 28 mm。台阶孔系孔距尺寸为（65±
0.05）mm 和（38±0.05）mm。基准孔为上部台阶孔，基准孔以顶面为基
准，与上部盖板螺孔孔系横坐标相关，孔距尺寸为 48 mm 和 78 mm。通孔
孔壁表面粗糙度 $Ra1.6\ \mu m$，台阶孔端面和孔壁表面粗糙度 $Ra3.2\ \mu m$。

　　③ 上部盖板螺栓孔系以顶面和左侧面为基准，基准螺孔为左上角
螺孔，孔距纵坐标尺寸 8 mm，横坐标尺寸 8 mm。

　　④ 下部盖板螺栓孔系以底面和左侧面为基准，基准螺孔为左下角
螺孔，孔距纵坐标尺寸 9 mm，横坐标尺寸 14 mm。

　　⑤ 螺孔有效深度 10 mm，小径孔深度 15 mm；螺孔规格、精度为 M6-
6H；表面粗糙度为 $Ra3.2\ \mu m$。

　　⑥ 台阶孔孔系两孔之间的孔距精度要求比较高；各孔系与箱体零件
的外形有一定的位置要求。

（2）加工准备

① 本例箱体零件外形基准顶面、侧面和端面进行预制加工，达到基准面之间的平行和垂直度要求、表面粗糙度要求。

② 工件采用专用夹具装夹，装夹基准为底面、左侧面和背部的另一端面，工件用螺栓压板夹紧。工件装夹后，加工螺孔孔系的端面应与工作台面平行，基准侧面和底面应与纵横坐标平行。

③ 选用 $\phi 5$ mm 标准麻花钻加工螺孔小径底孔；选用相应精度等级的 M6 丝锥加工 M6 - 6H 螺孔；选用 $\phi 30$ mm 标准麻花钻粗加工台阶孔通孔，选用镗刀精加工通孔；选用 $\phi 46$ mm 平底锪钻加工台阶孔。

（3）数控加工工艺　本例选用 FANUC 0i 数控系统编程加工。

① 工件坐标系分别建立，选用 G54、G55、G56 分别建立上部盖板螺孔孔系坐标、下部盖板螺孔孔系坐标和台阶孔坐标。分别以左上角螺孔、上部台阶孔和左下角螺孔的端面中心为各坐标系的零点。

② 选用 G81 固定循环指令钻孔加工；选用 G84 固定循环指令内螺纹加工；选用 G76 指令通孔精镗加工；选用 G89 指令台阶孔锪孔加工。

③ 加工顺序：（装 01 号刀）刀具定位坐标系 G54 零点→钻左上角螺孔底孔→（按顺指针方向）钻上部盖板各螺孔底孔→刀具定位坐标系 G55 零点→钻左下角螺孔底孔→（按顺指针方向）钻下部盖板各螺孔底孔；（换 02 号刀）刀具定位坐标系 G54 零点→攻左上角螺孔→（按顺指针方向）攻上部盖板各螺孔→刀具定位坐标系 G55 零点→攻左下角螺孔→（按顺指针方向）攻下部盖板各螺孔；（换 03 号刀）刀具定位坐标系 G56 零位→钻上部台阶孔通孔→钻下部台阶孔通孔；（换 04 号刀）刀具定位坐标系 G56 零位→精镗上部台阶孔通孔→精镗下部台阶孔通孔；（换 05 号刀）刀具定位坐标系 G56 零位→锪上部台阶孔→锪下部台阶孔。

④ 采用主程序和子程序编程方法，简化程序；主程序完成换刀建立坐标系等指令内容；子程序完成孔系定位、移位、加工等指令内容。

⑤ 数控加工程序：

O4007；	主程序号
G54 G17 G80 G90 G21 G49；	程序初始化，建立工件坐标系 G54
G91 G28 Z0；	返回参考点
M06 T01；	换 01 号刀
M03 S1000；	主轴正转，转速 1 000 r/min
G90 G00 Z10.0 M08；	Z 向快速移动至工件上方 10 mm 处，切削液开启
M98 P4107；	调用子程序钻上部盖板 M6 mm 底孔

G90 G00 Z10.0;	返回参考点
G55;	建立工件坐标系 G55
M98 P4307;	调用子程序钻下部盖板 M6 mm 底孔
G91 G28 Z0 M05;	返回参考点
M06 T02;	换 02 号刀
M03 S100;	主轴正转,转速 100 r/min
G90 G00 G43 Z10.0 H02;	调用 02 号参数,刀具长度补偿,Z 向快速移动至工件上方 10 mm 处
G54;	建立坐标系 G54
M98 P4207;	调用子程序攻上部盖板 M6 mm 螺孔
G90 G00 Z10.0;	Z 向快速移动至工件上方 10 mm 处
G55;	建立工件坐标系 G55
M98 P4407;	调用子程序攻下部盖板 M6 mm 螺孔
G91 G28 Z0 M05;	返回参考点
M06 T03;	换 03 号刀
M03 S300;	主轴正转,转速 300 r/min
G56;	建立工件坐标系 G56
G90 G00 G43 Z10.0 H03;	调用 03 号参数刀具长度补偿,Z 向快速移动至工件上方 10 mm 处
M98 P4507;	调用子程序粗加工台阶孔系通孔
G91 G28 Z0 M05;	返回参考点
M06 T04;	换 04 号刀
M03 S500;	主轴正转,转速 500 r/min
G90 G43 G00 Z10.0 H04;	调用 04 号参数刀具长度补偿,Z 向快速移动至工件上方 10 mm 处
M98 P4607;	调用子程序精镗台阶孔系通孔
G91 G28 Z0 M05;	返回参考点,主轴停止
M06 T05;	换 05 号刀
M03 S100;	主轴正转,转速 100 r/min
G90 G43 G00 Z10.0 H05;	调用 05 号参数刀具长度补偿,Z 向快速移动至工件上方 10 mm 处
M98 P4707;	调用子程序锪台阶孔
G91 G28 Z0;	返回参考点
M05 M09;	主轴停止,切削液关闭
M30;	程序结束,返回程序起始点
O4107;	钻上部盖板螺孔底孔子程序
G81 G99 X0 Y0 Z-15.0 R3.0 F100;	调用固定循环钻上部盖板螺孔 1

X62.0;	钻上部盖板螺孔2
X124.0;	钻上部盖板螺孔3
X107.0 Y－83.0;	钻上部盖板螺孔4
X64.0 Y－166.0;	钻上部盖板螺孔5
X0;	钻上部盖板螺孔6
Y－83.0;	钻上部盖板螺孔7
M99;	返回主程序

O4207;	攻上部盖板螺孔子程序
G84 G99 X0 Y0 Z－10.0 R3.0 F30;	调用固定循环攻上部盖板螺孔1
X62.0;	攻上部盖板螺孔2
X124.0;	攻上部盖板螺孔3
X107.0 Y－83.0;	攻上部盖板螺孔4
X64.0 Y－166.0;	攻上部盖板螺孔5
X0;	攻上部盖板螺孔6
Y－83.0;	攻上部盖板螺孔7
M99;	返回主程序

O4307;	钻下部盖板螺孔底孔子程序
G81 G99 X0 Y0 Z－15.0 R3.0 F30;	钻下部盖板螺孔底孔1
Y44.0;	钻下部盖板螺孔底孔1
X56.0;	钻下部盖板螺孔底孔1
X107.0;	钻下部盖板螺孔底孔1
X118.0 Y0;	钻下部盖板螺孔底孔1
X76.0;	钻下部盖板螺孔底孔1
X36.0;	钻下部盖板螺孔底孔1
M99;	返回主程序

O4407;	攻下部盖板螺孔子程序
G84 G99 X0 Y0 Z－10.0 R3.0 F30;	调用固定循环攻下部盖板螺孔1
Y44.0;	攻下部盖板螺孔2
X56.0;	攻下部盖板螺孔3
X107.0;	攻下部盖板螺孔4
X118.0 Y0;	攻下部盖板螺孔5
X76.0;	攻下部盖板螺孔6
X36.0;	攻下部盖板螺孔7
M99;	返回主程序

O4507；   台阶孔钻孔子程序

G81 G99 X0 Y0 Z - 45.0 R3.0 F30；   调用固定循环钻台阶通孔 1

X - 38.0 Y - 65.0；   钻台阶孔通孔 2

M99；   返回主程序

O4607；   台阶孔镗孔子程序

G76 G99 X0 Y0 Z - 45.0 R3.0 F30；   调用固定循环镗台阶孔通孔 1

X - 38.0 Y - 65.0；   镗台阶孔通孔 2

M99；   返回主程序

O4707；   台阶孔锪孔子程序

G89 G99 X0 Y0 Z - 28.0 R3.0 P1000 F30； 调用固定循环锪台阶孔 1，底部停留 1 s

X - 38.0 Y - 65.0；   锪台阶孔 2

M99；   返回主程序

（4）加工操作和检验要点

① 加工箱体零件，注意换刀顺序和加工程序的对应，以免差错后造成废品。

② 镗刀的刃磨和调整应掌握基本操作技能，注意孔径尺寸的控制方法，通常采用百分表控制镗刀刀尖调整位置，同时还应注意孔径的测量方法，以免超差。

③ 使用丝锥加工螺孔，指令应与螺孔螺纹的旋向对应，以免因旋向不对造成螺孔损坏或报废。

④ 箱体零件孔距的检验采用百分表和量块组合进行检验，检验方法可参见图 4 - 10。

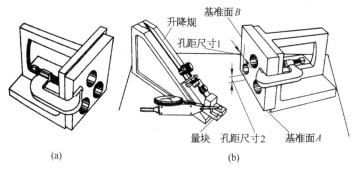

(a)   (b)

图 4 - 10　孔距测量示意

项目三　特殊轮廓零件加工

在实际生产中,机械零件常具有各种外形轮廓和工作面特殊形状,采用数控铣床和加工中心,可灵活应用各种指令进行编程,以保证轮廓和工作面特殊形状的铣削加工精度。

任务一　数控铣削加工特殊轮廓的叶轮零件

在机械零件中,常见圆周均布的特殊位置、特殊轮廓的零件。例如柴油机增压器中的扩压器,水泵中的叶轮等,数控加工此类零件,通常可使用第四轴的分度装置,也可采用坐标旋转的方法,将加工基本结构相同的部位编制子程序,然后在主程序中通过坐标旋转的指令,调用子程序依次加工圆周分布的相同部位。加工此类零件可参考以下实例。

【例4-8】　应用数控加工中心铣削加工如图4-11所示的叶轮,具体

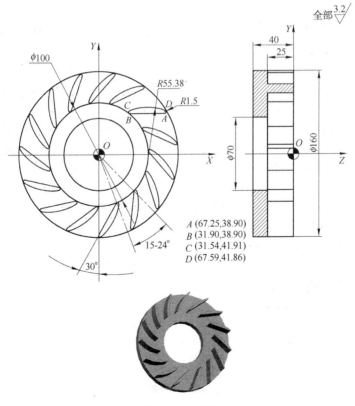

A (67.25,38.90)
B (31.90,38.90)
C (31.54,41.91)
D (67.59,41.86)

图4-11　叶轮

加工步骤如下。

（1）图样分析

① 工件是环形台阶零件，叶轮叶片的位置在环形外圆柱部位，轴向长度 25 mm。

② 叶片外轮廓由直线和三个圆弧连接而成，叶片在圆周上下侧面与水平中心线平行时，各交点的坐标位置如图 4-11 所示。

③ 15 片叶片以孔中心位置按 24°中心角均布。

④ 两端圆弧半径 $R1.5$ mm，上方圆弧半径 $R55.38$ mm。

（2）加工准备

① 预制件完成环状零件所有的车加工内容。

② 工件装夹选用三爪自定心卡盘，装夹后找正工件大端面与工作台面平行。

③ 选用直径 $\phi12$ mm 标准立铣刀，切削部分长度≥30 mm。

④ 为便于核对加工位置，可在端面按图划中心线和下侧面与水平中心线平行的叶片轮廓线。

（3）数控加工工艺

① 工件坐标系零点设定在工件上端面孔中心，按主视图位置设定 X、Y 轴方向。

② 叶片采用主程序调用子程序加工方法，主程序主要指令坐标旋转角度等；子程序主要指令刀具铣叶片轮廓面及残留部位。

③ 加工顺序按圆周逆时针方向，以下侧面与水平中心线平行的叶片为基准位置开始加工 1～15 片叶片。

④ 刀具路径：叶片左下角（包括切入直线段）→右下角连接点→右上角连接点→左上角连接点→左下角连接点；退刀后移位至铣削残留部位起点→铣削残留部位→退刀。

⑤ 选用坐标旋转指令 G68/G69 解决叶片等分精度；选用刀具半径右补偿按叶片轮廓编程。

⑥ 数控加工程序：

O4008；	程序号
G90 G17 G98 G40 G54；	程序初始化
G91 G28 Z0；	返回参考点
M06 T01；	换 01 号刀
M03 S600；	主轴正转，转速 600 r/min
M98 P4108；	调用子程序加工叶片 1

G68 X0 Y0 P24.0;	坐标轴旋转 24°
M98 P4108;	调用子程序加工叶片 2
G69;	取消坐标旋转
G68 X0 Y0 P48.0;	坐标轴旋转 48°
M98 P4108;	调用子程序加工叶片 3
G69;	取消坐标旋转
G68 X0 Y0 P72.0;	坐标轴旋转 72°
M98 P4108;	调用子程序加工叶片 4
G69;	取消坐标旋转
G68 X0 Y0 P96.0;	坐标轴旋转 96°
M98 P4108;	调用子程序加工叶片 5
G69;	取消坐标旋转
G68 X0 Y0 P120.0;	坐标轴旋转 120°
M98 P4108;	调用子程序加工叶片 6
G69;	取消坐标旋转
G68 X0 Y0 P144.0;	坐标轴旋转 144°
M98 P4108;	调用子程序加工叶片 7
G69;	取消坐标旋转
G68 X0 Y0 P168.0;	坐标轴旋转 168°
M98 P4108;	调用子程序加工叶片 8
G69;	取消坐标旋转
G68 X0 Y0 P192.0;	坐标轴旋转 192°
M98 P4108;	调用子程序加工叶片 9
G69;	取消坐标旋转
G68 X0 Y0 P216.0;	坐标轴旋转 216°
M98 P4108;	调用子程序加工叶片 10
G69;	取消坐标旋转
G68 X0 Y0 P240.0;	坐标轴旋转 240°
M98 P4108;	调用子程序加工叶片 11
G69;	取消坐标旋转
G68 X0 Y0 P264.0;	坐标轴旋转 264°
M98 P4108;	调用子程序加工叶片 12
G69;	取消坐标旋转
G68 X0 Y0 P288.0;	坐标轴旋转 288°
M98 P4108;	调用子程序加工叶片 13
G69;	取消坐标旋转
G68 X0 Y0 P312.0;	坐标轴旋转 312°
M98 P4108;	调用子程序加工叶片 14

G69；	取消坐标旋转
G68 X0 Y0 P336.0；	坐标轴旋转 336°
M98 P4108；	调用子程序加工叶片 15
G69；	取消坐标旋转
G91 G28 Z0；	返回参考点
M05；	主轴停止
M30；	程序结束，返回程序起点
O4108；	子程序号
G90 G00 X30.0 Y38.90 Z10.0；	快速移动至叶片左下角上方 10 mm
G42 G01 X28.0 D01；	调用参数 D01 刀具半径右补偿
Z-25.0；	刀具 Z 向移动至叶片深度位置
X67.25；	铣叶片下侧面至右端圆弧起点
G03 X67.59 Y41.86 R1.6；	逆时针铣右端圆弧
G03 X31.54 Y41.91 R55.38；	逆时针铣上方圆弧
G03 X31.90 Y38.90 R1.6；	逆时针铣左端圆弧
G01 Z2.0；	Z 向退刀
G00 G40 Z10.0；	Z 向快速移动至工件上方，取消刀具半径补偿
X80.0 Y24.0；	XY 向快速移动至铣削残留部位起点
Z-25.0；	刀具 Z 向移动至叶片深度位置
G01 X70.0；	铣削残留部位
G00 Z10.0；	Z 向快速退刀至 10 mm 位置
M99；	返回主程序

（4）数控加工操作要点

① 本例叶片两端圆弧半径比较小，注意半径补偿引起的加工误差，通常采用调整程序半径值的方法解决。

② 叶片的粗精加工通过调整刀具半径补偿值的方法解决。

③ 铣刀的长度要选用适当，以免影响轮廓精度和表面粗糙度。

④ 本例的连接点坐标计算采用 CAD 绘图确定。

任务二　数控铣削加工特殊轮廓的薄板零件

特殊轮廓的薄板零件，通常有样板、专用盖板、装饰面板等。此类零件的轮廓基本结构要素主要是圆弧与直线，还常带有平行孔系的加工，因此在加工前，需要进行基点的坐标计算，手工编程也比较繁琐。具体加工方法可参考以下实例。

【例 4-9】 应用数控加工中心铣削加工如图 4-12 所示的内轮廓模板，具体加工步骤如下。

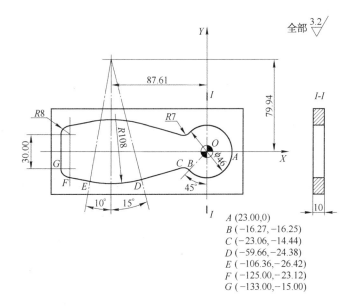

A (23.00,0)
B (−16.27, −16.25)
C (−23.06, −14.44)
D (−59.66, −24.38)
E (−106.36, −26.42)
F (−125.00, −23.12)
G (−133.00, −15.00)

图 4 - 12　薄板特殊轮廓实例

（1）图样分析

① 工件是板状复杂内轮廓零件，板厚 10 mm。

② 工件结构要素由工件外形和内轮廓直线成型面组成。

③ 外形是板状六面体，内轮廓由直线和圆弧组成，各交点的坐标位置如图 4 - 12 所示。

④ 内轮廓按中间中心线上下对称，各圆弧中心位置标注兼用直角坐标和极坐标。

（2）加工准备

① 预制件完成板状零件两平面厚度和周边侧面加工。

② 工件加工选用螺栓压板或机用平口虎钳装夹。

③ 选用直径 $\phi12\,mm$ 标准立铣刀,切削部分长度 $\geqslant15\,mm$ 加工内轮廓。为了便于刀具轴向进给,可在工件零点位置钻孔 $\phi14\,mm$。

④ 为便于核对加工位置,可在工件表面按图 4-12 划内轮廓加工参照线。

(3) 数控加工工艺 本例应用 KND1000M 数控系统编程加工。

① 工件坐标系零点设定在工件右端 $\phi46\,mm$ 圆弧上端面中心。

② 零件采用主程序调用子程序进行加工,子程序完成沿轮廓半精铣、精铣加工;主程序采用调用子程序方式和粗铣程序段完成内轮廓铣削加工,同时包括切入、切出路径等内容。

③ 内轮廓加工顺序:为了保证加工质量,九柱球形内轮廓大部分余量均须预先铣除,采用加工中心粗铣,铣刀的路径可沿留有余量的内轮廓逐渐收缩到中间位置,最后在中间位置沿中心线直线铣削,铣除大部分余量。半精铣内轮廓时,使铣刀刀补参数设置直径大于铣刀实际直径,使内轮廓留有精铣余量。精铣内轮廓时,使铣刀的刀补参数设置等于铣刀的实际直径,使内轮廓达到图样精度要求。

④ 内轮廓刀具路径:本例工件坐标系原点设置在圆心 O 上,如图 4-12 所示,铣刀在 $(0,0,10)$ 位置上沿 Z 轴负向切入工件后,在 XOY 平面中的移动轨迹为 $O \rightarrow A \rightarrow B \rightarrow C \rightarrow D \rightarrow E \rightarrow F \rightarrow G \rightarrow g \rightarrow f \rightarrow e \rightarrow d \rightarrow c \rightarrow b \rightarrow a \rightarrow O$,最后沿 Z 向正向退刀切离工件,完成内轮廓铣削过程。

⑤ 选用 G42 指令刀具半径右补偿,G02/G03 指令加工各圆弧。

⑥ 应用计算机 CAD 等绘图软件求解基点坐标,如图 4-12 所示。

⑦ 数控加工程序:

O4009;	主程序号
G90 G17 G98 G40 G54;	程序初始化,建立工件坐标系
G91 G28 Z0;	返回参考点
M06 T01;	换 01 号刀
M03 S500;	主轴正转,转速 500 r/min
G90 G00 Z10.0;	Z 向快速移动至工件上方 10 mm 处
G81 G99 X0 Y0 R3.0 Z-20.0 F50;	钻落刀孔
M05;	主轴停止
G91 G28 Z0;	返回参考点
M06 T02;	换 02 号刀
G43 H02;	调用 02 号刀具长度补偿
M03 S500;	主轴正转,转速 500 r/min
G90 G00 X0 Y0 Z2.0;	快速移动至工件坐标零点工件上方 20 mm 处

G01 Z - 15. 0 F50 ;	Z向进给至切削深度
X - 121. 0;	粗铣内轮廓中部余量
Y13. 0;	
X - 87. 0 Y18. 0;	
X - 20. 0 Y5. 0;	
X0 Y10. 0;	
X15. 0 Y0;	
X0 Y - 10. 0;	
X - 20. 0 Y - 5. 0;	
X - 87. 0 Y - 18. 0;	
X - 121. 0 Y - 13. 0;	
Y8. 0;	
X - 87. 0 Y7. 0;	
X - 20. 0 Y1. 0;	
X - 87. 0 Y - 7. 0;	
X - 121. 0 Y - 5. 0;	粗铣结束
Y0;	移动至Y向零点
X15. 0;	移动至X向 15 mm 处
G00 Z10. 0;	Z向退刀至工件上方
G42 G01 Z2. 0 D02 ;	调用 02 号参数刀具半径右补偿
M98 P4109 ;	调用子程序粗加工内轮廓
G00 Z10. 0;	Z向退刀至工件上方 10 mm 处
G40 G49 M05 ;	取消刀补,主轴停止
G91 G28 Z0 ;	返回参考点
M06 T03 ;	换 0. 3 号刀
G90 G00 X0 Y0 Z10. 0;	快速移动至工件坐标系零点上方 10 mm 处
M03 S800 ;	主轴正转,转速 800 r/min
G43 G01 Z5. 0 H03 ;	调用 03 号参数刀具长度补偿
G42 G01 Z2. 0 D03 ;	调用 02 号参数刀具半径右补偿
M98 P4109 ;	调用子程序精加工内轮廓
G00 Z10. 0;	Z向快速移动至工件上方 10 mm 处
X0 Y0;	XY向快速移动至工件坐标零点
G91 G28 Z0 ;	返回参考点
M05 ;	主轴停止
M30 ;	程序结束,返回程序起始点
O4109 ;	子程序号
G90 G01 Z - 15. 0 ;	Z向进给至切削深度位置

X23.0；	X 向进给至 A 点位置
G02 X − 16.27 Y − 16.25 R23.0；	铣凹圆弧至 B 点
G03 X − 23.06 Y − 14.44 R7.0；	铣凸圆弧至 C 点
G01 X − 59.66 Y − 24.38；	铣直线至 D 点
G02 X − 106.36 Y − 26.42 R108.0；	铣圆弧至 E 点
G01 X − 125.0 Y − 23.12；	铣直线至 F 点
G02 X − 133.0 Y − 15.0 R8.0；	铣凹圆弧至 G 点
G01 Y15.0；	铣直线至 g 点
G02 X − 125.0 Y23.12 R8.0；	铣凹圆弧至 f 点
G01 X − 106.36 Y26.42；	铣直线至 e 点
G02 X − 59.66 Y24.38 R108.0；	铣凹圆弧至 d 点
G01 X − 23.06 Y14.44；	铣直线至 c 点
G03 X − 16.27 Y16.25 R7.0；	铣凸圆弧至 b 点
G02 X − 32.0 Y0 R − 23.0；	铣凹圆弧经 A、B 点至退刀点
G00 Z10.0；	Z 向快速退刀至工件上方 10 mm 处
M99；	返回主程序

（4）数控加工操作要点

① 本例工件加工应注意切削用量，保证内轮廓尺寸、形位精度和表面粗糙度。

② 刀具半径补偿的数据应保证精铣余量，刀具的实际直径可在粗铣轮廓中按刀补参数及检测 φ46 mm 实际孔径进行判断确认。

③ 实际加工中，粗加工中间余量和粗铣内轮廓可采用同一把刀具，精铣加工应换刀进行，主轴转速应适度提高，以保证表面粗糙度达到图样要求。同时应注意切入和切出路径，保证内轮廓表面无接刀刀痕。

④ 本例属于基准工具，因此内轮廓加工精度检测需要进行三坐标测量或投影仪测量法检验。

⑤ 本例加工中的质量问题是基点坐标值错误，各基点的坐标值，在计算和输入程序操作中应仔细核对，以免造成零件报废。

任务三　数控铣削加工特殊轮廓的盘形凸轮

在机械零件中，常见由圆弧和直线构成的盘形、板状凸轮。凸轮的用途很广，是机械自动化的典型传动零件。数控加工此类零件，通常可采用极坐标和直角坐标兼用的方法，将外轮廓或槽分解成不同直径圆弧或不同位置的直线段，然后灵活应用极坐标、直角坐标偏移等指令，依次加工凸轮轮廓或槽的各个基本结构要素。加工此类零件可参考以下实例。

【例 4 - 10】　单升程的盘形凸轮是机械传动中的典型特殊轮廓机械

零件,在数控铣床上手工编程可以加工圆弧连接而成的盘形单升程凸轮,加工如图 4-13 所示的圆盘凸轮工作型面,可参照以下步骤。

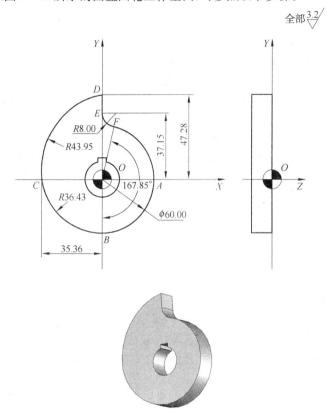

图 4-13 单升程盘形凸轮示意图

(1) 图样分析

① 单升程盘形凸轮的总升程为 17.28 mm(47.28 mm 与基圆半径 30 mm 之差),基圆直径 60 mm;BC 段升程 5.36 mm(35.36 mm 与 30 mm 之差);CD 段升程 11.92 mm(47.28 mm 与 35.36 mm 之差)。

② 型面轮廓由 4 段圆弧和直线段组成,基圆圆弧 FAB 段中心角 167.85°;升程圆弧 BC 段半径 R 36.43 mm,中心角 90°;CD 段圆弧半径为 R 43.95 mm,中心角 90°;EF 段圆弧半径为 R 8 mm,中心角 12.15°;DE 直线段长度为 10.13 mm。

③ 按零件特点,凸轮型面的安装设计基准是中间孔和键槽。

(2) 加工准备

① 由车床加工预制件,包括外圆和两端面。

② 采用 $\phi19.8$ mm 麻花钻和 $\phi20$ mm 铰刀加工中间基准孔;选用 $\phi12$ mm 立铣刀加工凸轮型面轮廓。

③ 工件选用三爪自定心卡盘装夹加工中间孔,然后用三爪卡盘装夹的心轴装夹工件加工凸轮型面。

(3) 数控加工工艺 本例选用 FANUC 0i 数控系统编程加工。

① 设定工件坐标系:如图 4-13 所示,工件坐标系原点设定在工件定位孔轴线与端面的交点,坐标按笛卡儿坐标规则设定。

② 确定加工顺序:自 A 点上方与 Y 轴平行位置切入→铣削 AB 圆弧→铣削 BC 圆弧→铣削 CD 圆弧→铣削 DE 直线→铣削 EF 圆弧→铣削 FA 圆弧→自 A 点沿与 Y 轴负向平行的方向切出。

③ 确定刀具中心轨迹 如图 4-13 所示,刀具中心轨迹为:参考点→起刀点→下刀点→ A → B → C → D → E → F → A →退刀点→中间点→参考点。

④ 计算确定各基点坐标。应用 AutoCAD 绘制零件图样,得出凸轮型面基点(极坐标):$A(30.00,0)$、$B(30.00,-90.00)$、$C(35.36,-180.00)$、$D(47.28,-270.00)$、$E(37.15,-270.00)$、$F(30.00,-282.15)$。

⑤ 选用指令:选用绝对值(G90)编程;选用工件坐标指令(G54)确定坐标系;选用直线插补(G01)加工直线段,切入、切出工件;选用圆弧插补(G02)加工工件凸轮型面圆弧,并使用终点坐标与圆弧半径 R 编程;选用(G16/G15)建立极坐标,指令各基点坐标值和取消极坐标;其他相关指令确定主轴转速(S)、转向(M03)、进给量(F)等。

⑥ 数控加工程序:

O4010;	主程序号
G90 G17 G98 G15 G40 G54;	程序初始化,建立工件坐标系
G91 G28 Z0;	返回参考点
M06 T01;	换 01 号刀
M03 S800;	主轴正转,转速 800 r/min
G90 G00 Z10.0;	Z 向快速移动至工件上方 10 mm 处
G81 G99 X0 Y0 R3.0 Z-15.0 F50;	钻中间孔
M05;	主轴停止
G91 G28 Z0;	返回参考点
M06 T02;	换 02 号刀
G43 H02;	调用 02 号刀具长度补偿

M03 S100;	主轴正转,转速 100 r/min
G90 G00 Z10.0;	Z 向快速移动至工件上方 10 mm 处
G81 G99 X0 Y0 R3.0 Z-15.0 F50;	铰中间孔
M05;	主轴停止
M00;	暂停
G91 G28 Z0;	返回参考点
M06 T03;	换 03 号刀
G43 H03;	调用 03 号刀具长度补偿
M03 S600;	主轴正转,转速 600 r/min
G16 G00 X0 Y0 Z10.0;	建立极坐标,快速移动至工件坐标零点工件上方 10 mm 处
G41 X42.42 Y45.0 Z2.0 D02 F50;	调用 02 号参数刀具半径左补偿,快速移动至右上方起刀点,进给速度 50 mm/min
G01 Z-15.0 M08;	Z 向进给至切削深度,切削液开启
X30.0 Y0.0;	沿 Y 负向切入至 A 点
G02 Y-90.0 R30.0;	顺时针圆弧插补铣 R30 mm 圆弧 AB
G02 X35.36 Y-180.0 R36.43;	顺时针圆弧插补铣 R36.43 mm 圆弧 BC
G02 X47.28 Y-270.0 R43.95;	顺时针圆弧插补铣 R43.95 mm 圆弧 CD
G01 X37.15;	直线插补铣直线段 DE
G03 X30.0 Y-282.0 R8.0;	逆时针圆弧插补铣 R8 mm 圆弧 EF
G02 Y0 R30.0;	顺时针圆弧插补铣 R30 mm 圆弧 FA
G01 X42.42 Y-45.0;	沿 Y 负向切出
G00 Z10.0 M09;	Z 向快速退刀,切削液关闭
G40;	取消刀具半径补偿
G91 G28 Z0;	返回参考点
M05;	主轴停止
M30;	程序结束,返回程序起始点

（4）数控加工操作要点

① 本例工件加工应注意切削用量,保证凸轮型面的轮廓尺寸、形位精度和表面粗糙度。

② 刀具半径补偿的数据应保证凸轮型面各圆弧段的精度和尺寸。

③ 实际加工中,粗加工采用一把刀具,精铣加工应换刀进行,主轴转速应适度提高,以保证表面粗糙度达到图样要求。

④ 本例应注意 A 点切入和切出路径,保证型面轮廓表面无接刀刀痕。

⑤ 本例属于特殊轮廓直线成型面,因此型面轮廓加工精度检测需要采用精密回转台或分度头检验;检验的方法如图 4-14 所示。

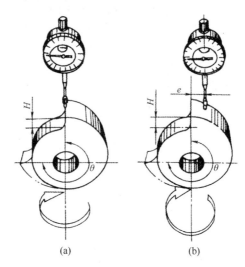

图 4 - 14 圆盘凸轮检验方法示意图

（a）检验对心直动圆盘凸轮；（b）检验偏心直动圆盘凸轮

任务四 数控铣削加工特殊位置的模具型面

【例 4 - 11】 在数控铣床和加工中心上铣削如图 4 - 15 所示的镜像对称的凸模型面，可参照以下步骤。

（1）图样分析

① 工件是矩形凸模零件，凸模轮廓深度 5 mm，工件总厚度 30 mm。

② 对称凸模的轮廓由直角边和斜边组成，底部直角边有凹圆弧面，轮廓尺寸如图 4 - 15 所示。

③ 以件 1 为基准，按 Y 轴对称为件 2；按原点对称为件 3；按 X 轴对称为件 4。

（2）加工准备

① 预制件完成矩形零件 250 mm×250 mm×30 mm 所有的铣加工内容。

② 工件装夹选用机用平口虎钳，装夹后找正工件大端面与工作台面平行，侧面与 X 进给方向平行。

③ 选用直径 ϕ8 mm 和 ϕ10 mm，切削部分长度≥20 mm 的标准立铣刀粗、精加工凸模型面；选用 ϕ20 mm 的立铣刀铣削加工残留部分。

④ 为便于核对加工位置，可在加工端面按图划中心线和件 1 的轮廓线。

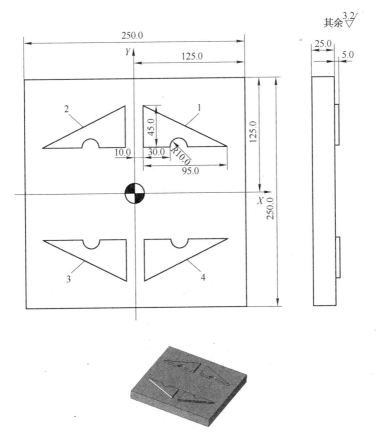

图 4 - 15　镜像对称外轮廓凸模

（3）数控加工工艺　本例选用 FANUC 经济型系统编程，编程中应掌握以下要点。

① 工件坐标系零点设定在工件上端面矩形中心，按主视图位置设定 X、Y 轴方向。

② 采用主程序调用子程序加工方法，主程序主要指令镜像位置等；子程序主要指令刀具铣削加工凸模侧面轮廓。

③ 本例采用刀具中心轨迹编程加工，用 CAD 方法偏移轮廓，如图 4 - 16 所示，基点坐标 $A(5.0, 102.90)$、$B(127.24, 45.0)$、$C(50.0, 45.0)$、$D(5.0, 45.0)$。

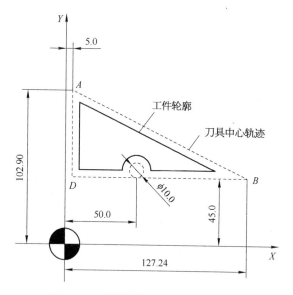

图 4-16　凸模外轮廓刀具轨迹及基点

　　④ 底边圆弧插补采用终点和中心坐标编程。

　　⑤ 模块轮廓加工刀具路径：$A \to B \to C$（圆弧插补）$\to D \to$ 镜像加工件 2 $\to$ 镜像加工件 3 $\to$ 镜像加工件 4；粗精加工采用换刀保证加工精度。

　　⑥ 数控加工程序：

O4011；	程序号
G90 G17 G98 G40 G54；	程序初始化,建立工件坐标系
M03 S1000；	主轴正转,转速 100 r/min
G00 X50.0 Y50.0 Z10.0；	快速移动至工件坐标系零点上方 10 mm 处
M98 P4111；	调用子程序加工件 1
G51 X0 Y0 I-1.0 J1.0；	镜像位移至第 2 件位置
M98 P4111；	调用子程序建工件 2
G50；	取消镜像
G51 X0 Y0 I-1.0 J-1.0；	镜像位移至第 3 件位置
M98 P4111；	调用子程序建工件 3
G50；	取消镜像
G51 X0 Y0 I1.0 J-1.0；	镜像位移至第 4 件位置
M98 P4111；	调用子程序建工件 4
G50；	取消镜像
G00 Z100.0；	Z 向快速退刀

M05；	主轴停转
M30；	程序结束，返回程序起始点
O4111；	子程序号
G00 X5.0 Y102.9 Z10.0；	快速移动至 A 点上方位置
G01 Z−5.0 F20.0；	直线插补至模块深度位置
X127.42 Y45.0；	铣斜面至 B 点
X50.0 Y45.0；	铣底面右侧至 C 点
G03 X50.0 Y45.0 R5.0；	圆弧插补铣凹圆弧面
G01 X5.0；	直线插补铣底面左侧至 D 点
Y102.9；	铣左侧面至 A 点
G00 Z10.0；	快速移动至 A 点上方
M99；	返回主程序

（4）数控加工操作要点

① 本例可在粗铣加工后铣削残留部分，减少刀具路径长度和复杂性。

② 工件的找正应以上顶面和侧面为基准。

③ 实际加工中，轮廓型面通过使用不同刀具直径进行粗精加工，以提高侧面轮廓的表面质量。

④ 本例的侧面轮廓刀具轨迹按刀位点坐标计算，宜采用 CAD 绘图确定。

⑤ 本例指令中的地址字及数值 I××，表示 X 向的缩放比例和径向方位；J××，表示 Y 向的缩放比例和方位。

【例 4-12】 在数控铣床和加工中心上铣削如图 4-17 所示的三层台阶内轮廓凹模，可参照以下步骤。

（1）图样分析

① 工件是圆柱形凹模零件，凹模圆柱面轮廓深度 15 mm，六角形轮廓深度 10 mm，八角凹腔深度 5 mm。

② 三层凹模的轮廓中心与外形圆柱面轴线同轴，型腔内轮廓中心为外形圆柱面轴线，各交点的坐标位置如图 4-17 所示。

③ 八角凹腔和六角形凹腔的圆角半径均为 8 mm；直径 60 mm 的圆柱形凹腔的底部圆角为 R3 mm。

（2）加工准备

① 预制件完成圆柱零件 ϕ150 mm×30 mm 所有的车加工内容。

② 工件装夹选用三爪自定心卡盘，装夹后找正工件大端面与工作台面平行。

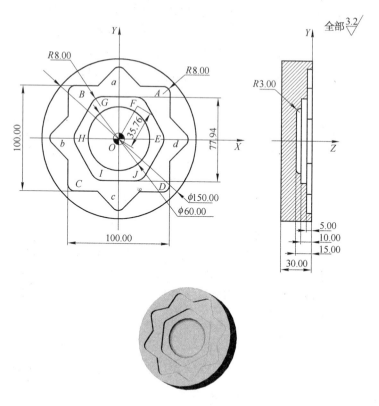

图 4-17   三层台阶内轮廓凹模

③ 选用直径 φ16 mm,切削部分长度≥30 mm 的标准立铣刀粗加工和精加工八角和六角形凹腔;选用 φ10 mm,圆角 R3 mm 的立铣刀精铣圆柱面凹腔。

④ 为便于核对加工位置,可在加工端面按图划中心线和八角凹腔轮廓线。

(3) **数控加工工艺**   本例应用 FANUC 0i 数控系统编程加工。

① 工件坐标系零点设定在工件上端面外圆中心,按主视图位置设定 X、Y 轴方向。

② 八角内轮廓采用主程序调用子程序加工方法,主程序主要指令坐标旋转角度等;子程序主要指令刀具铣矩形侧面轮廓,圆角由刀具直径保证。

③ 六角形凹腔采用极坐标系中心轨迹编程加工,极径 X 为 35.76 mm (工件坐标零点至顶角圆弧中心的尺寸),极角 Y 为 0°、60°、120°、180°、240°、300°,顶尖圆角由刀具直径保证。

④ 圆柱形凹腔用圆弧插补粗精加工方法,底部圆弧由刀具刀尖圆弧保证。

⑤ 内轮廓加工刀具路径:粗加工结束→O→A→B→C→D→O→a→b→c→d→O→(Z 向移动至 -10 mm 位置)→E→F→G→H→I→J→O。换圆角 R3 mm 刀具,Z 向移动至 -15 mm 位置→圆柱面精铣起点→圆柱面精铣终点→圆弧切出至 O 点→退刀。

⑥ 数控加工程序:

O4012;	程序号
G90 G17 G98 G40 G54;	程序初始化,建立工件坐标系
G91 G28 Z0;	返回参考点
M06 T01;	换 01 号刀
M03 S800;	主轴正转,转速 800 r/min
G90 G00 X0 Y0 Z10.0;	快速移动至工件坐标系零点上方 10 mm 处
G01 Z-15.0 F50;	Z 向进给至圆柱凹腔深度位置
X16.0;	X 向移动至粗铣圆柱凹腔起点
G02 X16.0 R-16.0;	粗铣圆柱凹腔
G01 Z-10.0;	Z 向移动至圆角六边形凹腔深度位置
X30.0;	X 向移动至粗铣六角形凹腔起点
G02 X30.0 R-30.0;	粗铣六角形凹腔内侧圆柱面
G01 Z-5.0;	Z 向移动至圆角八角凹腔深度位置
X40.0;	X 向移动至粗铣八角凹腔起点
G02 X40.0 R-40.0;	粗铣八角凹腔内侧圆柱面
M98 P4112;	调用子程序加工矩形凹腔
G68 X0 Y0 R45.0;	坐标轴旋转 45°
M98 P4112;	调用子程序加工偏转 45°的矩形凹腔
G69;	取消坐标旋转
G90 G01 Z-10.0;	Z 向移动至圆角六边形凹腔深度位置
X0 Y0;	XY 向移动至工件坐标零点位置
G16 X35.76 Y0;	建立极坐标,移动至六角形型腔右侧圆弧中心
Y60.0;	移动至六角形型腔右上角圆弧中心,铣凹腔侧面
Y120.0;	移动至六角形型腔左上角圆弧中心,铣凹腔侧面
Y180.0;	移动至六角形型腔左侧圆弧中心,铣凹腔侧面
Y240.0;	移动至六角形型腔右下角圆弧中心,铣凹腔侧面

Y300.0;	移动至六角形型腔右侧圆弧中心,铣凹腔侧面
Y360.0;	移动至六角形型腔右侧圆弧中心,铣凹腔侧面
X0 Y0;	*XY* 向移动至工件坐标零点
G15;	取消极坐标
G00 Z10.0;	*Z* 向快速退刀
G91 G28 Z0 M05;	返回参考点,主轴停止
M06 T02;	换 01 号刀
G43 H02;	调用 02 号参数,刀具长度补偿
M03 S800;	主轴正转,转速 800 r/min
G90 G00 X0 Y0;	快速移动至工件坐标系零点位置
Z-14.0;	*Z* 向快速移动至零点下方-14 mm 处
G01 Z-15.0;	进给至圆柱凹腔深度位置
X25.0;	*X* 向移动至精铣圆柱面凹腔起点
G02 X25.0 R-25.0;	圆弧插补精铣圆弧面凹腔
G02 X12.5 R12.5;	圆弧路径退刀
G00 Z10.0;	*Z* 向快速退刀
G91 G28 Z0;	返回参考点
M05;	主轴停止
M30;	程序结束,返回程序起点
O4112;	子程序号
G01 X42.0 Y42.0;	直线插补至矩形凹腔右上角圆弧中心点位置
X-42.0;	沿 *X* 负向铣矩形凹腔上侧面
Y-42.0;	沿 *Y* 负向铣矩形凹腔左侧面
X42.0;	沿 *X* 正向铣矩形凹腔下侧面
Y42.0;	沿 *Y* 正向铣矩形凹腔右侧面
X0 Y0;	*XY* 向移动至坐标零点
M99;	返回主程序

（4）数控加工操作要点

① 本例在粗铣加工时,应注意内侧圆柱面的直径和深度,保证轮廓加工的余量,尽可能不留下残留部分,减少刀具路径长度和复杂性。

② 工件的找正应以外圆柱面和端面为基准。

③ 实际加工中,凹腔的侧面通过补偿半径的参数变化进行粗精加工,以提高凹腔侧面轮廓的表面质量。

④ 本例的侧面轮廓刀具轨迹按刀位点坐标计算,宜采用 CAD 绘图确定。

⑤ 本例六角形和八角内轮廓的等分和对称度通过高精度的分度装置

进行检测,如采用光学分度头,高精度机械分度头等。检测时按图 4 - 17 所示位置,在分度头上安装、找正工件,通过分度头回转角度,找正内轮廓侧面与基准平板平行,然后用分度装置准确回转一定角度,依次检测各侧面与基准平板的平行度,即可检测出内轮廓的转角误差和等分精度。

项目四　配合类零件加工

在机械零件中,常见凹凸配对设计的零件,如模具上下模,各种形式的离合器和联轴节,以及其他各种轮廓形状相同,凹凸配合的零件。数控加工此类零件,通常可采用极坐标和直角坐标兼用的方法,将外轮廓或槽分解成不同直径圆弧或不同位置的直线段,然后灵活应用刀具半径左补偿和右补偿等指令,通过半径补偿参数的合理设置,使配合件加工达到轮廓形状相同,配合间隙符合图样要求。加工此类零件可参考以下实例。

任务一　数控铣削加工凸键凹槽的配合类零件

在机械零件中,常见凹槽凸键配合零件,如单键单槽配合,双键双槽配合等。数控加工此类零件,通常可采用刀具半径左补偿和右补偿等指令,通过半径补偿参数的合理设置,使配合件加工达到键槽宽度、配合间隙等技术要求。加工此类零件可参考以下实例。

【例 4 - 13】　加工如图 4 - 18 所示的斜双凹凸配合零件,为了保证配合精度,需要严格控制直角槽和凸键宽度 12 mm 尺寸以及倾斜角的加工精度。用数控铣床或加工中心加工零件的配合部位直角槽、台阶连接面,加工操作可参照以下方法和步骤。

(1) 图样分析

① 本例加工的直角槽和直角台阶都是属于垂直面与水平面形成的连接面。

② 工件的外形为 61 mm×48 mm×30 mm 六面体。

③ 凸件的双凸键和凹件双直槽侧面与外形端面基准倾斜角度为 $24°\pm 6'$,角边距离为 21. 37 mm,凸键和槽宽的基本尺寸为 12 mm,深度 10 mm。

④ 本例配合要求:配合间隙小于 0. 1 mm;配合后外形偏移允差 0. 10 mm。

(2) 加工准备

① 本例外形六面体采用预制加工,在进入数控加工工序前完工。

② 选用大于台阶残留面底面宽度,小于槽宽尺寸的立铣刀进行加工。本例选用直径为 10 mm 的立铣刀,刀具号 T01。

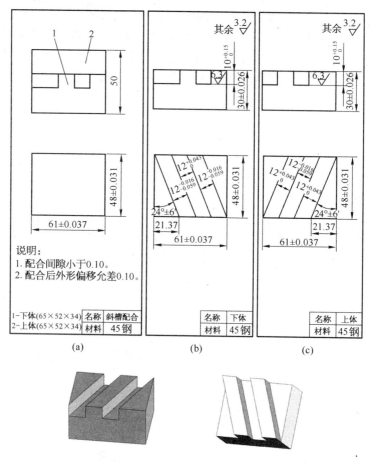

图 4-18 斜双凹凸直角槽配合零件

③ 根据工件材料和零件加工精度选用主轴转速 500 r/min,进给速度为 100 mm/min。

④ 选用机用平口虎钳装夹工件,工件基准底面与工作台面平行,基准端面与 Y 轴平行。

(3) 数控加工工艺

① 制订加工工艺。工件下体双斜凸键和上体双斜凹槽配合部位分别加工;下体的加工顺序:铣右凸键右侧→铣右凸键左侧→铣左凸键右侧→铣左凸键左侧→铣左下角残留部分→铣右上角残留部分;上体的加工顺序:铣左凹槽左侧→铣左凹槽右侧→铣右凹槽左侧→铣右凹槽右侧。

② 按铣削加工的路径尽可能短的确定原则,上下体均采用右刀补逆铣方式加工。

③ 台阶底面和槽底由端铣加工形成;台阶和凹槽侧面由周铣加工形成。

④ 因加工中坐标位置按倾斜角旋转,为防止 X 轴移位时损坏工件,切入和切出的行程距离必须留有余地,避免干涉。

⑤ 选用 FANUC 0i 控制系统的数控铣床(或加工中心)。

⑥ 按工件的对称性特点,工件坐标系如图 4 - 19 所示,坐标原点分别设定在配合工件端面左下角(上体)和右下角(下体)。

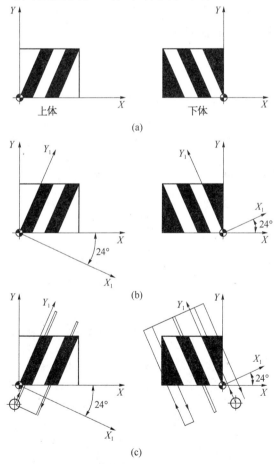

图 4 - 19 配合型连接面零件坐标系设定示意

(a) 工件坐标;(b) 旋转后的坐标;(c) 刀具路径

⑦ 坐标点按图样标注尺寸相对工件坐标系的位置尺寸确定,因外形是预制件需要按对称度要求分配基点 X 轴的位置尺寸。本例假定工件实际外形尺寸为基本尺寸无偏差,如 X 方向尺寸为 61.00 mm。

⑧ 指令选用:铣削槽和台阶采用 G01 直线插补指令编程与加工;G00 进行快速移动。采用刀具半径右补偿 G42 指令加工连接面进行编程与加工,指令 G40 取消刀具补偿。选用 M08、M09 指令控制切削液开关。选用 M03 指令主轴开启及转向,S 指令主轴转速,F 指令加工进给速度,M05 指令主轴停止。选用 G28 指令返回参考点;选用其他相关指令确定系统的初始化,如绝对值编程 G90、公制单位编程 G21、工件坐标系零点偏置 G54、刀具长度和半径补偿的取消 G49/G40、坐标面选定 G17 等。

⑨ 数控加工程序:

O4013;	下体双凸键主程序号
G90 G94 G21 G17 G40 G54;	程序初始化,建立工件坐标系
G91 G28 Z0;	返回参考点
G90 M03 S500;	主轴正转,转速 500 r/min
G00 X0.0 Y-20.0;	XY 向快速定位至工件坐标系零位下方 20 mm 处
Z20.0;	Z 向快速定位至工件上方 20 mm 处
G01 Z-10.0 M08 F100;	直线插补槽深定位
G68 X0 Y0 R24.0;	坐标顺时针旋转 24°
M98 P4113;	调用子程序
G00 Z20.0;	快速提刀
G69 G40;	取消坐标旋转和刀补
M05 M09;	主轴、切削液停止
M30;	程序结束,返回程序起点
O4113;	下体双凸键子程序
G42 G01 X0.0 D01;	调用 01 号参数刀具半径右补偿,X 向移动至工件坐标系零位
Y80.0;	沿 Y 正向铣削右凸键右侧
X-12.0;	按键宽沿 X 负向移位
Y-20.0;	沿 Y 负向铣削右凸键左侧
X-24.0;	按槽宽沿 X 负向移位
Y80.0;	沿 Y 正向铣削左凸键右侧
X-36.0;	按键宽沿 X 负向移位
Y-20.0;	沿 Y 负向铣削左凸键左侧
X-56.0;	移位至左下角余料铣削始点

Y80.0；	沿 Y 正向铣削左下角余料
X20.0；	移位至右上角余料铣削始点
Y - 20.0；	沿 Y 负向铣削右上角余料
M99；	返回主程序
O4213；	上体双凹槽主程序
G90 G94 G21 G17 G40 G54；	程序初始化建立工件坐标系
G91 G28 Z0；	返回参考点
G90 M03 S500；	主轴正转，转速 500 r/min
G00 X0.0 Y - 20.0；	XY 向快速定位至工件坐标系零点下方 20 mm 处
Z20.0；	Z 向快速移动至工件上方 20 mm 处
G01 Z - 10.0 M08 F100；	Z 向直线插补槽深定位，切削液开启，进给量 100 mm/min
G68 X0 Y0 R - 24.0；	坐标逆时针旋转 24°
M98 P4313；	调用子程序
G00 Z20.0；	快速提刀
G69 G40；	取消坐标旋转和刀补
M05 M09；	主轴、切削液停止
M30；	程序结束，返回程序起点
O4313；	上体双凹槽子程序
G42 G01 X0.0 D01；	调用 01 号参数刀具半径右补偿，X 向移动至工件坐标系零点
Y80.0；	沿 Y 正向铣削左槽左侧
X12.0；	沿 X 正向按槽宽移位
Y - 20.0；	沿 Y 负向铣削左槽右侧
X24.0；	沿 X 正向按键宽移位
Y80.0；	沿 Y 正向铣削右槽左侧
X36.0；	沿 X 正向按槽宽移位
Y - 20.0；	沿 Y 负向铣削右槽右侧
M99；	返回主程序

（4）加工操作和检验要点

① 本例上体和下体的工件零点是不同的，数控操作中应注意对刀操作的准确性。输入坐标系参数时，X 向零点偏置值应相差 61 mm。

② 工件键宽和槽宽尺寸公差的控制，主要通过刀具半径补偿参数的设置，本例所使用的程序可调用不同刀具半径补偿参数号，如粗铣刀具半径补偿调用 D01 号参数，精铣调用 D02 号参数。

③ 本例检验选用公法线百分尺检验键宽尺寸,槽宽尺寸可通过标准塞规检测。深度尺寸选用深度游标卡尺或百分尺检测。配合间隙选用塞尺检验。配合后的外形偏移量可将两件配合,然后用百分表在标准平板上检测外形的端面和侧面,平面的高低偏移量应小于 0.10 mm。

④ 在按程序分段运行进行刀具轨迹校核时,坐标位置应重点核对 Z 轴控制的槽深、Y 轴控制的切削行程、X 轴控制的凸键和槽宽位移位置尺寸。由于采用旋转坐标指令实现倾斜角度的要求,因此注意校核程序中旋转角度的数值和数值前的正负号。

⑤ 本例加工的主要质量问题是键宽或槽宽尺寸超差,主要原因是刀具实际尺寸检测误差,刀具半径偏置参数有误等;配合间隙超差的主要原因是键宽槽宽尺寸控制误差,检测误差等;配合后外形偏移超差的主要原因是对刀误差,坐标零点位置参数输入有误,导致零点位置偏差等。

任务二　数控铣削加工轴向连接的配合类零件

在机械零件中,常见轴向连接的配合类零件,如矩形齿离合器、梯形齿离合器、齿式联轴节等。数控加工此类零件,通常可采用坐标旋转指令、极坐标指令、刀具半径左补偿和右补偿等指令,并通过半径补偿参数的合理设置,达到齿廓圆周等分精度、齿侧面位置精度等技术要求。加工此类零件可参考以下实例。

【例 4 - 14】　用数控铣床加工如图 4 - 20 所示的奇数齿矩形离合器,具体操作可按以下方法和步骤。

(1) 图样分析

① 齿部尺寸分析:矩形齿齿数 $z=7$,在圆周上均布,齿槽中心角为 $28^{\circ}{}^{+1^{\circ}}_{0}$,齿端无较大的倒角;齿部孔径为 $\phi 60$ mm,外径为 $\phi 85$ mm,齿高为 10 mm。

② 齿形和齿侧加工要求分析:齿槽中心角大于齿面中心角,齿侧面要求通过工件轴线,属于硬齿齿形,通常硬齿齿形离合器齿槽中心角比齿面中心角大 $1^{\circ}\sim 2^{\circ}$。

③ 材料分析:45 钢,切削性能较好,齿部加工后高频淬硬,硬度为 48 HRC。

④ 形体分析:套类零件,宜选用三爪自定心卡盘装夹工件。

(2) 加工准备

① 加工和检验预制件,检验重点部位包括外圆和齿部孔径等。

② 选择刀具,奇数齿矩形离合器铣刀直径不受限制,铣刀厚度 L 受齿部孔径 d 和工件齿数 z 限制。按有关公式计算:

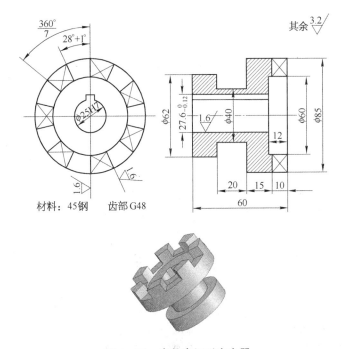

图 4 - 20 奇数齿矩形离合器

$$L \leqslant \frac{d}{2} \sin \frac{180°}{z} = \frac{60}{2} \sin \frac{180°}{7} = 13.014 \text{ mm}$$

本例选用 $\phi 12$ mm 直径平底立铣刀加工齿槽。

③ 选择检验测量方法,用游标卡尺测量齿深尺寸,用百分表借助分度头测量齿侧面是否通过工件轴线,测量方法见图 4 - 21a。等分精度通过百分表借助精度较高的分度头检验。图 4 - 21b 是用千分尺测量齿侧位置的示意。

(3)数控加工工艺 本例选用 FANUC 系统编程加工。

① 工件坐标系零点设置在工件上端面孔中心。

② 选用坐标旋转 G68/G69 指令按齿数确定旋转角度,本例齿分角为 51.429°;选用刀具半径右补偿,保证齿侧面通过轴线。采用主程序调用子程序方法加工等分齿侧面和修铣齿侧面。

③ 加工步骤:先按等分齿加工方法,奇数齿的加工可同时加工两个齿不同的齿侧面;然后工件转过角度(28°−51.429°÷2=2.287°),修铣各齿的单侧面,以保证齿槽的角度 28°。

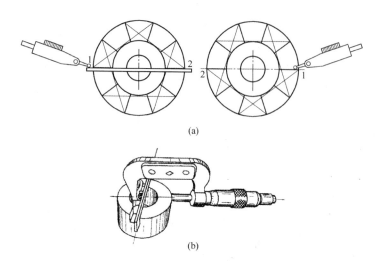

图 4 - 21　矩形齿离合器的齿侧位置测量

(a) 用百分表借助分度头测量；(b) 用千分尺测量

④ 刀具路径如图 4 - 22 所示：设定工件上齿侧向下处于水平位置，刀具移动至左侧起刀点→切入齿槽深度→铣齿侧 *Ad*→铣齿侧 *Gc*→铣齿侧 *Fb*→铣齿侧 *Ea*→铣齿侧 *Dg*→铣齿侧 *Cf*→铣齿侧 *Be*；工件向齿槽加宽方向转过 2.287°，修铣齿侧 *A*→修铣齿侧 *G*→修铣齿侧 *F*→修铣齿侧 *E*→修铣齿侧 *D*→修铣齿侧 *C*→修铣齿侧 *B*。

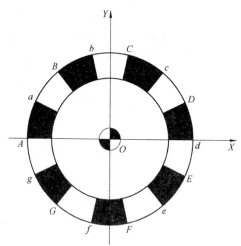

图 4 - 22　奇数齿矩形离合器铣削路径示意

⑤ 数控加工程序：

O4014；	程序号
G90 G17 G98 G40 G54；	程序初始化
G91 G28 Z0；	返回参考点
M06 T01；	换 01 号刀
M03 S600；	主轴正转，转速 600 r/min
G90 G00 X－52.0 Y0；	XY 向快速移动至工件左侧起刀点位置
Z10.0；	Z 向快速移动至工件上方 10 mm 处
M98 P4114；	调用子程序铣削侧面 Ad
G68 X0 Y0 R51.429；	坐标轴旋转侧面至 Gc 位置
M98 P4114；	调用子程序铣削侧面 Gc
G69；	取消坐标旋转
G68 X0 Y0 R102.857；	坐标轴旋转侧面至 Fb 位置
M98 P4114；	调用子程序铣削侧面 Fb
G69；	取消坐标旋转
G68 X0 Y0 R154.286；	坐标轴旋转侧面至 Ea 位置
M98 P4114；	调用子程序铣削侧面 Ea
G69；	取消坐标旋转
G68 X0 Y0 R205.715；	坐标轴旋转侧面至 Dg 位置
M98 P4114；	调用子程序铣削侧面 Dg
G69；	取消坐标旋转
G68 X0 Y0 R257.114；	坐标轴旋转侧面至 Cf 位置
M98 P4114；	调用子程序铣削侧面 Cf
G69；	取消坐标旋转
G68 X0 Y0 R308.573；	坐标轴旋转侧面至 Be 位置
M98 P4114；	调用子程序铣削侧面 Be
G69；	取消坐标旋转
G68 X0 Y0 R360.0；	坐标轴旋转侧面至 Ad 位置
M98 P4114；	调用子程序铣削侧面 Ad
G69；	取消坐标旋转
G00 X－55.0 Y0；	XY 向快速移动至左侧起点位置
G68 X0 Y0 R－2.287；	坐标轴逆时针旋转 2.28°
M98 P4214；	调用子程序修铣齿侧 A
G69；	取消坐标旋转
G68 X0 Y0 R49.142；	坐标轴旋转修铣齿侧 G 位置
M98 P4214；	调用子程序修铣齿侧 G
G69；	取消坐标旋转
G68 X0 Y0 R100.571；	坐标轴旋转修铣齿侧 F 位置

M98 P4214;	调用子程序修铣齿侧 *F*
G69;	取消坐标旋转
G68 X0 Y0 R152.0;	坐标轴旋转修铣齿侧 *E* 位置
M98 P4214;	调用子程序修铣齿侧 *E*
G69;	取消坐标旋转
G68 X0 Y0 R203.429;	坐标轴旋转修铣齿侧 *D* 位置
M98 P4214;	调用子程序修铣齿侧 *D*
G69;	取消坐标旋转
G68 X0 Y0 R254.858;	坐标轴旋转修铣齿侧 *C* 位置
M98 P4214;	调用子程序修铣齿侧 *C*
G69;	取消坐标旋转
G68 X0 Y0 R306.287;	坐标轴旋转修铣齿侧 *B* 位置
M98 P4214;	调用子程序修铣齿侧 *B*
G69;	取消坐标旋转
G68 X0 Y0 R357.716;	坐标轴旋转修铣齿侧 *A* 位置
M98 P4214;	调用子程序修铣齿侧 *A*
G69;	取消坐标旋转
G91 G28 Z0;	返回参考点
M05;	主轴停止
M30;	程序结束,返回程序起点
O4114;	铣径向两个齿侧子程序号
G00 Z-10.0;	快速移动至齿槽底部
G42 G01 X-50.0 Y0 D01;	调用参数 D01 刀具半径右补偿
X50.0;	铣径向位置两个侧面
G40;	取消刀具半径补偿
G00 Z10.0;	*Z* 向快速退刀至 10 mm 位置
X-52.0;	*X* 向返回左侧起刀点
M99;	返回主程序
O4214;	修铣齿侧子程序号
G00 Z-10.0;	快速移动至齿槽底部
G42 G01 X-50.0 Y0 D01;	调用参数 D01 刀具半径右补偿
X0;	修铣齿一侧面
G00 Z10.0;	*Z* 向快速退刀至 10 mm 位置
G40;	取消刀具半径补偿
X-52.0;	*X* 向返回左侧起刀点
M99;	返回主程序

（4）加工和检验要点

① 本例加工中须注意,在等分加工时可以同时加工两个齿的不同齿侧面,而在加宽齿槽转角时,只需要单侧铣削。

② 齿侧位置和接触面积检验,齿侧位置也可用千分尺和平行垫块测量,如图 4-21b 所示。测量尺寸为工件外圆的实际半径与垫块的厚度尺寸之和。测量接触面积通常需制作一对离合器,或将配做的离合器与完好的配对离合器同套装在一根标准棒上,一个离合器齿侧面涂色,然后一个正转、一个反转,检查另一个离合器齿侧的染色的程度,本例接触齿数应在 4 个以上,接触面积应在 60% 以上。

③ 等分精度检验可在精度较高的分度装置上进行测量。

任务三　数控铣削加工模具型面的配合类零件

在机械零件中,常见型面凹凸配合的零件,如冲压模具、塑料模具的上下模。数控加工此类零件,通常可灵活应用刀具半径左补偿和右补偿等指令,通过半径补偿参数的合理设置,使型面配合件铣削加工达到轮廓形状相同,配合间隙符合图样要求。加工此类零件可参考以下实例。

【例 4-15】 应用数控加工中心铣削加工如图 4-23 所示的圆销三角形凹凸配合件,具体加工步骤如下。

（1）图样分析

① 工件是两件配合件。

② 工件结构要素由工件外形、插销孔系和中间圆孔、圆头三角凹凸轮廓直线成型面组成。轮廓按 Y 轴左右对称,插销孔对称均布。

③ 外形是板状六面体,凹凸轮廓由直线和圆弧组成,各交点的坐标位置如图 4-24 所示。

④ 工件配合要求:换向三次配合间隙小于 0.1 mm;凹凸配合后直径 10 mm 的圆柱销能同时插入 4 个 ϕ10 mm 孔。

（2）加工准备

① 预制件完成六面体零件两平面厚度和周边侧面加工,注意凸件的高度尺寸是 30 mm。

② 工件加工选用机用平口虎钳装夹。

③ 选用直径 ϕ32 mm 标准立铣刀,切削部分长度≥15 mm 加工凸件的周边余量;选用直径 ϕ6 mm 标准立铣刀,加工圆头三角形和圆柱凸台轮廓。选用直径 ϕ24.8 mm 标准麻花钻和 ϕ25 mm 铰刀加工凹件中间孔;选用直径 ϕ6 mm 标准立铣刀加工圆头三角形凹腔。选用直径 ϕ9.8 mm 标准

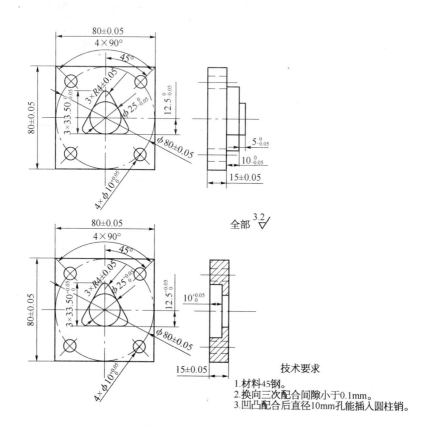

全部 $\sqrt[3.2]{}$

技术要求
1. 材料45钢。
2. 换向三次配合间隙小于0.1mm。
3. 凹凸配合后直径10mm孔能插入圆柱销。

图 4-23 模具型面配合零件

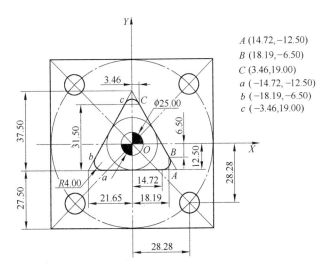

图 4 - 24　模具型面配合零件基点坐标位置计算

麻花钻和 $\phi 10$ mm 铰刀加工周边 $4 \times \phi 10$ mm 销孔。

④ 为便于核对加工位置,可在工件表面按图划孔系和轮廓加工中心线及参照线。

(3) 数控加工工艺

① 工件坐标系零点设定在工件中间孔(圆柱凸台)上端面中心。

② 零件采用主程序调用子程序进行加工,子程序完成沿圆头三角形轮廓半精铣、精铣加工;主程序采用调用子程序方式和粗铣程序段完成轮廓铣削加工和四角销孔加工,同时包括切入、切出路径等内容。

③ 圆头三角形轮廓加工顺序:凸件外轮廓大部分余量均须预先铣除,采用加工中心粗铣,铣刀的路径可沿留有余量的周边及轮廓逐渐到达凸台留有 2 mm 余量的位置,铣除大部分余量,深度采用粗铣和精铣,保证结合面的平面度。凹件内轮廓先沿轮廓粗精铣,然后收缩加工与中间孔边缘连接部位的残留部分,使内轮廓达到图样形位和尺寸精度要求。

④ 轮廓刀具路径:本例工件坐标系原点设置在圆心 O 上,如图 4 - 24 所示,铣刀在 $(0,0,10)$ 位置上沿 Z 轴负向切入工件后,在 XOY 平面中的移动轨迹为 $a \rightarrow A \rightarrow B \rightarrow C \rightarrow c \rightarrow b \rightarrow a \rightarrow A$,最后沿 Z 向正向退刀切离工件,完成轮廓铣削过程。

⑤ 选用 G42 指令刀具半径右补偿加工凸件圆头三角形轮廓,G41 指

令加工凹件圆头三角形轮廓,G02/G03 指令加工各圆弧。

⑥ 应用计算机 CAD 等绘图软件求解基点坐标,如图 4 - 24 所示。

⑦ 数控加工程序:

O4015;	凸件主程序号
G90 G17 G98 G40 G54;	程序初始化,建立工件坐标系
G91 G28 Z0;	返回参考点
M06 T01;	换 01 号刀
M03 S500;	主轴正转,转速 500 r/min
G90 G00 X - 70.0 Y - 40.0;	XY 向快速移动至圆头三角形轮廓外部余量沿周边粗铣加工起点
Z - 14.5 F50;	Z 向进给至粗铣深度位置
M98 P4115;	调用余量粗铣子程序
G01 Z - 15.0 F30;	Z 向进给至精铣深度位置
M98 P4115;	调用余量粗铣子程序
G00 Z5.0;	Z 向快速移动至工件上方 5 mm 处
M05;	主轴停止
G91 G28 Z0;	返回参考点
M06 T02;	换 02 号刀
M03 S600;	主轴正转,转速 600 r/min
G90 G43 G00 Z10.0 H02;	Z 向快速移动至工件上方 10 mm 处,调用 02 号参数刀具长度补偿
G41 G00 X12.5 Y10.0 Z2.0 D02;	XY 向快速移动至圆柱凸台加工起点,调用 02 号参数刀具半径左补偿
G01 Z - 5.0 F30;	Z 向进给至圆柱凸台深度位置
Y0;	沿 Y 轴负向切入至圆柱面插补起点
G02 X12.5 I - 12.5;	顺时针圆弧插补铣圆柱形凸台
G01 Y - 10.0;	沿 Y 轴负向切出
G00 Z5.0;	Z 向快速退刀
G40;	取消刀具半径补偿
G41 G00 X12.5 Y10.0 Z2.0 D03;	XY 向快速移动至圆柱凸台加工起点,调用 03 号参数刀具半径左补偿
G01 Z - 5.0;	Z 向进给至圆柱凸台深度位置
Y0;	沿 Y 轴负向切入至圆柱面插补起点
G02 X12.5 I - 12.5;	顺时针圆弧插补铣圆柱形凸台
G01 Y - 10.0;	沿 Y 轴负向切出
G00 Z5.0;	Z 向快速退刀
X - 27.0 Y - 12.5;	XY 向快速移动至圆头三角形轮廓切入起点
M98 P4215;	调用子程序粗铣圆头三角形凸台

G00 X - 27. 0 Y - 12. 5；	XY 向快速移动至圆头三角形轮廓切入起点
M98 P4215；	调用子程序精铣圆头三角形凸台
M05；	主轴停止
G91 G28 Z0；	返回参考点
M06 T03；	换 03 号刀
M03 S1000；	主轴正转，转速 1 000 r/min
G43 G90 G00 X0 Y0 Z10. 0 H03；	快速移动至工件坐标零点上方 10 mm 处，调用 03 号参数刀具长度补偿
G81 G99 X28. 28 Y28. 28 R3. 0 Z - 20. 0 F50；	调用钻孔固定循环钻右上方孔
X - 28. 28；	钻左上方孔
Y - 28. 28；	钻左下方孔
X28. 28；	钻右下方孔
G91 G28 Z0；	返回参考点
……	（铰孔与钻孔程序部分相同）
M05；	主轴停止
M30；	程序结束，返回程序起始点
O4115；	铣凸件圆头三角形外周余量子程序号
G01 X40. 0；	按工件周边沿 X 正向铣下方边缘
Y40. 0；	沿 Y 正向铣右方边缘
X - 40. 0；	沿 X 负向铣上方边缘
Y - 40. 0；	沿 Y 负向铣左方边缘
X - 53. 0 Y - 31. 0；	按三角形移位至左下角
X53. 0；	沿 X 正向铣下方边缘
X0 Y61. 0；	沿 Y 正向铣右方边缘
X - 35. 0 Y - 31. 0；	沿 Y 负向铣左方边缘
G00 X - 70. 0；	快速返回铣余量起点
M99；	返回主程序
O4215；	铣圆头三角形凸台子程序号
G42 G01 X - 25. 0 D02；	调用 02 号参数刀具右半径补偿，X 向移位至凸台左侧 25 mm 处
G00 Z - 15. 0；	Z 向快速移动至凸台深度位置
G01 X14. 72；	沿 X 向正向经 a 点铣下方直线段至 A 点
G03 X18. 19 Y - 6. 5 R4. 0；	逆时针铣圆角至 B 点
G01 X3. 46 Y19. 0；	铣斜线段至 C 点
G03 X - 3. 46 R4. 0；	逆时针铣圆角至 c 点
G01 X - 18. 19 Y - 6. 5；	铣斜线段至 b 点

G03 X－14.72 Y－12.5 R4.0；	逆时针铣圆角至 a 点
G01 X27.0；	铣下方直线段经 A 点至切出段终点
G00 Z5.0；	Z 向快速退刀至工件上方 5 mm 处
G40；	取消刀具半径补偿
M99；	返回主程序
O4315；	凹件主程序号
G90 G17 G98 G40 G54；	程序初始化，建立工件坐标系
G91 G28 Z0；	返回参考点
M06 T01；	换 01 号刀
M03 S500；	主轴正转，转速 500 r/min
G90 G00 Z10.0 ；	Z 向快速移动至工件上方 10 mm 处
G81 G99 X0 Y0 Z－20.0 R3.0 F30；	调用钻孔固定循环钻中间孔
G91 G28 Z0 M05；	返回参考点，主轴停止
M06 T02；	换 02 号刀
G43 G00 Z20.0 H02；	调用 02 号参数刀具长度补偿
G90 G00 Z10.0；	Z 向快速移动至工件上方 10 mm 处
M03 S100；	主轴正转，转速 100 r/min
G81 G99 X0 Y0 Z－20.0 R3.0 F40；	调用钻孔固定循环铰中间孔
G91 G28 Z0 M05；	返回参考点，主轴停止
M06 T03；	换 03 号刀
M03 S600；	主轴正转，转速 600 r/min
G90 G43 G00 Z10.0 H03；	调用 03 号参数刀具长度补偿
G00 Z5.0；	Z 向快速移动至工件上方 5 mm 处
X－20.0 Y－12.5；	XY 向快速移动至三角形凹腔左下角
M98 P4415；	调用子程序粗铣圆头三角形凹腔
G00 X－20.0 Y－12.5；	XY 向快速移动至三角形凹腔左下角
M98 P4415；	调用子程序精铣圆头三角形凹腔
M05；	主轴停止
G91 G28 Z0；	返回参考点
M06 T04；	换 04 号刀具
M03 S1000；	主轴正转，转速 1 000 r/min
G43 G90 G00 X0 Y0 Z10.0 H04；	快速移动至工件零点上方 10 mm 处，调用 04 号参数刀具长度补偿
G81 G99 X28.28 Y28.28 R3.0 Z－20.0 F50；	调用钻孔固定循环钻右上角孔
X－28.28；	钻左上角孔
Y－28.28；	钻左下角孔
X28.28；	钻右下角孔

G91 G28 Z0；	返回参考点
M05；	主轴停止
M30；	程序结束，返回程序起始点
O4415；	铣圆头三角形凹腔
G41 G01 X - 14.72 D03；	X 向移动至圆头三角形左下角 a 点，调用 03 号参数刀具半径左补偿
G01 Z - 10.0；	Z 向进给至圆头三角形凹腔深度位置
X14.72；	铣下方直线段至 A 点
G03 X18.19 Y - 6.5 R4.0；	铣圆角至 B 点
G01 X3.46 Y19.0；	铣右方斜直线至 C 点
G03 X - 3.46 R4.0；	铣圆角至 c 点
G01 X - 18.19 Y - 6.5；	铣左方斜直线至 b 点
G03 X - 14.72 Y - 12.5 R4.0；	铣圆角至 a 点
G01 X14.27；	铣直线至 A 点
X0 Y13.0；	铣右下角残留部分
Y10.0；	铣上方残留部分
X - 13.0 Y - 7.0；	铣左下角残留部分
G00 Z5.0；	Z 向快速退刀至工件上方 5 mm 处
G40；	取消刀具半径补偿
M99；	返回主程序

（4）数控加工操作要点

① 本例凸件加工应注意切削用量，防止尺寸超差和表面接刀痕迹。注意切入切出的路径设置，本例中间圆柱凸台采用右侧象限位置为圆弧插补始终点，在始点上方沿 Y 轴负向切入，到达终点后沿 Y 轴负向切出。圆角三角形凸台在下方 a 点左侧延长段设置切入段始点，下方 A 点右侧延长段设置切出段终点。

② 刀具半径补偿应注意圆弧加工的误差消除，误差的原因及消除方法参见图 1 - 26。内外轮廓可通过刀具半径左补偿和右补偿方法，基本应用同一加工路径；粗精加工可应用补偿半径的参数变化进行，以提高轮廓面的表面质量和连接精度。

③ 本例在加工过程中应注意检测尺寸和位置精度，测量时可在程序中设置 M00 程序段。

④ 本例加工中的主要质量问题是基点坐标值错误，测量误差等，各基点的坐标值，在计算和输入程序操作中应仔细核对；加工尺寸和位置度的检测采用一般标准量具进行，工件不可拆下，以免造成重新装夹的误差，

影响加工质量。

项目五　齿轮类零件加工

任务一　用数控铣床加工齿条

齿条有直齿条和斜齿条,主要参数包括模数、齿数、压力角和齿条宽度、长度等。齿距的位移和齿槽的粗精铣是齿条数控加工的基本加工步骤,通常采用主程序和子程序的编程方法进行加工。具体方法和步骤可参见以下实例。

【例4-16】　在数控铣床和加工中心上铣削如图4-25所示的直齿条,具体操作步骤如下。

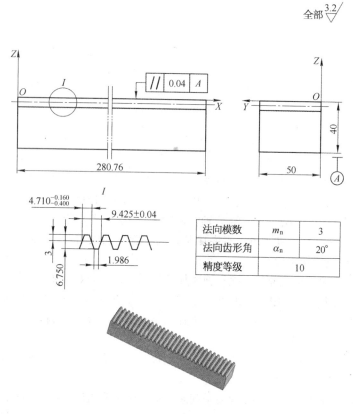

法向模数	m_n	3
法向齿形角	α_n	20°
精度等级		10

图4-25　直齿条实例简图

（1）图样分析

① 工件是单面齿条零件，齿条外形 40 mm×50 mm×280.76mnm。

② 齿条基本参数：模数 3 mm，齿深 6.75 mm，齿厚 4.71 mm，齿距 9.289 mm，压力角 20°。

③ 齿条长度 280.76 mm，完整齿数 $z=30$。

（2）加工准备

① 预制件完成长条状矩形零件所有的平面加工内容。

② 工件装夹选用机用平口虎钳，装夹后找正工件齿顶面与工作台面平行，侧面与 X 向平行。

③ 选用模数为 3 mm 的指形铣刀。

（3）数控加工工艺　本例应用 KND1000M 数控系统编程加工。

① 工件坐标系零点设定在工件齿顶面左下角，按俯视图位置设定 X、Y 轴方向。

② 齿槽加工采用主程序调用子程序加工方法，主程序主要指令齿槽的起始位置等；子程序主要指令刀具齿距移位，铣一个齿槽的循环步骤，齿数由子程序的调用次数确定。

③ 子程序中移位铣齿槽的循环有两种方法，一种是铣削循环在 ZY 平面内构成，另一种是在 XY 平面中构成，如图 4-26 所示。

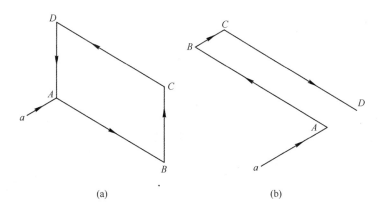

（a）　　　　　　　　　　（b）

图 4-26　直齿条加工路径示意图

（a）单齿槽加工路径；（b）双齿槽加工路径

④ ZY 平面构成的加工刀具路径：$a \rightarrow A \rightarrow B \rightarrow C \rightarrow D$，其中移位 $a \rightarrow A$

沿 X 向,移位一个齿距。XY 平面构成的加工刀具路径:$a \rightarrow A \rightarrow B \rightarrow C \rightarrow D$,其中移位 $a \rightarrow A$ 是两倍齿距。

⑤ 数控加工程序:

O4016;	程序号
G90 G17 G21 G98 G40 G54;	程序初始化,建立工件坐标系
G91 G28 Z0;	返回参考点
M06 T01;	换 01 号刀
M03 S800;	主轴正转,转速 800 r/min
G90 G00 X0 Y0 Z10.0;	快速移动至工件坐标系零点上方10 mm 处
G01 X - 0.993 Y - 10.0 F20;	XY 向移动至左端面齿侧铣削起点
Z - 6.75;	Z 向移动至齿槽深度位置
Y60.0;	沿 Y 正向铣左端面齿侧
M98 P4116 L28;	调用子程序铣齿槽 28 次
G90 G00 Z5.0;	Z 向快速退刀
G91 G28 Z0;	返回参考点
M05;	主轴停止
M30;	程序结束,返回程序起点
O4116;	子程序号
G91 G01 X9.289 F30;	增量坐标移位法向齿距
G90 Z - 6.75;	移位至齿槽深度
Y - 20.0;	沿 Y 负向铣齿槽
G00 Z5.0;	Z 向快速退刀
Y80.0;	返回铣齿槽起点
M99;	返回主程序

(4) 数控加工操作和检验要点

① 本例实际加工可采用粗精加工,若使用卧式铣床,加工的方法和程序是类似的。

② 工件的找正应以安装基准侧面和齿顶面为基准。

③ 齿条两端的齿形位置大致相同,便于齿条拼接安装。

④ 本例齿距的移位数据应保证三位小数,保证齿距等分累计误差在要求范围内。

⑤ 齿条的测量包括齿向、齿厚、齿距等基本参数。检测的方法参见图 4 - 27 所示。

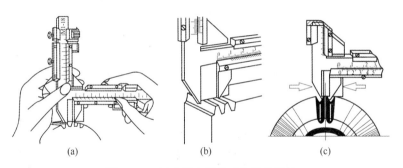

图 4 - 27 用齿轮卡尺检验齿轮类零件

任务二 用数控铣床加工链轮

【例 4 - 17】 用数控铣床和加工中心铣削如图 4 - 28 所示的链轮具体步骤如下。

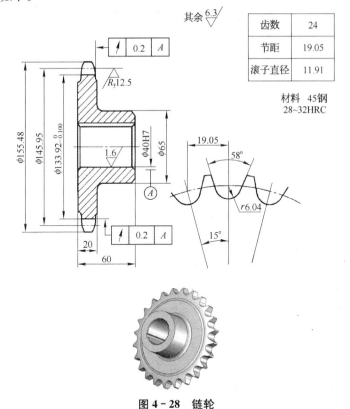

齿数	24
节距	19.05
滚子直径	11.91

材料 45钢
28~32HRC

图 4 - 28 链轮

(1) 图样分析

① 工件是盘形零件,链轮齿槽在圆周均布,齿数 24。

② 外径 ϕ155.48 mm,分度圆直径 ϕ145.95 mm,底圆直径 ϕ133.92 mm,节距 19.05 mm,滚子直径 ϕ11.91 mm。

③ 齿槽由圆弧 R6.04 mm 和槽角 58°的两侧直线段构成。

(2) 加工准备

① 预制件完成盘形零件所有的车加工内容。

② 工件装夹选用台阶带螺纹芯轴,装夹后找正工件大端面与工作台面平行。

③ 选用直径 ϕ10 mm 标准立铣刀,切削部分长度≥30 mm。

④ 为便于核对加工位置,可在端面按图划中心线和齿槽参照线。

(3) 数控加工工艺

① 工件坐标系零点设定在工件上端面孔中心,按主视图位置设定 X、Y 轴方向。

② 齿槽采用主程序调用子程序加工方法,主程序主要指令坐标旋转角度等;子程序主要指令刀具铣齿槽廓形部位。

③ 加工顺序按圆周逆时针方向,以侧面与水平中心线 15°的齿槽为基准位置开始加工 1～24 齿槽。

④ 刀具路径:齿槽右下侧(切入段起点)→铣下方直线段 AB→铣圆弧 BC→铣上方直线段 CD 至切出段终点。

⑤ 选用坐标旋转指令 G68/G69 解决齿槽等分精度;选用刀具半径右补偿按齿槽轮廓线编程。齿槽坐标位置如图 4-29 所示。

⑥ 数控加工程序:

O4017;	程序号
G90 G17 G98 G40 G54;	程序初始化,建立工件坐标系
G91 G28 Z0;	返回参考点
M06 T01;	换 01 号刀
M03 S900 M08;	主轴正转,转速 900 r/min,切削液开启
G90 G00 X0 Y0 Z2.0;	快速移动至工件坐标零点上方 2 mm 位置
G68 X0 Y0 P15.0;	坐标轴转 15°
M98 P4117;	调用子程序加工齿槽 1
G69;	取消坐标旋转
G68 X0 Y0 P30.0;	坐标轴转 30°
M98 P4117;	调用子程序加工齿槽 2

G69；	取消坐标旋转
G68 X0 Y0 P45.0；	坐标轴旋转 45°
M98 P4117；	调用子程序加工齿槽 3
G69；	取消坐标旋转
G68 X0 Y0 P60.0；	坐标轴旋转 60°
M98 P4117；	调用子程序加工齿槽 4
G69；	取消坐标旋转
G68 X0 Y0 P75.0；	坐标轴旋转 75°
M98 P4117；	调用子程序加工齿槽 5
G69；	取消坐标旋转
G68 X0 Y0 P90.0；	坐标轴旋转 90°
M98 P4117；	调用子程序加工齿槽 6
G69；	取消坐标旋转
G68 X0 Y0 P105.0；	坐标轴旋转 105°
M98 P4117；	调用子程序加工齿槽 7
G69；	取消坐标旋转
G68 X0 Y0 P120.0；	坐标轴旋转 120°
M98 P4117；	调用子程序加工齿槽 8
G69；	取消坐标旋转
G68 X0 Y0 P135.0；	坐标轴旋转 135°
M98 P4117；	调用子程序加工齿槽 9
G69；	取消坐标旋转
G68 X0 Y0 P150.0；	坐标轴旋转 150°
M98 P4117；	调用子程序加工齿槽 10
G69；	取消坐标旋转
G68 X0 Y0 P165.0；	坐标轴旋转 165°
M98 P4117；	调用子程序加工齿槽 11
G69；	取消坐标旋转
G68 X0 Y0 P180.0；	坐标轴旋转 180°
M98 P4117；	调用子程序加工齿槽 12
G69；	取消坐标旋转
G68 X0 Y0 P195.0；	坐标轴旋转 195°
M98 P4117；	调用子程序加工齿槽 13
G69；	取消坐标旋转
G68 X0 Y0 P210.0；	坐标轴旋转 210°
M98 P4117；	调用子程序加工齿槽 14
G69；	取消坐标旋转
G68 X0 Y0 P225.0；	坐标轴旋转 225°

M98 P4117;	调用子程序加工齿槽 15
G69;	取消坐标旋转
G68 X0 Y0 P240.0;	坐标轴旋转 240°
M98 P4117;	调用子程序加工齿槽 16
G69;	取消坐标旋转
G68 X0 Y0 P255.0;	坐标轴旋转 255°
M98 P4117;	调用子程序加工齿槽 17
G69;	取消坐标旋转
G68 X0 Y0 P270.0;	坐标轴旋转 270°
M98 P4117;	调用子程序加工齿槽 18
G69;	取消坐标旋转
G68 X0 Y0 P285.0;	坐标轴旋转 285°
M98 P4117;	调用子程序加工齿槽 19
G69;	取消坐标旋转
G68 X0 Y0 P300.0;	坐标轴旋转 300°
M98 P4117;	调用子程序加工齿槽 20
G69;	取消坐标旋转
G68 X0 Y0 P315.0;	坐标轴旋转 315°
M98 P4117;	调用子程序加工齿槽 21
G69;	取消坐标旋转
G68 X0 Y0 P330.0;	坐标轴旋转 330°
M98 P4117;	调用子程序加工齿槽 22
G69;	取消坐标旋转
G68 X0 Y0 P345.0;	坐标轴旋转 345°
M98 P4117;	调用子程序加工齿槽 23
G69;	取消坐标旋转
G68 X0 Y0 P360.0;	坐标轴旋转 360°
M98 P4117;	调用子程序加工齿槽 24
G69;	取消坐标旋转
G91 G28 Z0;	返回参考点
M05;	主轴停止
M30;	程序结束,返回程序起点
O4117;	子程序号
G90 G00 X90.0 Y0;	*XY* 向快速移动至齿槽右侧
Z-10.0;	*Z* 向快速移动至切削深度位置
G42 G01 X79.32 Y-10.41 D01 F50;	调用参数 D01 刀具半径右补偿,移动至齿槽右下角切入始点

X70.07 Y-5.28;	铣直线段 AB
G02 Y5.28 R6.04;	铣圆弧段 BC
G01 X79.32 Y10.41;	铣直线段 CD
Z2.0;	Z 向退刀
G00 G40 Z10.0;	Z 向快速移动至工件上方,取消刀具半径补偿
M99;	返回主程序

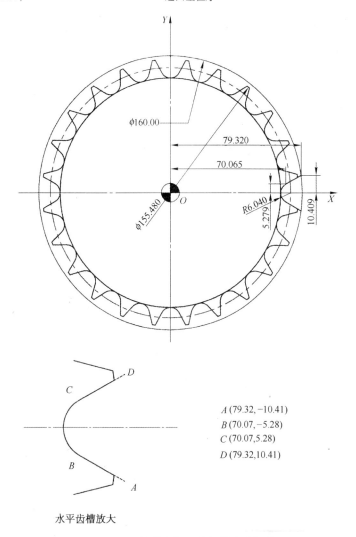

A (79.32, -10.41)
B (70.07, -5.28)
C (70.07, 5.28)
D (79.32, 10.41)

水平齿槽放大

图 4 - 29　链轮坐标设定与基点坐标值

（4）数控加工操作要点

① 本例在铣削加工齿槽时，始终点位置的设置要保证齿槽轮廓直线段完成铣削。

② 实际加工中也可使用数控分度装置进行加工，没有数控分度装置的可使用本例加工程序。

③ 实际加工中，轮廓侧面通过补偿半径的参数变化进行粗精加工，以提高侧面的表面质量。

④ 本例的齿槽基点坐标计算宜采用 CAD 绘图确定。

⑤ 齿槽的等分精度通过高精度的分度装置进行检测，用等于滚子直径的圆柱与槽底贴合，然后用百分表检测齿槽的圆周位置，准确转过分齿角 15°，便可用百分表测得分齿角的误差。检测 24 各齿槽的分齿角，即可获得等分精度的误差。

⑥ 齿形的检验通过专用样板，将样板插入齿槽，通过缝隙判断齿槽轮廓的准确性。